高等职业技术学院教学用书

铅锑冶金生产技术

何启贤　陆玺争　编著

北　京
冶　金　工　业　出　版　社
2005

内 容 提 要

我国铅锑矿产资源丰富，特别是锑资源居世界首位。也是目前世界上最大的锑金属生产、出口国。但随着单一锑矿资源的逐渐减少，铅锑复合矿已经成为我国主要的冶炼原料。本书以我国铅锑生产企业处理铅锑复合矿的主要生产工艺为依据，吸收了我国特别是广西西南地区十余年来在铅锑复合矿处理方面的生产经验和科研成果，比较全面地介绍了铅锑复合矿火法冶金生产的原理与工艺。全书共分13章，包括铅锑复合矿的处理方法简介，铅锑精矿沸腾焙烧、烧结焙烧、鼓风炉熔炼、铅锑合金吹炼分离、氧化锑还原熔炼、底铅精炼、铅锑复合矿冶金进展、铅锑冶炼综合回收与环境保护、铅锑冶金劳动保护等。

本书可作为有色冶金职业技术学院专业课教材，也可作为有色冶金企业职工岗位培训教材，同时可供有色冶金企业有关科技人员阅读。

图书在版编目(CIP)数据

铅锑冶金生产技术/何启贤编著.—北京：冶金工业出版社，2005.4

高等职业技术学院教学用书

ISBN 7-5024-3643-X

Ⅰ.铅… Ⅱ.何… Ⅲ.①铅—有色金属冶金—高等学校：技术学校—教材 ②锑—有色金属冶金—高等学校：技术学校—教材 Ⅳ.TF81

中国版本图书馆CIP数据核字(2004)第121114号

出版人 曹胜利(北京沙滩嵩祝院北巷39号，邮编100009)

责任编辑 张 卫(联系电话010-64027930；电子信箱：bull2820@sina.com)

王雪涛(联系电话：010-64062877)

美术编辑 李 心 责任校对 王贺兰 李文彦 责任印制 牛晓波

北京兴顺印刷厂印刷；冶金工业出版社发行；各地新华书店经销

2005年4月第1版，2005年4月第1次印刷

787mm×1092mm 1/16； 10.75印张； 283千字； 158页； 1—2500册

29.00元

冶金工业出版社发行部 电话：(010)64044283 传真：(010)64027893

冶金书店 地址：北京东四西大街46号(100711) 电话：(010)65289081

(本社图书如有印装质量问题，本社发行部负责退换)

前　言

近年来，随着单一锑矿资源的减少，利用脆硫铅锑矿等复杂多金属矿生产锑，已经成为我国锑生产的必然趋势。广西河池大厂矿区蕴藏着大量的脆硫锑矿等重金属矿藏。为了开发利用这一重要的有色金属资源，广西华锡集团、中南大学等有关企业和高等院校、研究机构做了大量研究工作，成功地发展了我国的锑冶炼技术。目前，许多企业已经或正在准备进行锑的生产，由于生产工艺的变化，亟需培养一批基层生产技术人员。广西河池职业学院作为一个为地方经济服务的职业学院，义不容辞地承担起这一任务，但苦于没有一本合适的培训教材。笔者经过几年的努力，在总结近年教学经验的基础上，编写了这本教材。

本书以我国冶金企业处理铅锑复合矿的生产实践为依据，比较详尽地介绍了铅锑复合矿火法冶金生产的有关问题；着重介绍了我国特别是广西地区近十年来在铅锑复合矿处理方面的生产经验和科研成果。全书共13章，主要内容包括铅锑复合矿的处理方法、精矿沸腾焙烧、烧结焙烧、鼓风炉熔炼、铅锑合金吹炼分离、锑氧还原熔炼及精炼、底铅电解精炼、综合回收与环境保护、铅锑冶炼中的劳动保护等。

本书可作为职业学院有色冶金专业教材，也可供大专院校相关专业师生、有色冶金生产企业技术人员及有关科研工作者参考。

在编写过程中，作者得到了广西华锡集团教培中心部分同志、河池职业学院资源工程系领导和教师的大力协助，在此一并致谢！

由于作者水平有限，加上时间仓促，书中不妥和疏漏之处，望广大读者不吝批评指正。

编著者

2004年10月于金城江

目　录

1 概　　论

1.1 铅锑资源概况

1.1.1 铅锑生产发展简史

铅是人类最早提炼出来的金属之一，埃及人早在公元前3000年前就已用铅制作小人像。我国在夏朝（公元前21世纪至公元前16世纪）已用铅作货币，西周的铅戈中含铅已达99.75%。宋应星著《天工开物》中列举的铅矿物种类就有“银铅矿”、“铜山铅”和“草节铅”，并记述了铅的冶炼方法。铅丹（Pb_3O_4）在古代更是被普遍用作化妆品。

欧洲于17世纪有大规模生产铅的记载。北美洲人于1661年开始采炼铅矿。1800年欧洲产铅约20000t，其中一半产于英国。1900年欧美两洲共产铅约78kt。20世纪初，世界上铅的年产量已居有色金属的第四位。现在世界年产铅量已超过4Mt，其中我国的年生产能力就达1Mt（2000年冶炼103.4万t）。

锑在地壳中含量很低（仅$1 \times 10^{-4}\%$），但由于有钢灰色的天然矿石（辉锑矿）和富集的矿床，数千年前人类就已开始利用锑。古希腊人曾用天然硫化锑作为药物和妇女画眉的修饰品。但在11世纪前，人们仍误认为硫化锑为金属锑。直到16世纪初期，德国僧人万伦廷（Basil Valentine）才著文将金属锑与硫化锑分开，并较详细地介绍了金属锑的用途、性质及提取方法。由于金属锑性脆、缺乏延展性，长时期未在工业上广泛应用，其生产技术的发展也受到相应阻碍。19世纪，锑作为铅的硬化剂广泛用于制造榴霰弹，因为锑的加入可增强炮弹爆炸破裂碎散时的杀伤力。进入20世纪后，随着锑在印刷工业和军火工业上的应用，人们把锑看成战略物资，大大促进了炼锑工业的发展，特别是在两次世界大战中的1916年和1943年，锑的产量分别达到了30kt和55kt。二战以后，用氧化锑配以氯化橡胶或氯化石蜡作为织物的阻燃剂，从而使消费量大增，全世界每年锑产量约45kt。近年来由于锑产品的用途增多，应用日益广泛，年产锑量达到100kt左右。我国的锑生产无论是锑产品产量、质量，还是生产技术均居世界领先地位。1962年，我国创造了鼓风炉挥发熔炼法，使火法炼锑有了一次重大改进。湿法炼锑技术出现较晚，但也有了较大规模的生产厂。20世纪80年代以来，我国在处理铅锑复合矿方面的成功，使锑的生产量达到了前所未有的高度。历史上我国锑产量曾达世界产量的80%以上，目前仍占世界同期产量的一半左右。

1.1.2 铅锑生产的资源

铅、锑在地壳中的丰度虽小，但其矿物普遍出现在地壳中。含铅的矿物有数十种，不过仅有方铅矿、白铅矿和铅矾可称为工业矿物（见表1-1）。单独铅矿床很少，只有西班牙利纳雷斯—卡罗里纳的富矿不含锌，其余都是生于中温或热液矿床中的铅锌混合矿。砷锑铋也常以硫化物形态与方铅矿共生。银是方铅矿的一个重要伴生金属，其含量很少低于$100 \times 10^{-4}\%$，常达$(100 \sim 1000) \times 10^{-4}\%$，在特殊情况下可高达1%。美国是世界上产铅最多的国家；其次是澳大利亚，其产量高、储量甚丰富；再次为俄罗斯和加拿大、墨西哥、秘鲁、中国、德国和南非。

自然界的含锑矿物多达120多种,具有工业使用价值且在我国锑矿床中出现的含锑矿物及其分子式见表1-1。

表1-1 我国矿床中存在的具有工业价值的铅和锑矿物

矿物名称	分子式	含铅量/%	硬度	密度/g·cm^{-3}	颜 色
方铅矿	PbS	86.6	2.5	7.4~7.6	暗 灰
白铅矿	$PbCO_3$	77.55	3~3.5	4.66~6.57	白、灰色
车轮矿	$2PbS \cdot Cu_2S \cdot Sb_2S_3$	42.4			
铅 矾	$PbSO_4$	68.30	3.0	6.2~6.35	白
角铅矿	$PbCl_2 \cdot PbCO_3$	76.00			
磷氯铅矿	$3Pb_3(PO_4)_2 \cdot PbCl_2$	76.37	3.5~4.0	6.9~7.0	褐、绿、黄
砷铅矿	$3Pb_3(AsO_4)_2 \cdot PbCl_2$	69.61	3.5~4.0	7.2	黄、绿
钨铅矿	$PbWO_4$	45.5			
铬铅矿	$PbCO_4$	64.10			
钼铅矿	$PbMoO_4$	58.38	3.0	6.7~7.0	黄、白、灰
锑铅矿	$3PbS \cdot Sb_2S_3$	58.8			
脆硫锑铅矿	$Pb_4FeSb_6S_{14}$	35.39	3~3.5	5.3	钢 灰
辉锑矿	Sb_2S_3	71.69	2.0	4.52~4.62	铅 灰
方锑矿	Sb_2O_3	83.3	2	5~5.66	灰或无色
含锑黝铜矿	$(Cu,Fe)_{12}Sb_4S_{13}$	约30.21	3~4	4.99	钢 灰
硫汞锑矿	$HgS \cdot 2Sb_2S_3$	51.59	1~2	5.9	灰 黑
锑 华	Sb_2O_3	83.54	2.5~3	5.76	雪白或无色
红锑矿	Sb_2S_2O	74.9	1~1.5	4.68	樱桃红
锑赭石矿	Sb_2O_4	78.9	3~5	79.2	黄、白

硫化锑多富集于花岗岩或花岗闪长岩的地区,其主要矿物是辉锑矿和车轮矿。磺基锑化物则大多出现在硫化矿床的次生置换带。硫化矿很易氧化成三价锑的氧化物如方锑矿。世界锑矿床主要分布在两大地区:一是太平洋沿岸锑矿带,包括中国南部、俄罗斯东部、智利、秘鲁、墨西哥、美国西部各州、日本、澳大利亚、马来西亚等地区,这个地区集中了世界锑矿的绝大部分;二是地中海锑矿带,包括阿尔及利亚、南斯拉夫、捷克、斯洛伐克、意大利、土耳其及高加索地区。此外,南非的锑矿资源也很丰富。据美国矿务局1995年发表的数据,目前世界锑工业储量约420万t,基础储量470万t。其分布如表1-2所示。

表1-2 世界锑的储量(万t)

国 别	中 国	玻利维亚	南 非	墨西哥	美 国	俄罗斯等国	其 他	总 计
储 量	240.4	31.0	24.0	18.0	8.0	30.0	69.0	420.0

我国有丰富的锑、铅资源,目前已开采铅矿的有辽宁、山东、青海、甘肃、云南、贵州、广东、广西、江苏、湖南、江西等省区。铅探明储量超过300万t,潜在储量也在400万t以上,资源总储量700万t,约占世界总量288Mt的2.4%。随着国内冶炼能力的飞速发展,我国每年都要进口大量的铅精矿,综合利用各种矿石资源和二次资源已成为当务之急。锑矿床一般不大,我国的锑储量

最为丰富,已探明储量240万t,潜在储量70万t,约占世界总储量的一半以上。玻利维亚是世界第二产锑国,其储量约占世界总量的8%。值得注意的是,由于单一锑矿开采和消耗过快,储量越来越少,而复杂锑矿相对增加,因此,复杂锑矿(其中相当部分为铅锑复合矿)的开采逐渐代替单一锑矿的开采已成为必然的趋势。

我国锑矿类型很多,分布遍及15个省区,其中以湖南、广西两省区资源最为集中,占全国总量90%左右。广西锑矿分布于南丹大厂、茶山、隆林、德保等地区,大部分为多金属复合矿。南丹锡铅锌矿田中含锑矿物主要为脆硫锑铅矿和硫锑铅矿,其储量十分丰富,过去一直无法有效分离提取。为了处理这种复杂矿物原料,我国冶金工作者进行了大量的试验研究,取得了较好的分离效果,并在广西华锡集团公司(原中国有色金属工业总公司大厂矿务局)实现了工业化生产。现在广西境内已有十多家建成或在建的火法处理铅锑矿的工厂。美国、日本和西欧是锑的主要用户,其消费总量约占世界总量的70%。美、日同样也是锑氧和金属锑的重要生产国,但他们主要靠进口原料维持生产。1993~1996年世界原生锑产量16万t。

1.2 铅锑生产与消费

1.2.1 铅的生产与消费

1.2.1.1 铅的生产

当代铅的生产几乎全为火法,湿法生产目前还处于研究阶段,或只用于小规模生产和再生铅的回收。就其基本原理而言,火法炼铅可分为焙烧还原熔炼、反应熔炼和沉淀熔炼三种方法。

A 反应熔炼

反应熔炼是使硫化铅精矿中的部分PbS氧化生成PbO和$PbSO_4$,然后使之与未氧化的PbS相互反应而生成金属铅:

$$PbS + 2PbO = 3Pb + SO_2$$

$$PbS + PbSO_4 = 2Pb + 2SO_2$$

反应熔炼可以在反射炉或膛式炉内进行,故可称为反射炉或膛式炉熔炼。反应熔炼只能处理含铅在65%~70%以上的富铅矿。

B 沉淀熔炼

沉淀熔炼是用铁作沉淀剂(还原剂)置换出铅,即将铁屑与硫化铅矿混合加热到一定的温度,则铅的硫化物大部分被铁置换而产生金属铅:

$$PbS + Fe = FeS + Pb$$

在高温时这个反应是可逆的,有小部分硫化铅不会被铁置换,而与FeS结合成铅冰铜,也可用氧化铁及碳质还原剂来代替铁。沉淀熔炼在工业上很少单独应用,但在铅冶炼中常有应用,如在鼓风炉还原熔炼中常加入铁屑以降低铅冰铜中的铅含量。

C 焙烧还原熔炼

焙烧还原熔炼又称常规炼铅法或标准炼铅法,它对任何成分的铅精矿都可以处理,因此被广泛应用。目前世界上生产的铅约有80%以上是用该法生产的。其生产流程是:铅精矿烧结焙烧,烧结块鼓风炉熔炼,粗铅精炼。其工艺流程如图1-1所示。

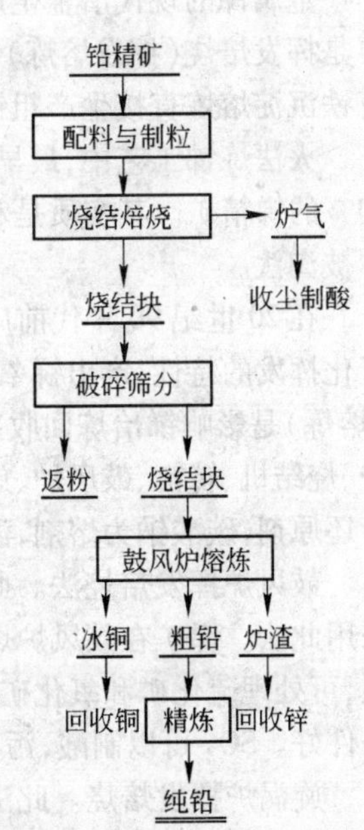

图1-1 铅鼓风炉还原熔炼的原则流程

目前世界上的金属铅产量维持在400万t左右。表1-3是20世纪80年代以来世界各国的精铅产量和消费量。我国由于近年来铅冶炼能力增长迅速，自1994年以来每年都有16.3~24.6万t精铅出口到欧美国家。

表1-3　20世纪80年代以来世界铅的生产与消费量（万t）

国别 \ 产量与消费量	产量			消费量		
	1980年	1990年	1997年	1980年	1990年	1997年①
美　国	107.9	114.8		101.0	124.5	180.6
欧洲国家	150.6	163.8		164.7	175.2	
日　本	30.5	33.2		39.2	41.2	69.5
澳大利亚	23.8	21.7		68	61	10.3
中　国	17.2	30.0	93.0①	20.0	28.0	
世界总计	400.9	441.0	604.6	380.1	444.4	605.4

① 为2000年数据。

1.2.1.2　铅的消费

蓄电池一直是消费铅最多的领域，美国约有65%的铅用于这方面。建筑、交通运输、军工、电气等工业也是铅的重要消费者。

1.2.2　锑的生产与消费

1.2.2.1　锑的生产技术

金属锑的现代冶金生产方法可分为火法与湿法两大类。目前以火法炼锑为主。火法炼锑主要是挥发焙烧（挥发熔炼）-还原熔炼法，即先生产三氧化锑，再进行还原熔炼生产粗锑，此外还有铁沉淀熔炼直接生产粗锑。湿法炼锑主要分为碱性浸出和酸性浸出两种方法。

火法炼锑工艺中，最早出现的方法是沉淀熔炼法。该法由英国首先采用，适宜处理含锑大于50%的锑精矿。其实质是利用锑和铁对硫亲和力的差异，在高温下用铁置换锑。该方法现已基本被淘汰。

在20世纪90年代前广泛使用挥发焙烧（挥发熔炼）-还原熔炼法。该法利用硫化锑矿易于氧化挥发的特性，产出锑氧，使锑与脉石分离，锑氧再经还原熔炼，生产金属锑。其中挥发焙烧（熔炼）是影响锑冶炼回收率的重要环节，对它的研究也最多。现用的挥发设备有：回转窑、沸腾炉、烧结机、转窑、鼓风炉、旋涡炉等。锑氧的还原熔炼一般在反射炉内进行，采用无烟煤或木炭为还原剂，碳酸钠为熔剂，温度1000℃。

鼓风炉挥发焙烧法。此法是中国目前炼锑的主要工艺，锡矿山矿务局、湘西金矿等冶炼厂均采用此法。锑矿在鼓风炉熔炼过程中，硫化锑挥发氧化，脉石造渣后放出。优点是对原料适应性强，可处理硫化矿和氧化矿；挥发率高（92%），回收率高，锑氧品位高（80%）；生产能力大，劳动条件好。SO_2 可以制酸，污染小，适于处理高品位矿。

旋涡炉挥发焙烧。此法是在铅的旋涡熔炼基础上发展起来的，由捷克研制成功，被玻利维亚文托炼锑厂采用。优点是强化燃烧过程中燃料消耗少，热利用率高，自动化程度高。

其他一些方法工艺基本上都还处在研究阶段或试验阶段，简述如下：

常规的回转窑挥发焙烧：焙烧温度1100℃，停留时间2~3h，回收率90%。重油消耗大，炉结严重。

回转窑闪速挥发焙烧：由意大利阿米公司曼西阿诺锑厂研究成功。物料的焙烧反应是物料与窑内高温空气强烈混合实现的，物料需细磨及干燥。其特点是充分利用了硫化矿的表面能（炉温1200～1300℃），节省燃料（重油消耗30～50kg/h），所产烟气SO_2浓度高（8%～12%），有利于SO_2的回收。

沸腾炉焙烧：主要在广西一些处理锑铅复合矿的冶炼厂使用，用以处理复杂脆硫锑铅矿，但其目的是脱硫，而不是挥发锑。采用沸腾炉挥发锑均处于试验研究阶段（前苏联曾进行过工业试验），尚未工业应用。

目前已工业应用的主要是碱性湿法炼锑，即硫化钠浸出—硫代亚锑酸钠溶液电积法，前苏联拉兹多利宁斯基联合企业采用此工艺生产，国内也建设了类似的工厂处理脆硫锑铅矿。碱性湿法炼锑主要反应如下：

$$3Na_2S + Sb_2S_3 = 2Na_3SbS_3 \quad (1-1)$$

$$2Na_3SbS_3 + 6NaOH = 2Sb + 6Na_2S + 3H_2O + 1.5O_2 \quad (1-2)$$

浸出过程最佳条件为：Na_2S 120～140g/L，NaOH 20～30g/L，95℃，30min，粒度为0.074mm占85%。

优点：锑回收率高（98%）、污染小。

缺点：Na_2S增生严重（1kg Sb增生0.4～0.8kg Na_2S），硫酸钠、硫代硫酸钠、亚硫酸钠和硫代锑酸钠积累严重，废液处理量大且较繁杂。电流效率低（隔膜电积为80%～85%，无隔膜电积为55%～65%），电耗高（每吨锑耗电2200～4000kW·h）。

为了解决硫化钠浸出—硫代亚锑酸钠溶液电积法电流效率低、电耗高的缺点，湖南冶金研究所自1970年开始，进行了硫代亚锑酸钠氢还原生产锑粉的小型和扩大试验，取得了较好的结果，所产锑粉的杂质含量均符合火法精炼要求。硫代亚锑酸钠氢还原的化学反应如下：

$$2Na_2SbS_3 + 4H_2 + 8NaOH = 2Sb + 6Na_2S + 8H_2O \quad (1-3)$$

主要技术条件为：(1)还原前液Sb 85～90g/L，游离Na_2S 10～30g/L，NaOH含量为锑质量的1.2倍；(2)还原反应温度180～220℃；(3)系统总压力5.88×10^5Pa；(4)溶液流量和送氢速度比为(10～15)∶1；(5)还原后液Sb 20g/L，游离Na_2S 120～140g/L。

用氢气还原取代电积，在技术上是可行的，但该法存在还原速度慢、锑粉黏结管壁、堵塞管道等问题。

1.2.2.2 锑的生产能力分布

目前世界上主要的产锑国包括中国、吉尔吉斯斯坦、玻利维亚、俄罗斯等。美国、日本和西欧是锑的主要用户，其消费总量约占世界总量的70%。美、日同时也是锑氧和金属锑的重要生产国，但他们主要靠进口原料维持生产。表1-4列出了1993～1996年世界原生锑产量分布。

表1-4 1993～1996年世界原生锑产量(kt)

国家	1993年	1994年	1995年	1996年	国家	1993年	1994年	1995年	1996年
中国	60	101.2	129.5	99.5	南非	4.1	4.5	4.3	4.0
吉尔吉斯斯坦	2.5	8.5	10.0	12.0	澳大利亚	1.7	1.7	1.7	1.7
坦吉克斯坦	3.0	3.0	3.5	4.0	其他国家	3.64	11.98	2.7	1.0
玻利维亚	4.16	7.05	6.38	4.8	合计	87.7	132.9	162.7	132.0
俄罗斯	7.5	2.0	2.75	4.0					

近10年来我国锑产品产量不断上升,锑产品品种增多,其结构也发生了显著变化。我国现有锑冶炼企业约300家,生产能力已达15万t。我国各类锑产品的生产能力如表1-5所示。

表1-5 我国各类锑产品的生产能力(kt/a)

锑产品	氧化锑类			金属锑	锑 盐	其 他	共 计
	锑 白	特种 Sb_2O_3	小 计				
生产能力	41.0	10.2	51.2	99.6~109.6	15	1.5	
金属锑量	34.2	8.43	42.63	99.6~109.6	7.42	0.3	150~160

1.2.2.3 锑的消费

在国外,阻燃剂是锑最大的应用领域,约占世界锑消耗量的70%,占 Sb_2O_3 消耗量的90%。据不完全统计,全世界每年消耗 Sb_2O_3 约8.4~9.2万t,其中阻燃剂用量为7.5~8.3万t,其他主要用于冶金添加剂及催化剂、塑料稳定剂等。到1999年我国锑消耗的结构与世界发达国家相比明显不同,即以汽车工业所需蓄电池消耗金属锑为主;其次是搪瓷消耗 Sb_2O_3;电视、电脑、光学玻璃消耗锑酸钠;阻燃烧剂用 Sb_2O_3 仅占锑总消耗量的5%~6%。我国每年锑消耗量约1.0~1.2万t,其中6000~7000t为金属锑,即使到2000年,我国的精锑消耗量也仍占锑总消耗量的40%以上。但在国外,锑则主要是以锑系阻燃剂被消耗,如日本每年需求各种阻燃剂9万t以上,消耗锑约1.5万t;美国每年消耗 Sb_2O_3 2.7万t,90%用于锑系阻燃剂。此外,高级玻璃澄清剂、催化剂、塑料稳定剂、钝化剂及高科技等领域也是锑的重要应用领域。

1.3 铅及其化合物的性质与用途

1.3.1 铅的性质

1.3.1.1 铅的物理性质

铅是蓝灰色的金属,新的断面具有灿烂的金属光泽,密度大,熔点低,沸点高。在低于熔点3~10℃的温度下,铅变得很脆,用力摇动时可制成铅粒作试金用铅。液体铅的流动性好,渗透性强,因此在修建炉子时要注意防止漏铅。高温时铅的挥发量大,容易导致铅的损失。在不同的温度下铅的平衡蒸气压见表1-6。

表1-6 铅在不同温度下的平衡蒸气压

温度/K	893	983	1093	1233	1403	1563	1633	1525
蒸气压/Pa	0.133	1.33	13.3	133.3	1333	6665	13330	101325

注:表中数据系按1mm Hg=133.3Pa换算而来。

铅蒸气有毒,故在生产过程中必须有完善的收尘设备,加强劳动保护,以保证原料中铅的回收和防止操作人员中毒。铅的硬度小,是重金属中最软的,其莫氏硬度仅1.5。当铅中含有少量As、Sb、Cu、Zn及碱金属和碱土金属时,其硬度增大但韧性却降低。纯铅的展性好而延性差,可以轧成铅皮、捶成铅箔,却不能拉成铅丝。其导电性、导热性也较差(分别为银的10.7%和8.5%)。金属铅的物理性质如表1-7所示。

表 1-7　铅和锑的有关物理性质

物理性质	铅	锑	物理性质	铅	锑
熔点/K	600.3	903.6	密度/$g \cdot m^{-3}$	11.337	6.884
沸点/K	2013 ± 10	1908	导热系数/$W \cdot (m \cdot K)^{-1}$	35	25.9
熔化热/$kJ \cdot mol^{-1}$	4.807	19.876	膨胀系数/$\mu m \cdot (m \cdot K)^{-1}$	29.1	8 ~ 11
气化热/$kJ \cdot mol^{-1}$	178.44	195.195	莫氏硬度	1.5	3.0 ~ 3.5
热容/$J \cdot (mol \cdot K)^{-1}$	26.42	25.2	电阻率/$\Omega \cdot m$	0.2065	0.37

1.3.1.2　铅的化学性质

铅是元素周期表中第四主族的元素，原子序数 82，相对原子质量 207.19。常见化合价为 +2 和 +4 价。常温时，铅在干燥的空气中不起化学变化，但在潮湿及含有 CO_2 的空气中则被氧化失去金属光泽，其表面形成一层暗灰色的次氧化铅（Pb_2O）薄膜，此膜慢慢地转化成为碱式碳酸铅［$3PbCO_3 \cdot Pb(OH)_2$］，可以防止内部继续氧化。

铅在空气中加热熔化时，最初氧化成 Pb_2O，表面出现彩虹，再升高温度则变成 PbO（黄丹），继续加热到 330 ~ 450℃，则又转变为 Pb_2O_3，当温度上升到 450 ~ 470℃时，生成铅丹（Pb_3O_4）。除 PbO 以外，所有铅的氧化物在高温下都不稳定，当温度高于 600℃时，均会离解成 PbO 及 O_2。CO_2 对铅的氧化作用不大。

铅易溶于硝酸、硼氟酸（HBF_4）、硅氟酸（H_2SiF_6）和醋酸（CH_3COOH）等，难溶于稀盐酸及硫酸，在沸腾的盐酸和发烟硫酸中可缓慢溶解。常温时盐酸和硫酸仅仅作用于铅的表面，形成几乎不溶的 $PbCl_2$ 和 $PbSO_4$ 薄膜附着在铅表面，使内部不受腐蚀。

1.3.2　铅的主要化合物的性质

1.3.2.1　铅的硫化物

硫化铅（PbS）在自然界中呈矿物存在，称为方铅矿，其结晶呈暗灰色，具有金属光泽，密度 7.4 ~ 7.6 g/cm^3，熔点 1135℃，在熔化状态下具有很好的流动性，能渗入砖缝中，故拆修炉子时，常可在炉墙缝隙中发现硫化铅的结晶。易挥发，在远远低于其熔点时（如 600℃）就开始挥发，850℃时其蒸气压达 266.6Pa（2mmHg）。其蒸气压与温度的关系如表 1-8 所示。

表 1-8　硫化铅的蒸气压与温度的关系

温度/K	1123	1173	1223	1273	1321	1381	1494	1554
蒸气压/Pa	266	506.5	800	2266	5332	13330	53320	101325

注：表中数据系按 1mmHg = 133.3Pa 换算而来。

硫化铅不稳定，其中的铅容易被其他对硫的亲和力大于铅的金属置换出来：

$$PbS + Me = Pb + MeS$$

它也可与金属硫化物一起形成锍（冰铜），如铁可置换出硫化铅中的铅，形成硫化铁，硫化铁又与硫化铅结合形成铅冰铜。

硫化铅能溶于浓硝酸、盐酸和硫酸中，也能溶于氯化铁的水溶液中。用氯化铁的酸性水溶液浸出方铅矿是目前最有前途的无污染湿法炼铅方法之一。

1.3.2.2 铅的氧化物

氧化铅(PbO)又名密陀僧、黄丹,熔点为886℃,沸点1472℃。它有两种结晶变体,熔融状态的密陀僧急冷得到黄密陀僧,而缓冷时则得到红密陀僧。黄密陀僧在高温下稳定,但易为CO或固体碳所还原。

氧化铅易挥发,在750℃时即开始挥发,950℃时,挥发已很明显,因此在火法冶金过程中此项损失很大,对环境污染也很大。其蒸气压与温度的关系列于表1-9。

表1-9 氧化铅的蒸气压与温度的关系

温度/K	1023	1123	1223	1323	1373	1473	1573	1745
蒸气压/Pa	2.66	47.99	240	1000	1986	6851.6	19995	101325

注:表中数据系按1mm Hg = 133.3Pa换算而来。

温度高于2000℃时PbO将离解为铅和氧气,故PbO是强氧化剂,能部分或全部氧化Te、S、Fe、Sb、As、Sn、Zn等元素,此特性广泛应用于铅的火法精炼中,以将上述杂质造渣或挥发除去。

氧化铅是两性氧化物,可与SiO_2或Fe_2O_3作用形成硅酸盐或铁酸盐,而这些盐类的蒸气压较PbO的蒸气压低,故能减少冶炼时的挥发损失。它还能与Al_2O_3结合生成铝酸盐。PbO对硅砖和黏土砖的侵蚀作用特别强烈,因为所有的铅酸盐都不稳定,会在高温下离解放出氧气。

硫酸铅($PbSO_4$)在高温下不稳定,在800℃开始离解为PbO、SO_2和O_2,到950℃以上离解得很快。PbO和$PbSO_4$都能与PbS相互作用生成金属铅。

1.3.3 铅及其化合物的用途

目前铅在世界上的消费方向主要是蓄电池,美国约有65%的铅用于此项。其次是以四乙铅(四乙基烷)的形式作为汽油添加剂,以改善高压引擎的工作性能,但这会导致铅进入大气,造成污染。各国都立法严格限制汽油含铅量,现在我国已经完全禁止使用含铅汽油。因此,铅在这方面的应用将逐渐下降为零。电缆包皮、熔断保险丝中铅的用量也很大。铅板和铅管常作为冶金和化工设备防腐、耐酸的衬里;利用铅能吸收放射线的特性,可作X射线及核辐射的屏蔽材料。铅合金可制作轴承耐磨合金、焊条合金、榴霰弹丸,过去还大量用于印刷活字板合金。

铝酸铅和铅白[$2PbCO_3 \cdot Pb(OH)_2$]在颜料工业中用作白色颜料,铅丹(Pb_3O_4)具有鲜红的颜色,广泛用于玻璃、陶瓷及油漆工业。密陀僧在橡胶硫化及精炼石油时用作促进剂。醋酸铅[$Pb(CH_3COO)_2$]可作纺织工业上的媒染剂,在医药上也有应用。

1.4 锑及其化合物的性质与用途

1.4.1 锑的性质

锑是周期表中第五主族元素,原子序数51,相对原子质量为121.76。与砷、硒、碲、锗、硅等元素一样常被视为半金属或准金属。其物理化学性质与砷特别相似,二者能无限互溶,在提取冶金中不易彻底分离。

1.4.1.1 锑的物理性质

锑有四种同素异形体,即灰锑、黑锑、黄锑和爆锑,后三种均不稳定。灰锑即为常见的金属锑,外表呈银白色,断面呈紫蓝色金属光泽。其一般物理性质列于表1-7中。由表可知,锑是热的不良导体(仅相当于银的4.2%),导电性也不好。锑性脆,易碎,无延展性,可碾成粉末,这一点完全不同于一般金属。

锑属于常见易熔、易挥发的有色金属之一。其蒸气压与温度的关系可按下式计算:

$$\lg p = 7.995 - 6060/T \quad (T < 1300℃)$$

$$\lg p = 9.154 - 7880/T \quad (T > 1300℃)$$

其在1300℃以下的蒸气压见表1-10。

表1-10 锑及其氧化物在不同温度下的平衡蒸气压(Pa)

温度/K	773	873	973	1073	1173	1273	1373	1473	1573
Sb			58.26	221.3	670.6	1720	3853	7506	13732
Sb_2O_3	8.359	273.3	2613	6172	12572	22931	38263		

锑与砷一样,在气态时呈多原子状态,如Sb_2、Sb_4等,而其他金属则呈单原子气体存在。

锑的另外三种同素异形体的有关性质分述如下:(1)黑锑是无定形黑色粉末,密度5.3g/cm^3,当金属锑蒸气急冷,或在-40℃下用空气或氧气氧化液态锑化氢时获得。黑锑较灰锑易挥发,化学性质活泼,常温时可在空气中氧化甚至自燃。在隔绝空气的条件下加热到400℃则迅速转变成锑;(2)黄锑与黄砷和黄磷相似,完全无金属性。用空气或氧气氧化液态锑化氢时可产生一部分黄锑。黄锑极不稳定,在高于-90℃时可转变为黑锑,-50℃时即迅速变成灰锑;(3)爆锑是一种闪银白色的无定形物质,表面光滑而柔软,密度5.64~5.97g/cm^3。在一定条件下锑的卤化物水溶液电解时,即可产生。用硬物轻轻敲打、摩擦、受热辐射或加热到125℃均发生爆炸。在水中也是如此。不过若在水中缓慢加热,爆锑即失去可爆性。

1.4.1.2 锑的化学性质

锑在常温下即使长时间置于潮湿空气中也能保持其表面光泽而不受氧化。在100~250℃范围内加热仍无明显氧化现象,这一性质使得锑在电镀工业上得到利用。但超过熔点的粉锑则着火燃烧,生成Sb_2O_3。加热到750~800℃的熔融锑可使水蒸气分解而析出氢。

锑不溶于水、稀盐酸和稀硫酸,但可与浓盐酸及热浓硫酸反应生成$SbCl_3$和$Sb_2(SO_4)_3$;稀硝酸能使锑氧化成Sb_2O_3,而浓硝酸则能将其氧化成Sb_2O_5。锑易溶于王水,生成$SbCl_5$,也可溶于硝酸与酒石酸的混合液中。

锑在常温下与卤素激烈反应,生成相应的卤化物;锑与硫磺混合加热时可生成黑色的Sb_2S_3,但其与硫的亲和力小于铜、铁、锌、镍、镉、钴等金属,因而可被这些金属置换出来。锑能与多种金属和非金属作用生成合金或金属间化合物。无氧化剂时,锑在熔融的碳酸钠中也不反应,但灼热的苛性钾和苛性钠能与锑作用生成相应的锑酸盐。

锑在化学反应中常表现为正三价,在特殊情况下才生成五价化合物,仅在金属互化物中呈现共价和负价。而与氢结合可生成SbH_3,表现为负三价。

1.4.2 锑的化合物

工业上最常见的锑化合物有氧化物、硫化物、卤化物、锑盐、锑酸盐和锑的有机化合物。

1.4.2.1 锑的硫化物

锑的硫化物在工业上有意义的是三硫化锑(Sb_2S_3),五硫化锑(Sb_2S_5)在工业上意义不大。

三硫化锑有结晶形和无定形两种形态，前者以辉锑矿普遍存在于各种矿体中，属斜方晶系，色青灰，有金属光泽。后者可用化学方法制取。视其粒度大小、制造方法和生成条件的不同而有灰、黑、红、黄、紫等不同颜色。

三硫化锑的商品统称生锑，密度 $4.64g/cm^3$，熔点 550℃，沸点 1080～1090℃，熔化热 23.43～28.95kJ/mol，气化热 61.30kJ/mol，莫氏硬度 2～2.5。易挥发，其蒸气压与温度 T(K) 的关系可用下式计算：

$$\lg p = -11200/T + 14.671 \quad (673K < T < 773K)$$

$$\lg p = -7068/T + 9.915 \quad (773K < T < 1223K)$$

Sb_2S_3 受热易分解，600℃时已很明显，800℃时其分解压可达 2452Pa，利用这一性质，使其在密闭容器中受热至 1500℃以上可直接获得金属锑。但这一方法在大规模生产中难以实现。

Sb_2S_3 在常温下氧化较慢，但加热后氧化剧烈。粒度 0.1mm 的三硫化锑在空气中的着火点为 290℃，粒度 0.2mm 时为 340℃。燃烧产物为 Sb_2O_3 和 SO_2。

Sb_2S_3 能直接与 C、CO、H_2 及与硫的亲和力更大的金属起还原反应：

$$2Sb_2S_3 + 3C \longrightarrow 3CS_2 + 4Sb$$

$$Sb_2S_3 + 3CO \longrightarrow 3COS + 2Sb$$

$$Sb_2S_3 + 3H_2 \longrightarrow 3H_2S + 2Sb$$

$$Sb_2S_3 + 3Me \longrightarrow 3MeS + 2Sb$$

用固体碳还原 Sb_2S_3 开始于 700℃，但到 1200℃时才能反应完全。当有空气存在时，CS_2 即燃烧成 SO_2 和 CO_2。用 CO 还原虽不需很高的温度，但进行得不完全。用氢还原硫化锑在技术上是可能的。实验指出，在 850℃下还原液态硫化锑不超过 2h，脱硫率可达 95.69%。

三硫化锑可与氯气发生如下反应：

$$Sb_2S_3 + 6Cl_2 \longrightarrow 2SbCl_3 + 3SCl_2$$

$$2Sb_2S_3 + 9Cl_2 \longrightarrow 4SbCl_3 + 3S_2Cl_2$$

在空气中加热时其中的硫将转化为 SO_2：

$$Sb_2S_3 + 3Cl_2 + 3O_2 \longrightarrow 2SbCl_3 + 3SO_2$$

Sb_2S_3 易溶于 $FeCl_3$ 溶液或熔体中，生成 $SbCl_3$ 并析出元素硫：

$$Sb_2S_3 + 6FeCl_3 \longrightarrow 2SbCl_3 + 6FeCl_2 + 3S$$

这一反应是湿法炼锑中酸性浸出的理论基础。

Sb_2S_3 也可溶于盐酸，生成三氯化锑和硫化氢。

Sb_2S_3 和 Sb_2O_3 在惰性气氛中加热，能发生还原反应，产出金属锑和 SO_2，但在助熔剂覆盖下受热则互熔成所谓锑玻璃（$2Sb_2S_3 \cdot Sb_2O_3$）。锑玻璃的熔点仅 517℃。在锑矿石的挥发焙烧中易熔成液滴流出造成损失。

1.4.2.2 锑的氧化物

锑的氧化物包括 Sb_2O_3、Sb_2O_4、Sb_2O_5、Sb_6O_{13} 及 Sb_2O、SbO_2 和气态的 SbO。锑的高价氧化物不稳定，随着温度的升高可依次转变为低价氧化物。Sb_2O_3 在一般条件下是锑的最稳定氧化物，是氧化挥发—还原熔炼炼锑法的中间产物。

Sb_2O_3 在常温下是白色结晶粉末，受热时呈黄色。有两种结晶形态：一种是立方晶形，密度 $5.22 \sim 5.33g/cm^3$；另一种是斜方晶形，密度 $5.6g/cm^3$，在自然界中分别以方锑矿和锑华存在。立方 Sb_2O_3 在 570℃以上时转变为斜方晶体。正方晶体的 Sb_2O_3 是一种良好的白色颜料，称为锑白或锑白粉，可在搪瓷、橡胶、塑料、织染等工业作为遮盖剂、填充剂及防火剂等。

Sb_2O_3 的熔点为656℃，是一种易挥发的两性氧化物，其蒸气压与温度的关系为：

$$\lg p = 7.900 - 4341/T$$

在熔点温度以上其挥发性比锑和硫化锑都大，这种性质被广泛应用于锑的工业生产中。

Sb_2O_3 不溶于水，也不溶于稀硫酸或稀硝酸，但能溶于盐酸和苛性碱：

$$Sb_2O_3 + 6HCl = 2SbCl_3 + 3H_2O$$

$$Sb_2O_3 + 2NaOH = 2NaSbO_2 + H_2O$$

浓硝酸能将 Sb_2O_3 氧化成高价氧化物。在沸腾的浓硫酸中，Sb_2O_3 溶解生成硫酸锑。

Sb_2O_3 可被碱金属的硫化物溶解，反应式为：

$$Sb_2O_3 + 3Na_2S + 3H_2O = Sb_2S_3 + 6NaOH$$

也可写成：

$$Sb_2O_3 + 6Na_2S + 3H_2O = 2Na_3SbS_3 + 6NaOH$$

生成的 Sb_2S_3 立即溶于过剩的 Na_2S 中，NaOH 可防止硫代锑酸钠的水解。

Sb_2O_3 能完全溶解于酒石酸中，工业分析上常利用这种性质。

四氧化锑（Sb_2O_4）是一种白色粉状物，也属于斜方晶系，受热变黄，密度 6.69g/cm^3，具有难熔化、不易挥发的特点，仅溶于浓盐酸而不溶于其他酸类，但溶于碱金属的硫化物溶液。就其结构而论，可看成是一种盐类，即锑酸锑（$SbSbO_4$），也可认为是 Sb_2O_5 和 Sb_2O_3 相结合而成的氧化物。在900℃以上可离解为 Sb_2O_3 和 O_2。

五氧化锑（Sb_2O_5）作为锑酸酐，能否单独存在还不能肯定。在成分上常写成 $Sb_2O_5 \cdot nH_2O$，可由 $SbCl_3$ 水解获得。这种水合物基本上不溶于硝酸，微溶于水，易溶于盐酸和苛性钾的水溶液中。加热到700℃时脱水变为白色粉末。Sb_2O_5 不挥发，但易分解。近年来工业上湿法制取了一种溶于有机溶剂的胶态 Sb_2O_5，是一种重要的阻燃剂成分。

所有的锑氧化物都容易在不高的温度下被固体碳和 CO、H_2 等气体还原成金属锑。

1.4.2.3 锑的其他化合物

三氯化锑（$SbCl_3$）又名锑油，在常温下为无色斜方结晶，液体状态下为无色透明、具有强烈腐蚀性和呈酸性反应的油状液体。极易挥发、易溶于水，其蒸气可在潮湿空气中水解，产生 SbOCl 烟雾。工业上利用其强烈的挥发性使之与其他杂质分离，可制得高纯锑。三氯化锑化学性质非常活泼，难生成络合物和复杂盐类。能溶于苯、二硫化碳、丙酮和酒精等有机溶剂中。溶于盐酸和硫酸，与硫酸作用生成硫酸锑和氯化氢：

$$2SbCl_3 + 3H_2SO_4 = Sb_2(SO_4)_3 + 6HCl$$

三氯化锑可通过锑与氯气直接接触制得，也可通过硫化锑与酸性三氯化铁溶液作用，再干馏制取。

锑是三种常用的化工金属（铋、锑、锂）之一，可生成一系列在工业上有用的化合物，如用作黄色颜料的锑酸铅（$PbSbO_4$），用于搪瓷、玻璃等工业的锑酸钠［$NaSb(OH)_6$］等。还有许多由锑化氢衍生出来的锑的有机化合物。

1.4.3 锑及其化合物的用途

锑产品除了制造合金、军工、化工颜料、搪瓷玻璃等传统用途以外，从金属锑和三氧化锑中研究出的新用途有100多种，如三氧化锑的用途就已从颜料、搪瓷方面全面转向了防火阻燃助剂。

1.4.3.1 金属锑的用途

由于锑性脆且硬,常用作金属或合金的硬化剂,能使金属或合金具有非凡的性质,如锑与铅、铜、锡等制成耐磨合金等。现在世界上具有工业意义的含锑合金多达200多种。1839年美国人巴比特所发明的轴承合金(统称巴氏合金),就是一类耐磨铅锑合金,在机械工业和电力、交通运输业中的用量占了年产锑总量的6%~10%。含锑3%~12%的铅合金,用于制作蓄电池栅板;含锑6%~15%的硬铅,被大量用来制造枪弹等;含锑10%~24%的铅锑锡合金适用于精确铸造,过去大量用于印刷行业。包裹电缆的铅基合金含锑0.4%~0.8%,锑的加入可成倍地增加合金的耐疲劳性。焊锡含锑0.1%~6%,广泛用于中低温焊接。

含微量或少量锑的其他合金还有:含1%~4%锑的铅基合金用于机动车轮及其他设备的平衡锤;灰口铁和球墨铸铁基体只须加入0.03%和0.05%的锑就可分别完全转变为珠光体;在铸铁内添加0.2%~0.4%的锑能使其摩擦系数由0.11~0.125减至0.085~0.097,并使其耐磨性提高2倍。在铝镁硅合金中加入少量锑,对改善合金的力学性能也有十分显著的作用。

锑在半导体方面的应用,一是作为金属间化合物半导体,二是作为晶体生长时的掺杂剂和埋层扩散的杂质源。已有研究报道的锑半导体化合物有:BSb、AlSb、GaSb、CsSb、InSb、Mg_3Sb_2、ZnSb、CdSb、CaSb、Li_3Sb、KSb、K_3Sb、Na_3Sb、Rb_3Sb、Sb_2Se_3、Sb_2Te_3、$PtSb_2$ 等。对其中AlSb、GaSb、InSb研究较多。InSb的载流子有效质量小,而载流子迁移效率高,是制作霍尔元件和磁阻器件的好材料,同时也较易制备。

生长重掺锑硅单晶时掺入高纯度金属锑,能较好地解决高频与大功率特性对集电区电阻率要求的矛盾,为制作高频大功率晶体管开辟了新途径。采用外延层注掺锑衬底结构,解决了超大规模集成电路辐射软失效和MoS自锁问题。锑作为掺杂剂将大有可为。

1.4.3.2 锑化合物的用途

锑的主要工业化合物包括其三价的氧化物、硫化物和卤化物。

三氧化锑亦称锑白,广泛应用于搪瓷、颜料、油漆、玻璃、塑料、陶瓷、防火织物等方面。纯净的三氧化锑不仅是搪瓷的遮盖剂,也是优良的乳着剂,可确保搪瓷制品获得良好的表面覆盖和表面光泽。在锑化合物的消耗中,搪瓷业方面的用途占了17%~26%。氧化锑是优良的白色颜料,其遮盖力略次于钛白,而与锌钡白相近。但其粒度细,吸油率低(100g颜料约吸油11~13g),耐光、耐热,稳定性好,这些都是颜料、油漆及塑料所必备的性能。用氧化锑制造的防火漆(锅炉漆)广泛用于船舶、绝缘电缆、桥梁、烟囱、锅炉等。在玻璃生产中,氧化锑即是脱色剂,又是澄清剂。用氧化锑或硫化锑作原料,还可生产锑红玻璃,色泽鲜艳,透明度高,可用于铁路指示灯以及工艺美术玻璃。以氧化锑配制淡黄、金黄等色颜料,在陶瓷器皿上绘制图案,经高温煅烧,可使陶瓷呈现鲜亮、稳定的多种黄色图案。

用三氧化锑与氯化橡胶或氯化石蜡处理织物后,可使其具有明显的阻燃性质。第二次世界大战时,仅美国制造耐火帐幕就年耗氧化锑达1万t。氧化锑还是许多塑料的理想阻燃剂成分,例如聚氯乙烯(PVC)、聚丙烯、聚酯、环氧树脂以及其他共聚物等。作为防火涂料,氧化锑也用于合成纤维、建筑材料、安全胶卷、大功率电路元件、高温绝缘材料、汽车内部装饰、床褥服装等方面。

氧化锑与氧化锡组成 $SnO_2—Sb_2O_3$ 系列,广泛用于新的光电元件制作及催化剂、离子交换剂。此外,三氧化锑在船舶防污涂料、固体润滑剂、燃料电池、光化学电池中也有应用。

三硫化锑或纯净的辉锑矿主要用于火柴、弹药、鞭炮和橡胶工业。五硫化锑用于橡胶工业和兽医药物。三硫化锑在火柴制造上用于磷面及药头，可显著提高磷面的助燃性能，尤其在擦拭火柴时更见效。利用其燃烧时呈浓烟状，在军事上用来制造烟幕弹。枪弹底火常配入 1/4 ~ 3/8 的三硫化锑以提高其击发的灵敏度。在半导体工业中三硫化锑可作 n 型导体薄层，并在电光照相、光电转化中得到应用。

三氯化锑最早的应用是使金属发蓝，现在大量用于涂镀钢铁，使之青铜化，同时作防腐剂。纯三氯化锑是制取高纯锑和有机锑的原料。三氟化锑（SbF_3）、钾草酸锑[$SbK(C_2O_4)_3 \cdot 6H_2O$]和吐酒石[$2K(SbO)C_4H_4O_6 \cdot 2H_2O$]用作织染工业的媒染剂或着色剂。硫酸三氟锑酸铵处理织物具有非常好的防火性能。三金属锑酸盐，如锑酸钠可作阻燃剂成分和搪瓷玻璃工业。锑黄[$Pb(SbO_3)$]、[$Pb_3(SbO_4)_3$]，锑红（Sb_2S_3，Sb_2OS_2）与锑黑广泛应用于油漆颜料工业中。

用于医药上的锑化物也很多。苯胺酒石酸锑[$SbO-C_6H_5(NH_2)C_4H_4O_6$]供静脉注射化学治疗用；酒石酸锑钾[$SbOH(O \cdot CH \cdot COOK)_2 \cdot 0.5H_2O$]、硫酸锑都用作催吐剂；硫甘醇酰胺锑[$SbCSCH_2(O \cdot NH_2)_3$]用于治疗腹股沟肉芽肿、血丝虫病等；其他如三氧化锑、锑酸磷酸钙等均可用于制药。

复习思考题

1. 炼铅和炼锑的原料主要有哪些？这些原料中哪些是我国出产或盛产的？
2. 试绘出火法炼铅的一般原则流程。
3. 铅或铅的化合物主要应用于哪些方面？
4. 在锑的化合物中，工业应用最广泛的是哪两种？
5. 你认为锑最有发展前途的应用是在哪个方面？为什么？

2　脆硫铅锑矿的处理

2.1　矿石性质

目前已知单纯的铅锑硫化矿物有14种,另外还有16种含有砷、铁、锡等元素的复杂铅锑矿物,但矿床中蕴藏具有工业价值的还只有硫铅锑矿和脆硫铅锑矿。脆硫铅锑矿属于提取铅及锑的复杂矿物。我国是这种矿物的唯一丰产国。美国内华达州和玻利维亚的辉锑矿床中也有产出,而我国的脆硫铅锑矿则主要产于广西河池地区,尤以位于南丹县的大厂矿山为最多。

这种矿物的分子式常被认为是$2PbS \cdot Sb_2S_3$,实际上应为$Pb_4FeSb_6S_{14}$,其中的铁硫比变动于1:5~1:15,属于单斜晶系,常呈纤维状、针状、放射状晶族。该矿物为硫化锑与硫化铅的固溶体,仅使用物理选矿方法不能将铅与锑分离,必须通过冶金过程才能综合利用。

从大厂矿山的有色金属矿选出锡精矿后,浮选出锌、铅、锑硫化矿,再浮选分离出铅锑精矿和锌精矿。铅锑精矿中,60% <0.075mm(200目),其视密度为1.6~1.7g/cm^3,真密度为4.0g/cm^3。其大致成分(%)为:Pb28~30,Sb18~20,Zn5~9,S21~26,还有少量银、铟、铋、镉等元素,是一种单个元素品位低,而综合价值又高的冶金原料。较有代表性的铅锑精矿成分见表2-1。

表2-1　铅锑精矿化学组成(%)

编　号	Pb	Sb	S	Zn	Sn	Cu	Ag(g/t)	Fe	SiO_2	CaO
1	27.22	24.67	24.28	6.15	0.52	0.31	857.98	7.43	2.60	1.44
2	30.98	26.70	21.76	5.85	1.02	0.37	900	11.0	1.41	3.41
3	28.36	25.92	20.68					9.13	1.14	2.90

这种精矿用X射线粉末衍射分析鉴定出有以下矿物:辉锑锡铅矿($5PbS \cdot 3SnS_2 \cdot Sb_2S_3$)、脆硫铅锑矿($4PbS \cdot FeS \cdot 3Sb_2S_3$)、黄铁矿($FeS_2$)、闪锌矿(ZnS)、辉锑矿($PbS \cdot Sb_2S_3$)、石英($SiO_2$),有时还有$PbSO_4$、$PbCO_3$ Cu_2S、Bi_2S_3、Ag_2S 、CdS、$CaCO_3$、Al_2O_3等。

2.2　脆硫铅锑矿的火法冶炼方法

2.2.1　烧结—鼓风炉熔炼—吹炼法

脆硫铅锑矿的处理,目前应用于生产的冶炼工艺是以北京矿冶研究总院徐又元教授为主提出的火法冶炼工艺,其流程为火法沸腾炉焙烧脱硫——反射炉还原熔炼——两次吹炼再还原熔炼的办法,即脆硫铅锑精矿经沸腾炉焙烧脱硫,焙砂配料烧结,而后鼓风炉还原熔炼,产出铅锑合金。铅锑合金再经反射炉吹炼,得到锑氧粉和底铅,使铅锑分离。锑氧粉经反射炉精炼生产2号精锑,底铅(w(Pb)>80%)经硅氟酸铅电解生产1号电铅,白银被富集在阳极泥中予以回收。其生产流程如图2-1所示。

该方法几乎为所有处理铅锑矿的冶炼厂所采用,主要金属总收率为:75%~80%Pb,70%~74%Sb,65%~70%Ag。

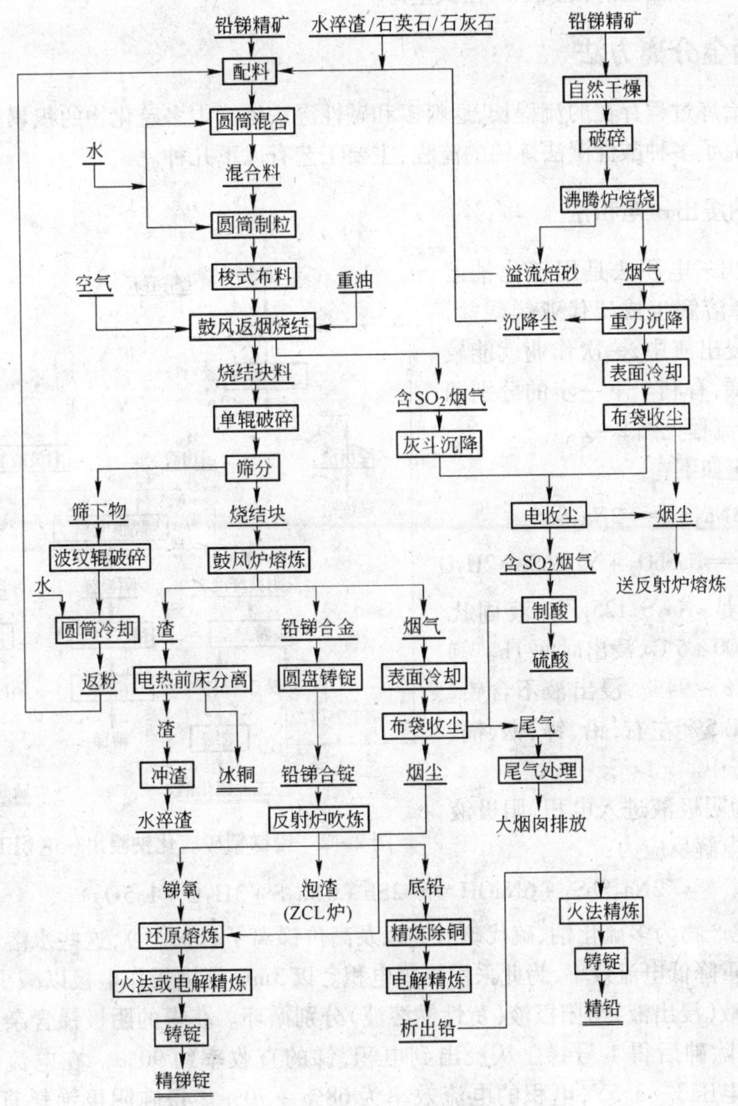

图2-1 脆硫铅锑矿的火法处理流程

但该方法还存在着较多的问题,主要是流程长,中间产物多,在每一过程中铅与锑都不能得到较彻底地分离,铅中有锑,锑中有铅,中间产物如碱渣、泡渣、除铅渣等回收处理困难,因而金属回收率低,原材料消耗高,工厂的经济效益低下,而且极不稳定。但是由于该法是目前可以分别得到金属的唯一成熟的方法,所以仍是各铅锑冶炼厂普遍采用的冶炼方法。火法流程存在的主要问题是返料多、流程长、铅锑分离困难。由于生产流程返料多,铅锑的回收率很低,导致加工费高,企业仅有薄利。低浓度 SO_2 和氧化砷烟气直接排放污染环境。综合回收差,银的回收率仅70%。

2.2.2 旋涡炉熔炼法

旋涡炉熔炼法的主要原理是精矿进入旋涡炉,直接氧化,在强化熔炼条件下产生的熔体进入沉淀池,从熔池顶部吹入还原剂还原熔体获得铅锑合金。铅锑合金经吹炼分离,熔炼渣中含金属

(Pb + Sb)约5%。该法已有两家工厂在试生产。

2.3 湿法冶金分离方法

针对火法冶炼过程存在的流程长、返料多和碱性湿法炼锑中多硫化物的积累问题,近年来国内有关单位研究了多种酸性湿法炼锑的流程,主要工艺有以下几种。

2.3.1 硫化钠浸出—电积法

硫化钠浸出—电积法是用硫化钠溶液作溶剂,使锑溶解生成硫代亚锑酸盐,铅及银等留在浸出渣中,一次作业就能较彻底地分离铅锑,有利于下一步的分别回收,详细的工艺流程见图2-2。

其主要反应如下:

$$Sb_2S_3 + 3Na_2S = 2Na_3SbS_3$$

$$Sb_2S_3 + 4NaOH = NaSbO_2 + Na_3SbS_3 + 2H_2O$$

浸出条件是:Na_2S 125g/L,液固比5:1,浸出温度100±5℃,浸出时间1h。锑的浸出率为92%~94%,浸出液不含铅,浸出渣中含锑1.5%左右,铅、锌、铟、镉、银都留在浸出渣中。

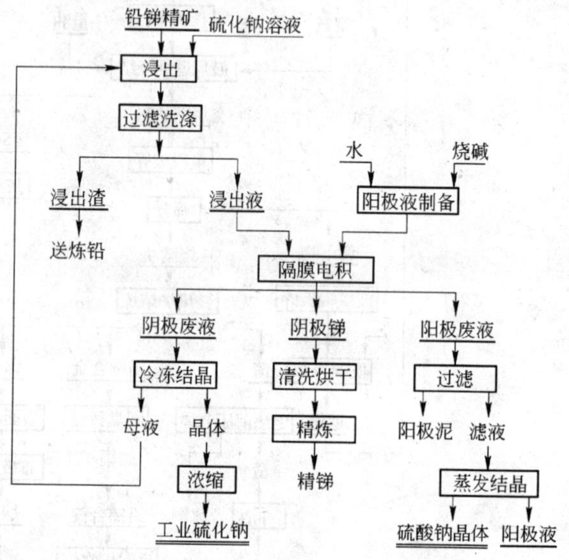

图2-2 铅锑精矿硫化钠浸出—电积工艺流程图

浸出液作为阴极液进入电积,阳极液是NaOH溶液,电解反应为:

$$2Na_3SbS_3 + 6NaOH = 2Sb + 6Na_2S + 3H_2O + 1.5O_2$$

阳极的氧化产物为多硫化钠、硫代硫酸钠以及高价锑离子(SbS_4^{3-}),这些水溶物质都可能在阴极上还原,严重降低电流效率,为此采用隔膜电积。以3mm碳钢板作电极以减少阳极极化,降低槽电压,阴极液(浸出液)与阳极液(苛性钠溶液)分别循环。获得的阴极锑含杂质少,经洗涤、烘干、火法精炼除砷后得1号锑。从浸出到电积,锑的直收率约90%。在电流密度为350~450A/m^2时,槽电压3~3.5V,电积的电流效率为68%~70%。每吨阴极锑耗直流电(9936~12286.8)×10^6J(2760~3413kW·h),碱耗1.05~1.3t。

阴极液中增生的硫化钠,通过真空蒸发,降温至16~18℃,结晶析出晶体硫化钠$Na_2S \cdot 9H_2O$。经进一步浓缩脱水,可产出纯度63.5%的工业硫化钠。结晶母液返回浸出工序。硫化钠产率为每吨锑500~600kg。

阳极废液中因硫酸钠积累,影响正常电积作业,需要净化。可定期抽出部分阳极液进行蒸发浓缩,结晶出以硫酸钠为主的混凝盐,进一步处理可得硫化钠或作副产品。

浸出渣含铅32%~35%,铅仍呈硫化物状态,实际上是一种较贫的铅精矿,可单独或配入富铅精矿处理。目前的处理方法是搭配进铅精矿中炼铅。

该方法的优点是:用硫化钠作为浸出剂具有良好的选择性,铅锑精矿在浸出过程中,锑溶解而铅及银等留在浸出渣中,一次作业就能较彻底地分离铅与锑,同时还可避免产生SO_2烟气污染大气。

该方法的缺点是:由于精矿成分复杂,电积指标差,电流效率低(仅68%~70%),浸锑后的浸出渣含碱高,含铅低(仅33%~38%),难以直接炼铅;另外,整个过程碱耗太高,每吨阴极锑消耗的硫化钠达1~1.3t。由于以上缺点未能有效的解决，所以虽然也曾尝试将此法用于生产，建成了试验车间，甚至还有一些工厂试图按此法建厂，但均未能成功地进行生产。但由于铅锑一次分离较为彻底，精矿中的伴生金属都得到回收，故从综合利用及消除硫烟污染来看，仍不失为一种值得深入研究的无污染冶金方法。

2.3.2 新氯化—水解法

新氯化—水解法是中南大学冶金系研究发展的一种综合回收其中各种有价成分的处理方法，其原则工艺流程如图2-3所示。其实质是氯气浸出法，采用控制电位的办法，抑制杂质的浸出。较之 $FeCl_3$ 浸出，此法避免了大量铁离子在流程中的循环和三价铁的再生问题，提高了产品质量，渣的过滤、洗涤性能也得以改善。同时利用氯氧锑的水解性，在弱酸性溶液中水解锑氯络合物，生成氯氧锑沉淀，产出氯氧锑精矿或制取锑白。这种方法从原理上讲应是目前处理大厂脆硫铅锑矿最合理的方法，其特点体现在如下几点：

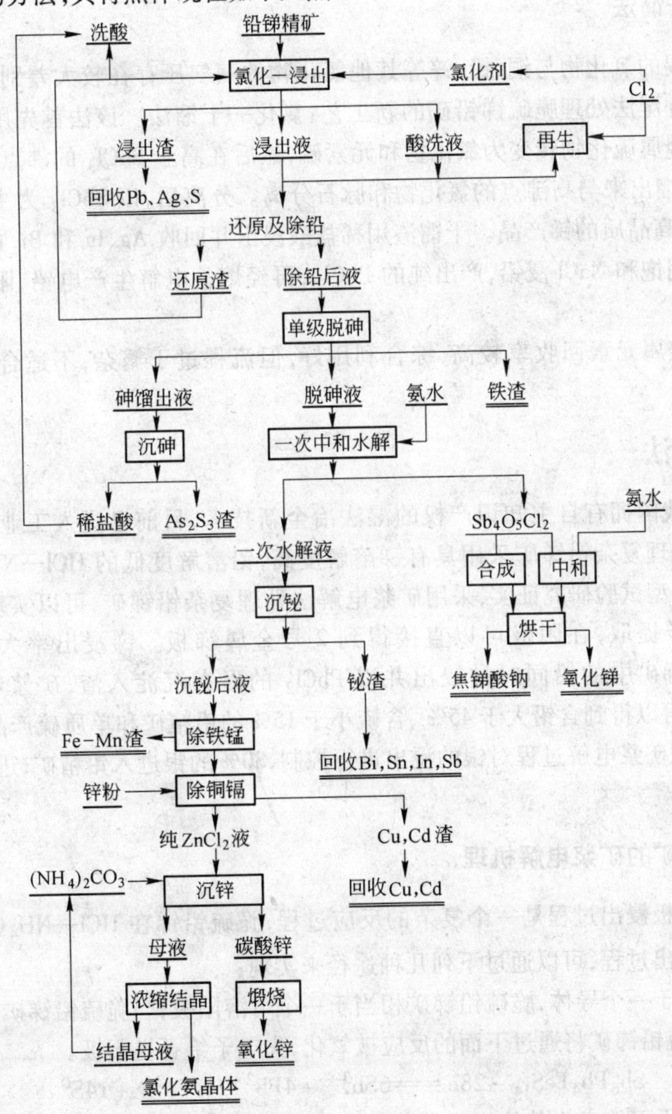

图2-3 新氯化—水解法原则流程

（1）使精矿的元素逐组分富集，解决了多年存在的铅 - 锑、锑 - 砷、锑 - 铋、锑 - 锡分离等技术难题，全面实现了综合利用；

（2）有价元素的回收率均较高，实验室扩大试验结果表明，锑、银、铅三种主要金属的总收率分别达到了 93.37%、97.36% 和 99.69%；

（3）可由极复杂的矿物原料直接制取市场上需要的化工产品，特别是锑、锌、铅、锡的深加工产品；

（4）有毒元素硫、砷等都以固态回收利用，流程又闭路循环，三废排放较少，有利环境保护。

为使水解完全，溶液 pH 值一般控制在 1～2，这要求大量的稀释水稀释溶液，酸耗高、水耗大、试剂耗量大、钴回收率低、废水排放量大。此外工艺也存在氧化锑白度不高及需要耐腐蚀设备等缺点，但仍不失为一种有发展前途的方法。目前已有多家工厂成功采用该工艺处理铅锑复合精矿直接生产出零级锑白。

2.3.3　氯化—干馏法

基于锑、砷、锡的氯化物与铜、铅、锌等其他氯化物的蒸气压存在较大差别的原理，近年来中南大学研究了一种湿法处理脆硫锑铅矿的新工艺：氯化—干馏法。该法首先用浓的 $FeCl_3$—HCl 溶液使精矿中的金属硫化物转变为氯化物和元素硫，然后在高于 $SbCl_3$ 的沸点温度下，将 $SbCl_3$、$AsCl_3$ 和 $SnCl_2$ 干馏出来与高沸点的氯化物和脉石分离。分离后，以 $SbCl_3$ 为主的溶液经过除砷脱锡，可提取生产高品质的锑产品。干馏渣用稀盐酸浸出并回收 Ag、In 和 Bi，再生 $FeCl_3$ 返回浸出。最终浸出渣用饱和 NaCl 浸铅，产出纯的 $PbCl_2$，再经熔盐电解生产电铅，阳极产出的氯气用以再生 $FeCl_3$。

该工艺有价金属元素回收率较高，综合利用好，但流程过于繁杂，不适合于大规模的工业应用。

2.4　矿浆电解法

矿浆电解是我国拥有自主知识产权的湿法冶金新技术，目前已进入工业化应用和推广阶段。矿浆电解法处理复杂铅锑矿采用具有锑溶解度高，铅溶解度低的 HCl—NH_4Cl 体系作为电解介质。系统的小型试验研究证实，采用矿浆电解法处理复杂铅锑矿，可以实现锑、铅的一步分离和金属锑的一步提取，在阴极可以直接得到 2 号金属锑板。锑浸出率大于 98%，渣含锑 0.5%～2.0%，铅锑矿中的铅同时被浸出并以 $PbCl_2$ 的形态沉淀入渣，矿浆电解渣经碳铵转化——煤油热滤，可以得到含铅大于 45%、含硫小于 15% 的铅精矿和单质硫产品，铅的总回收率大于 95%。通过在矿浆电解过程对银的浸出进行控制，80% 的银进入铅精矿，进而在火法炼铅过程予以回收。

2.4.1　复杂铅锑矿的矿浆电解机理

脆硫铅锑的阳极浸出过程是一个复杂的反应过程，脆硫铅锑在 HCl—NH_4Cl 介质中呈悬浮状所产生的阳极浸出过程，可以通过下列几种途径来实现：

（1）石墨相当于一个导体，脆硫铅锑矿相当于一个可溶阳极，当脆硫铅锑矿和石墨阳极发生碰撞而接触时，脆硫铅锑矿将通过下面的反应被氧化，失电子给石墨阳极。

$$Sb_6Pb_4FeS_{14} - 28e = 6Sb^{3+} + 4Pb^{2+} + Fe^{2+} + 14S^0$$

（2）石墨电极上可能产生其他氧化反应，如产生 Cl_2、O_2 析出，这些气体再氧化脆硫铅锑矿。

$$Sb_6Pb_4FeS_{14} + 14Cl_2 = 6SbCl_3 + 4PbCl_2 + FeCl_2 + 14S^0$$

$$Sb_6Pb_4FeS_{14} + 7O_2 + 28HCl = 6SbCl_3 + 4PbCl_2 + FeCl_2 + 14S^0 + 14H_2O$$

(3) 有关试验表明，在浸出液中加入铁离子，脆硫铅锑矿的浸出反应速率明显提高，槽电压明显下降，说明铁离子也参与了脆硫铅锑矿的阳极浸出过程。

$$Sb_6Pb_4FeS_{14} + 28FeCl_3 = 6SbCl_3 + 4PbCl_2 + 29FeCl_2 + 14S^0$$

(4) 脆硫铅锑矿首先和酸反应，分解生成 H_2S，H_2S 再被氧化。

在阴极区，则发生金属的析出：

$$Sb^{3+} + 3e = Sb$$

$$Fe^{3+} + e = Fe^{2+}$$

由以上的反应机理可以看出，矿浆电解是把脆硫铅锑矿的阳极氧化浸出、金属锑离子的阴极还原以及浸出剂的氧化再生三个过程有机地结合起来，使阳极的氧化反应和阴极的还原反应都得以充分利用。

2.4.2　复杂铅锑矿矿浆电解原则工艺流程

复杂铅锑矿矿浆电解原则工艺流程见图2-4。

铅锑矿在浆化槽与定量的盐酸及循环返回的电解液浆化后，放入矿浆电解槽进行矿浆电解。在阳极区，脆硫铅锑矿在电场的作用下氧化分解，锑成为离子进入电解液，铅被转化为 $PbCl_2$ 进入渣中，硫被氧化成元素硫留在浸出渣中。在阴极区，锑离子以金属锑的板状结构在阴极上析出。当锑被浸出完毕后，浸出渣连续排出电解槽进行液固分离，电解后液返回浆化槽。浸出渣进入铅的碳铵转化工序。

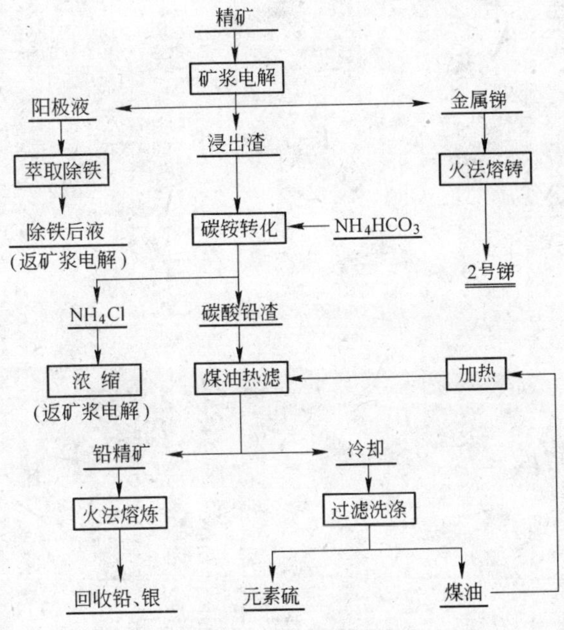

图2-4　复杂铅锑矿矿浆电解原则工艺流程

阴极上析出的金属锑含锑已达99%以上，含铅小于0.04%，此外还含有少量的银、铜、砷等杂质，经火法熔铸即可达到2号锑的标准。实现了铅、锑的一步分离和锑的一步提取。

渣中的氯化铅经碳铵转化生成碳酸铅。转化渣经煤油热滤，可除去渣中大部分的单质硫，滤渣含铅大于45%、含硫小于15%，可采用火法熔炼回收铅、银。精矿中的银在矿浆电解时，80%以上被抑制在浸出渣中，煤油热滤时银被富集在铅精矿中，在火法炼铅过程中被回收。矿浆电解的阳极液经P204和N235萃取除铁后返回矿浆电解工序。

矿浆电解工艺在经济、社会和环境等方面具有独特优势，它在保留传统湿法冶金优点的同时，还具有以下几个特点：

(1) 一步产出金属和元素硫，硫及有毒杂质砷等随铁及脉石矿物进入浸出渣中，过程简单。由于溶液中离子浓度低，浸出渣易于过滤和洗涤。所产元素硫便于贮存和运输，可以解决硫酸产量过剩，硫酸运输和销售难的问题。

（2）在常压和近乎常温的条件下作业，设备可以使用廉价的玻璃钢、聚丙烯等抗氯化物腐蚀材料。

（3）电解所需槽电压较低，由于充分利用了阴阳极的还原氧化性，整个过程电能消耗少。

（4）试剂消耗量少，金属回收率高。

因此可以说，矿浆电解法应该是一种最有发展前途的处理方法。

复习思考题

1. 目前铅锑复合矿成熟的处理工艺是何种工艺？该工艺流程有何优缺点？
2. 可用于处理铅锑复合矿的提取冶金工艺有哪几种？这些工艺各有何优缺点？你认为哪种或哪几种最有可能实现工业化生产？
3. 试说出矿浆电解法处理铅锑复合矿的基本原理，该工艺方法有什么样的优点？
4. 通过查阅技术资料，尝试寻找一种你认为最优的处理方法。

3 铅锑精矿的沸腾焙烧

3.1 铅锑精矿沸腾焙烧的基本原理

3.1.1 铅锑精矿焙烧的目的和要求

如前所述,铅锑精矿中含硫21% ~26%,欲通过还原熔炼使铅及锑成为金属状态,则必须预先使硫从精矿中脱除,这是焙烧的主要目的。由于没有一种合适的还原剂能够直接将铅锑硫化矿还原成金属,因而只得采用空气进行氧化脱硫,完成 MS→MO 的转变,然后再进行还原熔炼得到金属,此种焙烧称为氧化焙烧。焙烧中若有残硫,则对还原熔炼过程中的金属回收率和炉况等均有不良影响,因此,对铅锑复合矿可考虑采用"死焙烧",使精矿中的硫尽量脱除完全。不过死烧生产效率不高,故很少使用。

为了满足鼓风炉生产的要求,不仅要让硫化物转变成氧化物,同时还要求有部分氧化生成物与熔剂结合,发生部分熔融,从而引起固结,得到坚硬多孔的块状物料——烧结块,这就要求采用烧结焙烧工艺。欲获得含 $w(S) < 3\%$ 的烧结块,进入烧结设备的物料必须控制含硫量在8%左右。由于铅锑精矿含硫量为21% ~26%,要配成含硫8%的炉料,势必有大量的高硫烧结块作为返粉返回配料,造成生产率低下。因此采用高效率的沸腾炉进行第一次脱硫,使精矿中的硫脱到4%左右,然后与熔剂及部分生精矿混合,配制成含硫8%左右的料,是提高工厂生产效率的有效方法。

焙烧的另一个目的是尽量使精矿中全部的砷和部分锑,以及少量镉等杂质以挥发性氧化物形态除去。

由以上分析可知,火法分离处理铅锑矿对焙烧的要求有三点:(1)在焙烧时尽可能使硫化物全部转变成氧化物;(2)将精矿中的杂质如砷及部分锑氧化挥发进入烟尘;(3)要求炉气中的 SO_2 浓度尽可能地高,以利制酸。

3.1.2 铅锑精矿沸腾焙烧的基本原理

铅锑精矿的焙烧是金属硫化物发生氧化的过程,其通式是:

$$2MeS + 3O_2 = 2MeO + 2SO_2 + Q$$

精矿中所含的某些不稳定硫化物,如 FeS_2、$CuFeS_2$ 等首先遇热分解,变成低价硫化物和硫,分解出来的硫在空气中燃烧生成 SO_2,其反应式如下:

$$0.5S_2 + O_2 = SO_2 \qquad \Delta G^{\ominus} = -362070 + 73.41T$$

硫及其他金属硫化物发生氧化反应的标准自由焓变化与温度的关系如图3-1所示。一般而言,越是位于图下方的硫化物就越容易进行氧化反应,且氧化反应的生成物(MO 和 SO_2)都很稳定,基本上为不可逆过程,如 FeS、ZnS、Sb_2S_3 都很容易氧化,但 PbS、Cu_2S 等却相当难以氧化,至于 Ag_2S 与其说其氧化物稳定,不如说其金属状态稳定,因此一般按下式进行反应:

$$MeS + O_2 = Me + SO_2$$

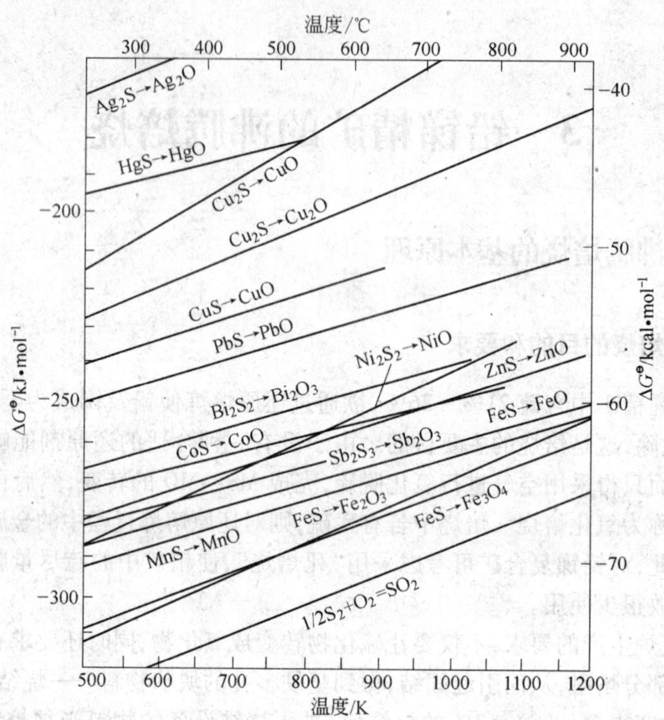

图 3－1　硫化物氧化的标准自由焓变化图（以 1mol O_2 为基准）

上述硫化物燃烧反应式中 $\Delta G^{\ominus}$ 的首项是很大的负值，表明反应属于强烈的放热反应。金属硫化物的氧化都是放热反应，因此，硫化矿的氧化焙烧不需要补充燃料，这种以矿石本身所含成分作为热源的焙烧称为自热焙烧。要维持焙烧反应的继续进行，必须保持足够的温度和提供足够的氧气。在空气中加热硫化矿，当达到某一温度后，硫化物放出的热足以使氧化过程自发地扩展到全部物料并使反应加速进行，这一温度称为着火温度，其数值因硫化矿的种类和粒度不同而异。例如当矿石粒度在 100μm 时，Sb_2S_3、$CuFeS_2$、FeS_2、FeS、ZnS 和 PbS 的着火温度（K）分别为 617、630、678、753、896 和 983。浮选铅锑硫化矿的粒度多在 50～100μm，粒度越小，着火温度越低。实际焙烧在着火温度附近时，反应速度较慢，应当利用氧化反应放热在足够高的温度下进行。然而，铅锑精矿含硫高，熔点低，温度过高容易黏结结块，只能采用低温焙烧。因而其反应产物可能是金属氧化物，也可以是硫酸盐：

$$MeS + 1.5O_2 = MeO + SO_2 \tag{3-1}$$

$$SO_2 + 0.5O_2 = SO_3 \tag{3-2}$$

$$MeO + SO_3 = MeSO_4 \tag{3-3}$$

上述反应中，反应式（3－1）是我们所希望的，而后两反应则不受欢迎，因为它阻碍了硫的脱除。因此必须创造条件促使（3－1）反应而控制或避免（3－2）、（3－3）反应的发生。温度提高，氧化过程总速度加快，同时可促使已经形成的硫酸盐分解，如 $PbSO_4$ 在 637℃ 即开始分解：

$$MeSO_4 = MeO + SO_3$$

当温度较低（500℃以下）时，上式的反应从右向左进行，在较高温度时（600℃以上）则由左向右进行。因此，焙烧应在允许的最高温度下进行，即在保证不致引起炉料严重熔结的前提下，尽可能提高焙烧温度，以保证得到氧化物，而避免硫酸盐的生成 。

但温度的提高受到精矿本身熔点的限制,温度过高会发生烧结现象。一旦炉料发生烧结现象,则焙烧只能在颗粒表面进行,而颗粒内部的硫则不可能脱除。因此,正确的焙烧温度应是在保证炉料不熔结的前提下的最高温度。经实验得出,沸腾炉焙烧铅锑精矿,沸腾层温度控制在680~700℃附近为佳。下面就各种矿在燃烧过程中的行为分述如下。

3.1.2.1 燃烧过程中锑的行为

焙烧的目的是要使铅锑精矿中的锑从硫化物状态转变为氧化物。锑的氧化物主要有三种,即 Sb_2O_3、Sb_2O_4 和 Sb_2O_5。Sb_2O_5 仅在357℃以下才能存在,所以铅锑精矿焙烧后,只能得到 Sb_2O_3 或 Sb_2O_4。在目前的焙烧温度下,铅锑精矿中锑的硫化物首先氧化成 Sb_2O_3:

$$2Sb_2S_3 + 9O_2 = 2Sb_2O_3 + 6SO_2$$

当温度达到500℃以上时,Sb_2O_3 进一步氧化成为 Sb_2O_4:

$$2Sb_2O_3 + O_2 = 2Sb_2O_4$$

Sb_2O_4 的生成取决于温度和焙烧时间,焙烧温度往往高于500℃,从这一点看,Sb_2O_4 的生成是不可避免的,但是在沸腾炉中焙烧,炉料在炉内停留的时间极短,因此,焙砂中的锑主要是以 Sb_2O_3 形态存在。

Sb_2O_3 和 Sb_2O_4 均易于挥发,在700℃以上时,这两种化合物的挥发已十分显著,随着温度的升高,锑的挥发损失也增加。因此,沸腾焙烧的结果是锑进入烟尘的数量十分可观,造成锑的直收率很低,仅55%~60%。布袋尘中含锑量大于70%,可以直接送去反射炉炼锑。

3.1.2.2 燃烧过程中铅的行为

PbS 在氧化气氛下会形成 PbO 及 $PbSO_4$,$PbSO_4$ 的形成温度低于 PbO 的形成温度,因而一般先生成 $PbSO_4$。焙砂中含有的 $PbSO_4$ 量是有限制的,因为它影响硫的脱除。PbS 的氧化过程可认为是这样的:

$$4PbS + 7O_2 = 2PbO + 2PbSO_4 + 2SO_2$$

最初形成的 $PbSO_4$ 再与 PbS 相互作用生成 PbO:

$$3PbSO_4 + PbS = 4PbO + 4SO_2$$

过程温度在550℃以上时,上述反应可以从左到右进行到底。沸腾焙烧温度在680℃以上,所以焙砂中主要是 PbO,由于精矿入炉后首先生成 $PbSO_4$,沸腾焙烧生产过程迅速,不可避免地焙砂中仍有 $PbSO_4$ 存在。

3.1.2.3 燃烧过程中锌的行为

大厂矿山产出的铅锑精矿经 X 射线粉末衍射分析鉴定,精矿中的锌以闪锌矿存在,是比较难以氧化的矿物,氧化后生成氧化锌和硫酸盐的致密薄膜,包裹在未被氧化的硫化锌颗粒表面,阻碍反应的继续进行,所以需要较高的温度和较长的焙烧时间。焙烧过程中,锌的氧化过程如下:

$$ZnS + 2O_2 = ZnSO_4$$

600℃以上时,$ZnSO_4$ 开始离解,到850℃时激烈离解为氧化物:

$$ZnSO_4 = ZnO + SO_3$$

$$ZnS + 3ZnSO_4 = 4ZnO + 4SO_2$$

因此,在现行焙烧温度下,焙砂中锌有 ZnO 和 $ZnSO_4$ 两种形态。

3.1.2.4　燃烧过程中铁的行为

精矿中的铁一般是黄铁矿。加热到300℃以上时，黄铁矿离解：

$$FeS_2 = FeS + 0.5S_2$$

在较高的温度下，铁可以氧化为 Fe_2O_3：

$$2FeS + 3.5O_2 = Fe_2O_3 + 2SO_2$$

3.1.2.5　燃烧过程中砷的行为

精矿中的砷以毒砂(FeAsS)及雌黄的形态存在，焙烧时容易受热离解，然后氧化生成极易挥发的三氧化二砷：

$$FeAsS = FeS + As$$

$$2As + 1.5O_2 = As_2O_3$$

$$As_2S_3 + 4.5O_2 = As_2O_3 + 3SO_2$$

$$2FeAsS + 5O_2 = Fe_2O_3 + As_2O_3 + 2SO_2$$

120℃时，As_2O_3 开始显著挥发，500℃时已达一个大气压，基本脱除干净。

3.1.2.6　燃烧过程中银的行为

银在精矿中一般以辉银矿(Ag_2S)存在，焙烧时以金属银或硫酸银形态存在于焙砂中：

$$Ag_2S + O_2 = 2Ag + SO_2$$

$$Ag_2S + 2O_2 = Ag_2SO_4$$

综上所述，焙烧结果是精矿中的硫大部分被除去，焙砂中残硫4%左右。精矿中的主金属铅和锑生成氧化物，50%左右的锑以氧化物形态进入烟尘中。银、锌等以硫酸盐形态存在于焙砂中而砷则基本上脱除进入烟尘中。

3.1.3　铅锑精矿焙烧的影响因素与操作参数的选择

铅锑精矿的焙烧过程遵循金属硫化物氧化的原理。硫化物着火燃烧并放出相当大量的热，因此，供热不会成为反应速度的控制步骤。又由于沸腾焙烧温度在650～700℃之间，温度对反应速度的影响也已不是决定因素。氧化反应发生在固体硫化物颗粒的自由表面上，同时在该表面上生成氧化物并放出气态的反应产物(二氧化硫)。当反应进行到某种程度时，矿粒表面便被氧化生成物覆盖，二氧化硫也会在固体颗粒的外表面形成气壳或气膜。参与反应的氧通过这一氧化物层向反应界面扩散时，不单受固体颗粒本身密度的阻碍，而且受气膜和气壳的阻碍。这时，扩散便成为总氧化速度的控制步骤，其反应动力学模型如图3－2所示。反应开始时的速度 v 可用下式表示：

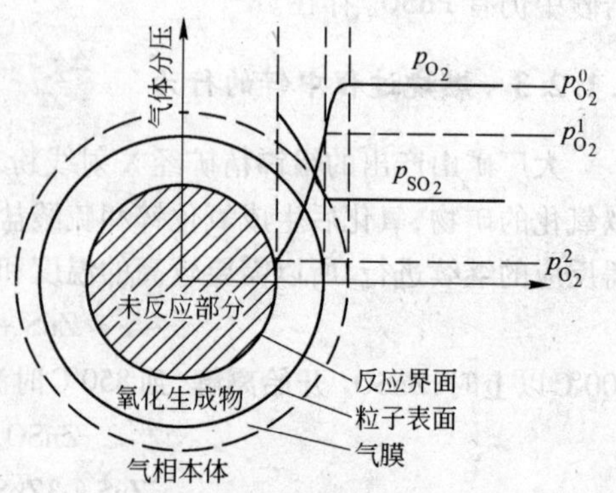

图3－2　硫化矿的氧化焙烧反应模型

$$v = Ke^{-\frac{E}{RT}}smp_{O_2}$$

式中　K——反应速度常数；

E——反应活化能(约100～300kJ/mol)；

R——气体常数,8.314J/mol·K;

T——绝对温度,K;

s——单个矿物粒子的表面积,m^2;

m——单位质量的矿物所含粒子数;

p_{O_2}——气体中氧气的分压。

根据上式,可以对影响沸腾焙烧速度的各个因素进行分析。

3.1.3.1 温度

温度升高,氧化过程总速度加快,同时还能加速气体分子的扩散速度,从而加速反应的进行,也有利于脱硫。但焙烧温度升高的极限,是由铅锑精矿的熔结性来决定的。在高温下铅锑氧化物与造渣成分生成低熔点的化合物而易熔结,粒子熔结后,便阻碍气体的扩散,甚至使整个沸腾层结死而不能正常沸腾。生产实践表明,沸腾炉焙烧铅锑精矿时沸腾层温度控制在680~700℃附近为佳。

3.1.3.2 精矿的粒度

焙烧是由精矿粒子表面开始进行,因而粒子表面积愈大愈有利于焙烧过程。精矿粒子愈小,则硫化物与氧气的接触表面就愈大,焙烧反应就进行的愈快。但也不是粒子越小越好,太细的粒子会被带走而使烟尘量增大,造成直收率降低。铅锑精矿是浮游选矿产物,本身粒度很小,60%以上小于0.075mm。但在运输过程中由于精矿受压和硫化物发热而造成矿物黏结成团,粒度发生了变化,所以入炉之前一定要进行粉碎,以确保入炉精矿粒径小于3mm。

3.1.3.3 料层中的气流特性

如前所述,精矿焙烧时放出的二氧化硫会在固体颗粒的表面造成气壳或气膜,阻碍氧气接触粒子。气流速度愈大,气体湍流程度也愈大,精矿粒子表面的气膜就愈薄,因而 O_2、SO_2 和 SO_3 较易扩散。而沸腾焙烧的炉气运动特点就是湍流大,因此沸腾焙烧的气流运动形式是有利于焙烧过程的。炉气中的 SO_2 和 SO_3 就是粒子外表的气壳或气膜成分,它的浓度大时就会妨碍氧气向粒子内部扩散,因此,加快 SO_2 和 SO_3 的排除,也就可以加快焙烧过程。所以炉子的出口处必须保持一定的负压,以利于旧炉气的排除。但负压过大又会吸入过多的空气,增大烟尘量,降低烟气中的 SO_2 浓度,不利于收尘和烟气处理。对沸腾炉而言,出口处的压力可控制在0~29.4Pa(0~3mm H_2O)之间。

从以上分析可知,提高温度,增大气流速度与氧的浓度,提高精矿的磨细程度,都有利于氧化反应的加速,可以提高设备的生产率。在生产中操作参数的选择应把焙砂数据作为主要参考。根据理论计算并结合实践,一般选择焙烧条件参数为:物料含水6%~8%,Sb、Pb、S含量稳定,粒度小于2.057mm,直线速度1.4~1.8m/s,膨胀比1.4~1.75,风箱压力7.5~8kPa,炉顶负压50Pa,焙烧温度在 $w(Pb)>25\%$ 时,以680~720℃为宜,当 $w(Pb)<25\%$ 时可控制在680~760℃之间。

3.2 铅锑精矿的沸腾焙烧实践

3.2.1 沸腾炉及其主要辅助设备

沸腾焙烧设备包括沸腾炉、粉碎系统、加料与排料装置、炉用风机和布袋收尘装置等。

沸腾焙烧炉有矩形和圆形两种，矩形炉砖型比较简单，但受热时膨胀不均匀，易于开裂，而且直角处容易形成死角，使炉料沸腾不好，或烧结成块。圆形炉虽然砖型较复杂，但结构较简单，砌筑较为方便，炉内沸腾较均匀，密封性能也较好，因此应用较多。某厂采用的圆形变截面扩大型沸腾焙烧炉的主要参数为：炉床面积 $1.5m^2$，风帽密度 70 个/m^2，排列方式为同心圆排列，溢流口高 700mm，下料方式为斜管、负压式。

铅锑沸腾焙烧炉与锌沸腾焙烧炉在结构上并无明显不同之处，只是尺寸较小。其结构包括内衬耐火材料的钢壳炉身、装有风帽的空气分布板（亦称炉床或炉底）、下部的钢壳进风箱、上部的炉顶和炉气出口以及处于两侧相对位置的加料装置和焙砂溢流排料口等部分。

由于铅锑精矿熔点低，必须控制原料中水含量在5% ~7% 以内，因而只能采取干法加料，也就是将精矿预先干燥、破碎、筛分，然后用可调节速度的圆盘加料器或螺旋加料器将物料加入炉内。排料装置比较简单，沸腾焙砂自动从排料口排出，因而不需要任何机械排料装置。

铅锑精矿中含硫很高（往往超过20%），在氧化焙烧过程中放出大量的热，除维持高温焙烧过程的自热外，还略有盈余。为了维持沸腾炉的正常作业温度，需要不断地从沸腾层排除余热。因此在沸腾层炉墙处安装冷却水套或向沸腾层中插入循环水管，进行排热。活动水管的冷却较冷却水套好，可以产生高压蒸汽供生产生活之用。

沸腾炉应配备风量稳定、风压高的风机，目前均选用罗茨风机。风机的额定风量，要比冶金计算风量大30%，如 $1.5m^2$ 炉的风量为 $3000m^3/h$（标准状态），全风压 25kPa。

3.2.2 沸腾焙烧工艺流程及设备联接

铅锑精矿沸腾焙烧的工艺流程图和设备联接图分别如图3-3 和图3-4 所示。

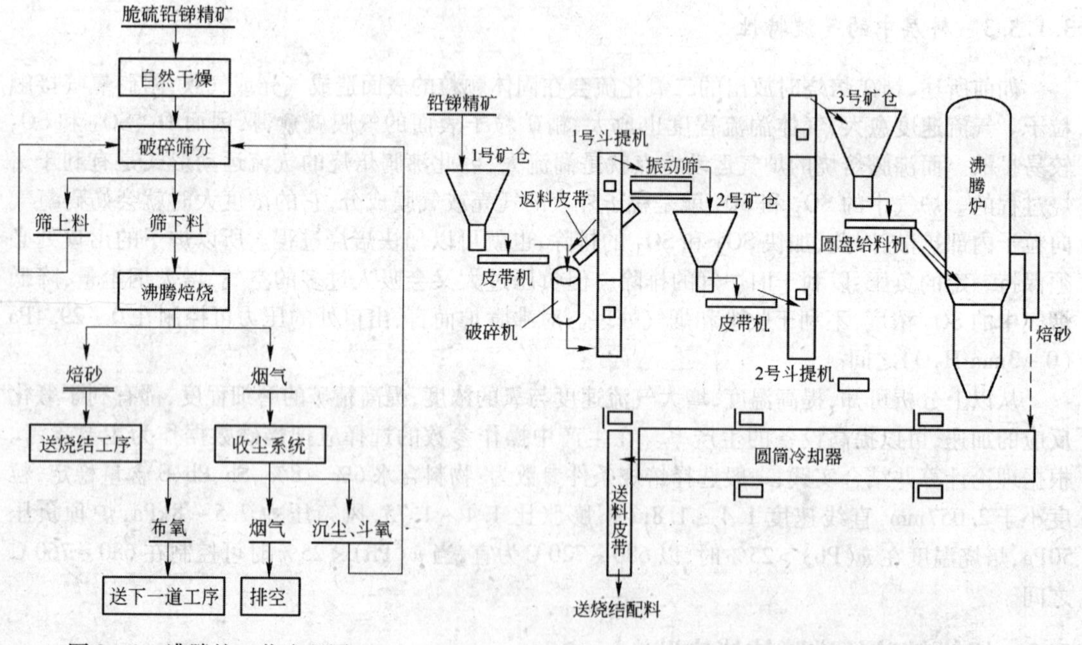

图3-3 沸腾炉工艺流程图

图3-4 沸腾炉工艺设备联接图

3.2.3 沸腾焙烧的操作

沸腾焙烧的操作包括焙烧前的准备、开炉、停炉、正常作业和故障处理。

3.2.3.1 铅锑精矿焙烧前的准备

焙烧前的准备主要包括干燥、破碎与筛分。

浮选所得的铅锑精矿一般含水在10%以上,如果直接送沸腾炉进行焙烧,会造成很多不良影响,如易于发生黏结设备的现象;给运输、破碎、筛分造成困难;在炉内焙烧不完全;精矿入炉时进料不均匀,使炉内温度波动大,难于控制;焙烧烟气中含水蒸气量增大,从而使烟气总量增大,不利收尘与烟气处理;烟气温度降低时,易产生酸雾,腐蚀管道及收尘设备等,因此浮选精矿在焙烧前必须经过干燥。目前许多工厂都是让精矿自然风干,自然风干可将水含量降至6%~8%。大量的精矿干燥也可采用圆筒干燥,即将精矿加入回转的圆筒中,并向圆筒内通入热气流,使水分蒸发而达到干燥目的。

干燥后的精矿往往有部分结块,同时还不可避免地混有铁器、石块、木头等杂物,需要进行破碎和筛分。一般用打矿机粉碎,振动筛分至小于3mm(-6目),即可送到沸腾炉料仓。料仓中的精矿经皮带输送或抓斗送至圆盘加料机,由圆盘加料机送入炉内。

3.2.3.2 开炉

沸腾炉的开炉工作,一般分为开炉前的准备、铺料、冷沸腾实验及升温加料四个工序。新炉或炉墙大修后的炉子要先烘炉,然后进料。其目的是在不高的温度下加热炉墙及砌料,除去其中的水分,以稳定炉子的耐热性能,并延长炉子的寿命。烘炉先从溢流口工作门加入木柴,点燃,在两个班内缓慢升温到200℃,在200~250℃保温3天,将水分除去。炉底烘干后,装入底料(焙砂)。如果是停炉后重开的炉,可适当烘烤后即填底料。将全部通过4mm筛网的焙砂底料从活动水套工作门投入炉内并扒平,保证底料高度400~500mm。封好工作门后即可开始鼓风。填底料后,作用木柴再烘2~4h,温度升至200~300℃,将灰炭扒出,打开抽风系统,然后开鼓风机低压鼓风,打入油木糠升温,使炉壁各处红热均匀,炉温升至550℃即可投料(精矿)。

3.2.3.3 停炉

沸腾炉及其辅助设备需要进行检修或因其他原因而停炉时,其操作比较简单。正常停炉是在停止加料后,继续鼓风使沸腾层降温冷却。当温度降到500℃以下时就可停风关水,封闭炉门,自然保护降温。若停风过早,容易引起炉料烧结。若为短期停炉则要做好各项准备工作,压料,增加底料量,控制炉温在700℃左右,再停风停水,进行设备处理。

3.2.3.4 正常作业

掌握沸腾焙烧的操作,关键在于做到“三稳定”:稳定鼓风量,稳定料量,稳定温度。

足够和稳定的鼓风量是保证沸腾床稳定的前提。在固定鼓风量的条件下,沸腾层的温度主要由加料量的均匀性来决定,一般在680~760℃。若料量不均匀,不仅会引起沸腾层的温度波动,而且还会引起烟气中SO_2浓度的变化,对焙砂的质量和烟气的处理都极为不利。处于正常状态时,干精矿的加入量约为7.8$t/m^2 \cdot d$,沸腾层内各部分的温度基本上一致。

沸腾炉的正常操作,除了做到三稳定外,还需要注意沸腾层的压力降变化和炉顶温度、负压变化情况。随着生产时间的延长,风帽会出现堵死现象,造成阻力增大,压力降随之增加。当压力降增加比较严重时,炉内沸腾就不正常。炉顶温度在正常情况下与沸腾层相近。炉顶温度过高,说明精矿含水太低或粒度太细,会造成烟尘率增大,增加收尘设备的负担。炉顶负压以维持微负压0～29.4Pa(0～3mm H_2O)为好,因为正压操作劳动条件太差,负压过大时,又会吸入过多的冷空气,不利收尘和烟气处理。

实践中最常出现的异常工况有穿孔和分层,都可以从压力及热工变化上来判断。

穿孔常在升温或重新启动时发生,当直线速度未达到代表床层系统粒子的临界风速,或风压不能克服床层阻力,整个料层处于固定床与浅层流态化之间的状态,大量空气从料层阻力最小的“流道”通过。此时即使风速增大到正常的沸腾风速,料层也并不沸腾。穿孔原因主要是由于料层过薄、物料中细粒太多及布风不均等。生产上控制较大的膨胀比,合适的底料粒度比例就可基本防止穿孔发生。当然在处理高品位铅锑精矿时采取轻负荷和采用较大风量启动也是十分必要的。

分层是由物料粒度和密度差异而引起的偏析现象,常由床层高温、颗粒增大或结块、或减风不当造成风量过低引起。分层严重时只是表面流态化,下层微动。一般只需加大风量排除大颗粒即可恢复正常。炉子正常时也应每班从炉底排两次粗颗粒。生产中在不破坏沸腾床的前提下选择较高的操作流化数可防止分层的发生。

烟气经沉斗沉降,收集粗尘后,由布袋收尘器回收挥发出来的烟尘。沉降尘混入焙砂中送烧结工序。沉降斗及炉气出口每班清理一次,布袋室及烟道每天清理一次,烟道尘与布袋尘分开堆放,布袋尘可送反射炉还原炼锑,烟道尘视情况送炼锑或返回烧结配料。

3.2.3.5 常见故障及处理

在沸腾焙烧过程中,经常出现的故障有以下几种。

(1) 炉料粘结。由于沸腾层所控制的温度过高,或者低熔物质过多,均会引起炉料的粘结,即发生烧结现象。其后果是风帽局部被堵死,沸腾层压力降增大。防止和处理炉料粘结的办法是严格控制入炉精矿成分和沸腾层温度。当粘结不严重时,可用钢钎打通被堵风帽;严重时就要停炉检修。

(2) 炉床局部沉积。炉床局部沉积多由炉料过细或粗粒太多引起。当炉料中低熔点物质太多或风帽堵死时也可引起炉床沉积。当沉积不严重时,可以适当降低温度,减少加料量,增大鼓风量,将大颗粒物料从排料口排出,也可定期用压缩风管插入沸腾层内吹入压缩空气处理;当炉床沉积严重时就只好停炉处理。

(3) 前室堵塞。其原因主要是精矿的物理规格不合要求,如粒度太粗、水分过高使精矿结团以及杂物掉入前室,日久堆积引起堵塞。防止前室的根本办法是严格控制入炉精矿粒度及水分,防止石块、铁器等进入前室。

(4) 冷却水套漏水。焙烧温度控制不好,产生局部高温,将水套烧坏,或水套质量不好等都可使水套漏水。防止的办法是控制炉温在正常范围内,保证不断水和水质良好。如发现漏水,则应马上停料停风,更换坏水套。

3.2.4 沸腾焙烧的主要产物和技术经济指标

3.2.4.1 焙烧产物

铅锑精矿沸腾焙烧的产物有焙砂、烟尘和烟气。由炉子排料口溢出的产物叫焙砂,各种收尘设备捕集的物料叫烟尘。焙砂(已混入沉降尘)及布袋尘成分如表3－1所示。焙砂和沉降尘送往烧结配料,烟尘则可直接送反射炉还原熔炼成粗锑。

表 3－1　焙砂及烟尘的化学组成实例(%)

成　分	Pb	Sb	S	Zn	Sn	Cu	$Ag/g \cdot t^{-1}$	Fe	SiO_2	CaO
焙　砂	31.27	10.25	4.23	5.54	0.49	0.80	0.13	15.02	3.21	2.45
烟　尘	4.43	70.29	1.18	0.48	3.68	0.08	0.002	2.16	0.40	0.45

主要金属的分配如表 3－2 所示。

表 3－2　焙烧产物产率及主要金属分配实例

名　称	产率/%	分配率		富集	
		Pb	Sb	Pb	Sb
焙　砂	46	66	48	1.45	1.02
旋风尘	27	24	20	0.95	0.71
烟巷、布袋尘	14	6	25	0.89	2.85
合　计	87	96	93		

烟气经收尘后，可送去制酸。

3.2.4.2　主要技术经济指标

沸腾焙烧炉的主要技术经济指标包括床能率、脱硫率、焙砂产出率、烟尘率、金属回收率等。

(1) 床能率。沸腾炉的床能率，又称焙烧强度，即单位炉床面积每昼夜处理的干精矿量，处理铅锑精矿时一般为 8～9$t/m^2 \cdot d$。

(2) 脱硫率。焙烧脱硫率即焙烧过程中烧去(进入烟气)的硫占精矿中总硫量的百分数。由于铅锑矿的脱硫比较困难，其脱硫率只能达到80%左右。焙砂中仍有5%左右的残硫。

(3) 焙砂产出率。焙砂产出率即焙砂产量占加入精矿量的百分数。铅锑焙砂(包括沉降尘)产出率多在77%左右，即 6$t/m^2 \cdot d$。

(4) 烟尘率。烟尘率即所产出的烟尘量占焙烧精矿量的百分数。布袋尘产出率15%。

(5) 金属回收率。金属回收率是指产出的焙砂和烟尘中的金属量之和占入炉精矿中金属总量的百分数。铅锑矿沸腾焙烧金属回收率在95%左右，其中铅为96%～97%，锑约93%。

采用沸腾炉对铅锑精矿进行焙烧脱硫具有以下优点：(1)它能最有效地利用浮选精矿的巨大反应表面强化脱硫过程，提高劳动生产率；(2)炉子构造简单，无运动机械，维持费用低；(3)不需要外加燃料，过程即能自热进行；(4)反应速度快，可以用较小的设备获得较大的处理量，并且焙砂质量好。

但是它也存在一些缺点如：烟尘率大，需要风压较高的鼓风机，动力消耗较大；烟气中的 SO_2 的浓度波动较大，烟气难以用于制酸等。

复习思考题

1. 焙烧的方法分为哪几类？脆硫铅锑精矿冶炼常用哪种焙烧方法？
2. 什么叫硫酸化焙烧？什么叫氧化焙烧？
3. 叙述沸腾焙烧的目的及沸腾焙烧的优缺点？
4. 叙述沸腾焙烧冶金过程中生成 Sb_2O_3、PbO、ZnO、Fe_2O_3、As_2O_3、Ag_2SO_4 的温度条件。
5. 试写出沸腾焙烧铅锑精矿的工艺流程？
6. 影响沸腾层均匀稳定性有哪些因素？
7. 解释以下名词：
   (1) 铅回收率、锑回收率；(2) 脱硫率；(3) 烟尘率；(4) 炉床能力
8. 铅锑精矿进行沸腾焙烧前的准备工作有哪些？为什么要经过这些处理？
9. 在沸腾炉焙烧过程中，常见的故障有哪些，分别如何处理？

4 铅锑矿的烧结焙烧

4.1 概述

4.1.1 烧结焙烧的目的

沸腾焙烧的结果,是铅锑精矿中原来的硫化物生成金属氧化物。焙砂呈松散的粉状物料,这种粉状物料粒度极细,只适应于反射炉中熔炼,而不宜于进入生产率较高的鼓风炉中处理。因为由这种细小物料组成的鼓风炉料透气性很差,并且会在熔炼时被气流大量地带走和生成炉结,所以铅锑焙砂在进鼓风炉之前还必须使之结块。

因此,烧结的目的就是在较高的温度下,将粉状的焙砂烧结成多孔、坚硬的烧结块,以保证物料进入鼓风炉后不被鼓入的风吹走,并确保炉内的透气性,从而保证还原反应的进行。严格地说,只有同时进行焙烧与烧结的过程才称为烧结焙烧,像这种主要是将焙烧矿烧结成块的过程应称烧结,而呈块状的烧结产物称为烧结块或烧结矿。烧结的另一个目的是进一步脱除烧结料中的硫,或使金属硫酸盐分解为氧化物。

曾经有两家工厂在进行铅锑精矿的烧结焙烧试验性生产,即铅锑精矿不经过沸腾焙烧,直接采用烧结设备(带式烧结机)进行烧结焙烧,一次完成焙烧与烧结的过程。这样就使得生产流程简化,同时也提高了生产效率和经济效益。不过从目前的生产情况来看,这一工艺仍然存在一系列的问题,离生产实际应用尚有一段距离。

4.1.2 烧结焙烧的工艺流程

目前冶炼铅锑复合矿的工厂可供选用的烧结设备一般为烧结盘、烧结锅和带式烧结机。带式烧结机生产能力大,但生产工艺仍不成熟,技术上存在不少问题,设备投资也大。加上从事铅锑复合矿冶炼的主要是小型工厂,所以目前尚未有成功将烧结机用于铅锑复合矿精矿烧结的报道。各厂都还在采用烧结锅和烧结盘进行生产。

烧结盘或烧结锅烧结基本上都采用吸风烧结工艺,其主要设备为烧结盘或烧结锅,其特点是结构简单,规模可大可小,基建投资省,但生产能力低。图4-1为烧结工艺流程图。

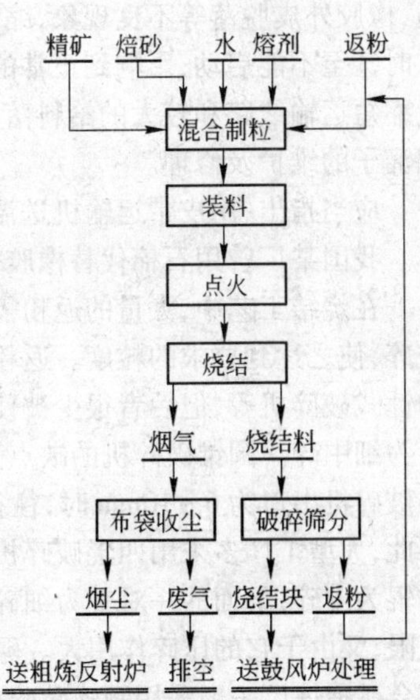

图4-1 烧结焙烧的工艺流程

4.2 烧结炉料的制备

炉料进行冶炼处理之前,都应进行精细的预先准备,使炉料的物理规格和化学组成合乎冶炼过程的要求,才能保证冶炼过程正常进行,并获得合格的冶炼产品。因此,炉料的准备对冶炼过程的正常进行具有决定性的意义。铅锑复合矿进行烧结焙烧—还原熔炼之前也是如此。

4.2.1　炉料制备的工艺过程

烧结炉料是由铅锑精矿、熔剂、返料、水淬渣及烟尘等组成，用烧结锅烧结时，还有部分沸腾焙砂。其准备工作包括炉料的贮存、运输、破碎、配料、混合、润湿及制粒等。

4.2.2　炉料的贮运及破碎

贮存生产物料的场所分露天、半遮盖和室内三种。露天储料场是在工厂内适当的地方划出一块场地。它只适用于储存不受气象影响的物料，如块煤、焦炭、氧化矿石、返回炉渣、石英石及石灰石等。半遮盖式储料场是天棚型式的，适应于天气温和的地区。室内贮仓则建在巨大的仓房内，房架通常由钢筋混凝土构成，以红砖砌成墙壁，面积大小根据储量而定。储存精矿及粒状物料最好采用室内储料仓。

仓房内设置有抓斗起重机，抓斗容量视生产规模而定，常用的为 3 ~ 5t，抓斗起重机的台数视料仓的宽度及物料运输量而定。

配料时，借助抓斗将储料仓内不同的物料运到仓房一端的储料仓或专设的料仓中，由此再由运输机械运往配料仓进行配料。

物料的储存量必须保证冶炼厂正常生产的需要，根据工厂生产技术过程的特点，以及市场供求情况等决定储备量。

在烧结厂房内，各种炉料的运输主要是由皮带运输机进行的，其优点是运输量大（每小时可达 100t 以上），不易发生故障，便于操作和维护。不过在北方低温时，运输皮带将出现硬化、变脆，橡胶外皮脱落等不良现象，缩短了皮带的使用期限。冻结硬化了的皮带会在托辊上打滑，严重时甚至不能启动，影响到正常的工作。南方一般不存在这个问题。运输皮带应合理地配置，尽量缩短运输线路和较大的给料落差，这样不仅有利于运输机的维护、清理和防尘，也有利于卸料端溜子的维护及修理。

应当指出，用皮带运输机送温度高的热返粉时，即使对返粉浇水降温，也常将橡胶的外皮烧坏。我国某厂曾用石棉代替橡胶带，使用期限可保持 4 ~ 5 个月。

在烧结工艺中，大量的返粉需要返回配料，这些返料的粒度通常都在 10mm 以上，必须进行破碎，使之达到要求的粒度。返粉破碎设备有颚式破碎机、对辊破碎机、四辊破碎机、圆锥破碎机和锤式破碎机等，但后者很少被使用。颚式破碎机与圆锥破碎机常联合使用，前者为粗中碎，后者为细中碎。圆锥破碎机的缺点是维护困难，不易调整，因而很难控制破碎后物料粒度，例如，圆锥破碎机出口为 6 ~ 10mm 时，往往所得物料 10mm 以上者达 43%，3 ~ 10mm 者仅为 39% 左右。因此，大型工厂多采用四辊破碎机。四辊破碎机的构造实为两个对辊破碎机组合而成，上面的一对辊为中碎，下面的一对辊为细碎，由于对辊破碎机的排矿口宽度容易调整，故能控制产品粒度上限，又由于它的压碎作用大。碾碎作用小，因而产品中粉末较少。和大型铅冶炼厂不同，铅锑复合矿冶炼厂一般采用颚式破碎机进行破碎。

4.2.3　配料的原则和计算方法

冶炼厂所用的精矿一般来自多个矿山，其主要元素及杂质含量往往波动较大。而烧结焙烧要求炉料成分均匀、稳定，如果混合精矿成分波动较大，或超过规定的要求，不仅给焙烧作业带来困难，而且还会降低技术经济指标，影响产品质量，所以在焙烧之前要进行严格的配料。配料的目的在于使 Pb、Sb、S、CaO、SiO_2 和 Fe 含量合乎要求，同时疏松透气、成分均匀的入锅炉料。此外,还按照冶金计算配入一定数量的熔剂及其他返料(如水淬渣、烟灰、返粉),上述炉料各组分质量之比叫配料比。配料准确与否对冶炼作业能否取得良好的技术经济指标有重要意义。在工作的实践中,将精矿按比例在矿仓内混合,称之为大配料。在配料皮带上按比例配入混合精矿、熔剂、返粉、水淬渣称为配料。

4.2.3.1 配料原则

配料原则如下:

(1) 精矿的搭配使用:炼铅厂所需的原料,往往来自不同矿山,选矿产出的精矿,常常成分差别很大,故在生产过程中不仅应根据精矿中铅锑铜锌的含量,而且还要考虑其他金属成分,因此使用精矿时,常根据各矿山的供应数量和精矿成分,首先作一个全年的金属平衡,初步确定各种精矿之间的搭配使用数量,以保证全年生产期间混合精矿中的铅、锑、锌、铜等成分基本上稳定,不致因某一成分波动悬殊,而造成生产上的困难。

(2) 炉料的主金属含量:精矿主金属含量高,不仅可提高产量,劳动生产率和铅锑的回收率,降低成本及原料、燃料的消耗,而且产出的烧结块强度大,但吸风烧结焙烧炉料含铅过高时,不但容易产生过早烧结,使炉料焙烧脱硫率降低,而且形成金属液滴,故工厂常用鼓风炉水淬渣来降低炉料中的含铅量。

水淬渣是鼓风炉还原熔炼过程中产出的熔体炉渣,经水流冲淬而成的细小颗粒。除含铅锑在2%左右外,其他铁、硅、钙等造渣物,均接近配料计算时所选择的渣型,因为它本身就是具有一定粒度的造渣物,故在烧结焙烧时,有改善炉料透气性和起胶结剂的作用。当然,利用水淬渣来稀释炉料中的含铅量,在经济上是不合算的。

(3) 熔剂的选择,配加熔剂的目的是控制炉渣成分(即渣型),但选用的熔剂应是价格低廉,主要成分含量较高和含有可回收的有价成分(如含金、银)的矿石。一般选用河沙作为二氧化硅的补充来源,硫酸生产中焙烧后的黄铁矿烧渣,作为铁的补充来源。自然界中的石灰石,作为氧化钙的补充来源。

(4) 炉料中的含硫量,铅锑精矿含硫一般为14% ~24%,而炉料中硫化物的含硫量通常控制在5% ~7%为宜,主要由加入的物料调节。若低于5%,则在烧结过程中由于硫化物反应所放出的热量不足,烧结块不结实,需要减少返粉量或适当地补加一些焦粉,其加入量为炉料质量的0.3% ~3%。

(5) 其他杂质的影响,配料时除了对所加物料带进的杂质要进行全盘考虑外,还要控制炉渣中氧化锌的总含量最好不要超过15% ~20%,同时对鼓风炉还原熔炼时焦炭燃烧后产生的灰分也应进行考虑。

4.2.3.2 配料计算

入锅料的成分是由烧结块进入鼓风炉熔炼之后要求获得的渣型决定的。现将某些铅锑冶炼厂选定的炉渣成分列于表4-1。

表4-1 某些铅锑冶炼厂规定的渣型

编号	主要成分/%			
	FeO	CaO	SiO_2	其他
1	30	15	20	35
2	33 ~36	25 ~27	15 ~16	21 ~27
3	28	16	27	20

一般常采用的配料计算方法有代数法和比例法两种,代数法虽计算繁琐,但结果比较精确,比例法简单容易,计算快。目前各工厂配料计算多采用比例法。下面为大家介绍比例法。

假定混合炉料中含铁为11.27%,SiO_2为4.73%,CaO为0.63%;选择鼓风炉渣型为表中3号渣型;石灰石中含CaO为55.86%,石英砂中含SiO_2为87.48%。求每100kg混合炉料中应加入的石灰石和石英砂量。

计算过程如下:

设:应加入$x$kgCaO和$y$kgSiO_2,根据所选渣型可知,每28kg的铁与16kg的CaO和27kg的SiO_2结合,现100kg的混合炉料中有11.27%的铁,则有下列比例式成立:

$$28:16 = 11.27:(x + 0.63)$$

$$28:27 = 11.27:(y + 4.73)$$

计算可得$x = 5.62$,$y = 5.17$。由于石灰石中含CaO为55.86%,石英砂中含SiO_2为87.48%,则需加入的石灰石和石英砂量为:

石灰石 = 5.62/0.5586 = 10.2kg

石英砂 = 5.17/0.8748 = 6.1kg

按照规定渣型的要求,依据上列成分要求和各物料的分析成分,计算出铁矿石、石英砂、石灰石粉的加入量,然后适当调整返粉、水淬渣而达到要求。计算好各物料的用量后,再按总量的1%~3%配入焦粉即可。

4.2.3.3 配料方法

烧结炉料的配料方法有:

(1) 人工配料法。将计算所需物料过秤后,分层堆成一长条,为了减少飞散损失和工人中毒以及利于烧结焙烧时透气;常一面用铁铲翻动,一面洒水润湿,加水的多少,以手紧握炉料成团松手散开为宜。翻动2~3遍后,基本上达到要求。广西河池的一些工厂采用混凝土混合机进行配料。此法比人工方法省时省力,但不适用于大规模配料。只能用于土法焙烧或烧结锅焙烧。

(2) 堆式配料法。在具有很大混凝土地面的堆料场上,划分为若干个区域,然后按计算所确定的炉料各组分的百分比(质量比)分层堆置。由一个斜置的梯形耙,沿水平方向作往复运动,从料堆上均匀地逐渐扒下炉料,刮板运输机则将扒下的炉料刮向卸料机一端沟槽内设置的皮带运输机上。卸料机扒下的炉料由皮带运输机不断地运至混合、烧结。堆式配料的优点是炉料混合均匀,储备量大,能预先分析与检验,配料比较容易控制等。其缺点是占地面积大,设备比较复杂,并且必须要有大量贮备的物料才能采用此法,故暂无工厂采用。

(3) 仓式配料法(也称皮带配料和圆盘配料)。皮带配料法是将装入各配料仓内的精矿、熔剂、返粉及其他物料,分别经料仓出口下部的短配料皮带,卸至总运输皮带上,其给料的多少,由每根短皮带的皮带秤进行控制,其优点是准确性高,易于自动化。圆盘配料法,则是将精矿、熔剂、返粉、焦粉等各种烧结物料,用带有移动式给矿机的运输皮带,分别卸入配料仓内,其配料仓下设有一圆盘给料机,各种物料经圆盘出口分别落在总运输皮带上,经混合、制粒后,送往烧结焙烧。

圆盘配料具有设备简单,操作机械化和占地面积小等优点,故为各厂所普遍采用。它的最大缺点是潮湿和个别大块物料容易阻塞下料出口。影响给料的准确性,故对比较容易阻塞的铅精矿仓,应装有振打装置。

4.2.4 炉料的混合和制粒

经配料计算后,将各种配好的物料和一定量的水加入混合设备内进行混合,混合物料经制粒设备制料后才送去装料烧结。

经过配料后的各种物料,需要进行精细的混合与润湿。目前绝大多数的铅锑冶炼厂采用的混合设备主要是圆筒混合机和圆盘混合机,还有的厂家是采用双轴式水泥搅拌机。

圆盘混合机常称混合圆盘,为烧结炉料的第二阶段混合器,也是烧结机的给料器。圆盘混合机的构造与配料圆盘相似,某厂使用的混合圆盘,其盘面为辉绿岩铸石材料。盘面周围装有约300mm高的固定钢板圈,用来防止因圆盘转动时将料撒出,盘底安有转动装置。炉料由料筒加入盘内稍偏于圆盘中心的地方,当圆盘转动时,炉料不断地被固定杆上可动的拨料盘翻动和扒向外围,得到混合良好的炉料。圆盘混合机上装有喷雾器,利用自来水本身的压力使炉料在混合过程中连续润湿。在圆盘混合机混合好的炉料经刮料板刮出直接送往制粒、烧结。因从混合至制粒之间再无贮料设施,故混合圆盘应根据烧结速度进行操作,不然由于给料太多,造成混合制粒不好和炉料堆积过多,将料压实,使透气性变坏。

圆筒制粒机是一个直径为1.2~2.8m,长2~12m的钢板圆筒,有的内衬耐磨橡胶,有的则在筒内纵向装有等距离的角钢或直径20~30mm的圆钢。筒内设有与纵向平行的多孔管状喷雾器,以供炉料的最后一次润湿。圆筒的轴向与水平倾斜有一定的角度(一般为6°),安装在两对相距一定间隔的托轮上,由电动机通过减速装置而转动。

混合好的炉料经下料溜子从上端进入,制粒后的炉料则从下端送出供烧结盘烧结。炉料在圆筒中混合制粒的优劣,取决于炉料的停留时间(一般要求不少于1~1.5min),在给料速度一定的条件下,圆筒的长度和转速是影响的关键,也有个别工厂没有制粒过程,即烧结炉料在混合后就直接装盘烧结焙烧。

4.3 烧结焙烧的基本原理

烧结目的的实现是依据在烧结温度下熔点较低的物料的粘结来实现的。熔点较低的物料主要是铅的硅酸盐和铁酸盐。

烧结时配入或精矿中原有的石英在低温焙烧时不起化学变化,但在高温时则与各种金属氧化物结合成硅酸盐,并促使硫酸盐离解:

$$PbO + SiO_2 = PbSiO_3$$

$$2PbSO_4 + 2SiO_2 = 2PbSiO_3 + 2SO_2 + O_2$$

SO_2 与炉料内的CaO及FeO结合成复硅酸盐,其熔点在800~1000℃之间,是细料的黏结剂,使分散的物料粘结成块。

当温度达到600~700℃时,料层中便开始出现液相。液相润湿细小的固体颗粒,使之粘结成完整而多孔的烧结块。温度继续升高时,熔融状态的铅的硅酸盐和铁酸盐将溶解游离状态的PbO及铁的氧化物,同时也溶解一些CaO、SiO_2 和 Al_2O_3 等。烧结过程中的液相多少取决于烧结温度和物料的含铅量。对于高铅物料而言,易熔的硅酸铅占全部烧结块的60%左右,含铅40%~42%的烧结块,液相达50%,而含铅比较低(29%~33%)的烧结块中,液相约为30%~40%,液相的形成和数量是获得足够强度的烧结块的基础。脆硫锑铅矿焙砂中含31%~35%Pb,配成烧结料后含铅约为27%,属于低铅物料,与烧结单一铅精矿相比,较难获得高强度的烧结块。

4.3.1 炉料中各组分在烧结时的行为

烧结炉料是焙砂、铅锑精矿、石英砂、石灰石粉和铁矿等的混合物。主金属的存在形式有氧化物,也有硫化物。硫化物在烧结过程中的氧化作用与沸腾焙烧时相似。烧结过程中各组分的行为分述如下。

4.3.1.1　铅的行为

PbS 着火燃烧时，反应如下：

$$2PbS + 3.5O_2 \longrightarrow PbO + PbSO_4 + SO_2$$

$$3PbS + 5O_2 \longrightarrow 2PbO + PbSO_4 + 2SO_2$$

$$PbS + 3PbSO_4 \longrightarrow 4PbO + 4SO_2$$

$PbSO_4$ 事实上不可能在烧结块中存在，因为烧结温度超过 850℃，$PbSO_4$ 在 837℃时就已经分解。实际的烧结过程中，由于炉料中有石英砂、石灰石粉和铁矿石等，故可能发生如下反应：

$$PbO + SiO_2 \longrightarrow PbSiO_3$$

$$2PbSO_4 + 2SiO_2 \longrightarrow 2PbSiO_3 + 2SO_2 + O_2$$

$$PbSO_4 + Fe_2O_3 \longrightarrow PbFe_2O_4 + SO_2 + 0.5O_2$$

$$PbSO_4 + CaO \longrightarrow PbO + CaSO_4$$

所以烧结块中铅以硅酸盐、亚铁酸盐及 PbO 形式存在。

4.3.1.2　锑的行为

温度升高到 300~400℃时，Sb_2S_3 已发生如下反应：

$$Sb_2S_3 + 4.5O_2 \longrightarrow Sb_2O_3 + 3SO_2$$

Sb_2O_3 容易挥发，但在 700℃以下时挥发缓慢，超过 800℃时激烈挥发，同时 Sb_2O_3 会与各种金属氧化物结合成难于分解的锑酸盐：

$$Sb_2O_3 + 2Fe_2O_3 \longrightarrow Sb_2O_5 + 4FeO$$

$$Sb_2O_5 + 3PbO \longrightarrow Pb_3(SbO_4)_2$$

$$Sb_2O_5 + 3FeO \longrightarrow Fe_3(SbO_4)_2$$

4.3.1.3　银的行为

Ag_2S 的着火温度是 605℃，反应有两种形式：

$$Ag_2S + 2O_2 \longrightarrow Ag_2SO_4$$

$$Ag_2S + O_2 \longrightarrow 2Ag + SO_2$$

Ag_2SO_4 是一种稳定的化合物，在 850℃时才开始离解：

$$Ag_2SO_4 \longrightarrow 2Ag + SO_2 + O_2$$

因此烧结块中的银呈金属单质和硫酸银形式存在。

4.3.1.4　铁的行为

300℃时，黄铁矿离解：

$$FeS_2 \longrightarrow FeS + S$$

在较低温度时，铁被氧化成(亚)硫酸盐：

$$FeS_2 + 3O_2 \longrightarrow FeSO_4 + SO_2$$

$$FeS + 2O_2 \longrightarrow FeSO_4$$

$$2FeSO_4 + O_2 + SO_2 \longrightarrow Fe_2(SO_4)_3$$

超过450℃时，(亚)硫酸盐也开始离解：

$$2FeSO_4 \longrightarrow Fe_2O_3 + \text{气体}(SO_2、SO_3、O_2)$$

$$Fe_2(SO_4)_3 \longrightarrow Fe_2O_3 + \text{气体}(SO_2、SO_3、O_2)$$

所以烧结终了时，铁只有 Fe_2O_3 和 FeO 两种基本形态，但炉料中各组分相互反应，又生成了 $2FeO \cdot SiO_2$和 $xPbO \cdot yFe_2O_3$ 等。

4.3.1.5 锌的行为

烧结时 ZnS 首先被氧化成 $ZnSO_4$：

$$ZnS + 2O_2 = ZnSO_4$$

到600℃时 $ZnSO_4$ 又开始离解：

$$ZnSO_4 \longrightarrow ZnO + SO_3$$

烧结块中有 $ZnSO_4$ 是我们所不希望的，因为它在鼓风炉中熔炼时会被还原成 ZnS，ZnS 熔入渣中，会显著地增加炉渣黏度。烧结温度超过850℃，$ZnSO_4$ 存在极少，锌大多以 ZnO 存在，ZnO 与炉料中的其他组分反应会生成 $ZnO \cdot Fe_2O_3$、$2ZnO \cdot Fe_2O_3$、$4ZnO \cdot Fe_2O_3$ 和一部分 $ZnO \cdot SiO_2$。ZnO 进入鼓风炉渣中也会造成炉渣黏度升高，所以配矿时应注意限制矿中的含锌量，以含锌量小于5%为好。

4.3.1.6 二氧化硅的行为

烧结温度下，SiO_2 与各种金属氧化物结合生成硅酸盐，也与 CaO、FeO 等结合成复硅酸盐，因其熔点在800～1000℃之间，故为烧结的黏结剂，达到炉料烧结的目的。

4.3.1.7 碳酸钙的行为

910℃时，$CaCO_3$ 离解为 CaO：

$$CaCO_3 = CaO + CO_2$$

CaO 可将硫化物的粒子隔离，可防止炉料过早烧结。CaO 还可与 SiO_2 反应生成复硅酸盐等。

4.3.2 烧结的影响因素

4.3.2.1 温度

烧结温度的高低对烧结效果有很大的影响，烧结温度高，有利于氧化反应的进行，有利于硫酸盐分解成氧化物，保证炉料中硫的脱除。但温度也不是越高越好，因为温度太高会造成炉料过早烧结，使部分未脱硫的精矿颗粒被包裹而影响脱硫效果，故烧结过程的温度应控制在900～950℃为宜。

烧结过程是靠炉料中的硫化物氧化放热来达到烧结温度的，因此必须鼓入空气促进氧化。鼓风使硫化物猛烈燃烧，往往会造成温度迅速升高，炉料粘结影响脱硫，所以烧结过程鼓风量要适当，避免一点火便开大风。

往烧结炉料中配入水淬渣、返粉等物，这些物料不含硫或含硫很少，它们对含硫高的精矿粉起着隔离作用，可以避免炉料过早烧结。为了达到这种隔离目的，炉料应混合均匀。

4.3.2.2 炉料的透气性

炉料的烧结过程，是鼓入的空气透过料层与炉料中的硫反应燃烧的过程。燃烧产物 SO_2 又必须穿过料层从料面逸出，因此，为了保证脱硫效果，炉料必须有良好的透气性。大颗粒烧结料的加入有助于炉料透气的改善。不均匀的炉料会造成空气分布不均匀，所以加入的返粉也粒度均匀。实验指出：返料的最适宜粒度为4～8mm。

炉料中配入的熔剂（铁矿石、硅砂、石灰石粉等）也对改善炉料透气性有一定的作用，熔剂的粒度以3～5mm为宜。

4.3.2.3 炉料的化学组成

烧结过程中的燃料就是精矿及砂中的硫，烧结炉料中硫含量低于5%时，就不能良好地燃烧，如果炉料中硫含量超过8%，又难以得到含硫2%左右的烧结块，所以炉料中的含硫量应控制在7%～8%之间为好。焙砂中含硫4%左右，烧结料中加入部分新鲜铅锑精矿以调整含硫量，既可保证燃烧，又可提高生产量，保证得到合格的烧结块。

炉料中的铅及锑应尽可能高些，烧结块中主金属的含量最好达到45%以上，这样有利于提高烧结和鼓风炉熔炼的生产量。但炉料中的金属含量也不是越高越好，因为金属含量太高，特别是含铅太高的炉料，在硫来不及脱除时就已烧结，难以得到含硫合乎要求的烧结块。

所以，烧结的入锅料必须经过仔细地计算，配出含金属量合乎要求的炉料，从而保证烧结质量和效率。

4.3.2.4 炉气的排除速度

烧结过程中产生的气体必须及时地排除，否则炉料中会夹杂有SO_2、CO_2等气体，妨碍空气与硫化物的接触，影响脱硫效果。对于直径2.3m的烧结锅，每只的抽风量应达到12000m^3/h以上才能满足排气要求，有的甚至达到17000m^3/h。同时注意经常清理排烟管道畅通。

4.3.2.5 焦粉的加入量

焦粉的配入是为了保证燃烧均匀，在烧结过程中有如下反应：

$$C + O_2 \xlongequal{} CO_2$$

消耗了空气中的氧，产生的CO_2气体充斥于锅内炉料中，影响氧化反应的进行，所以焦粉的加入量应尽量地少，一来可以降低成本，二来有利于脱硫。一般焦粉用量为炉料量的1%～3%。

4.4 烧结实践

目前以铅锑复合矿为原料的冶炼厂采用的烧结工艺主要有两类，即烧结锅（盘）烧结焙烧和带式烧结机烧结焙烧。但带式烧结机烧结工艺尚不成熟，曾经仅有的一家以带式烧结机进行烧结焙烧的铅锑冶炼厂也因生产不能顺利进行，现在也已停止。原有的烧结机改作精铅矿烧结设备了，而铅锑复合矿则改用冷压团熔炼方式。故下面重点介绍烧结锅（盘）烧结实践。

4.4.1 烧结锅烧结实践

烧结锅原来为圆锥形，容量为1～2t炉料。为了增大容量并缩短作业时间，现改为半圆形至截头圆锥形。上半直径为1～3.2m，容量达到12～15t炉料。烧结锅的构造如图4－2所示。锅用铁或钢铸成，下部装设有带孔的假底（亦称甑皮），底下设有一进风口，两侧有轴安在轴承上，轴的一端装有翻锅装置。锅的安装有固定式（当场翻锅）及移动式（在他处翻锅）两种。锅的上面装设有烟罩，与排气管相连，烟罩上设有加料工作门。

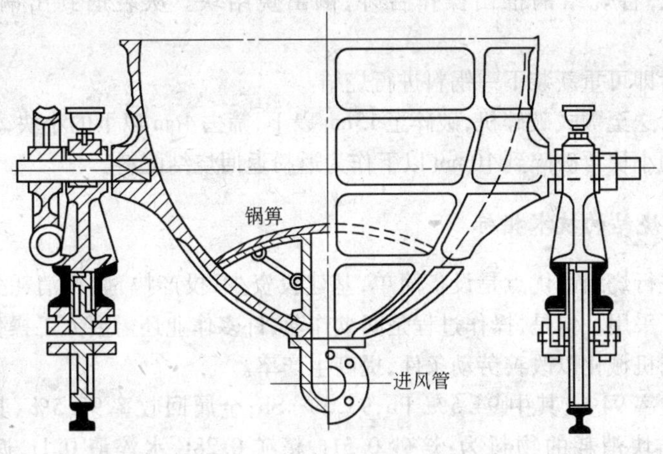

图 4-2 烧结锅结构

烧结锅的作业主要包括装锅烧结和出锅操作。

4.4.1.1 装锅烧结操作

烧结入锅料中包括铅锑精矿沸腾焙砂、铅锑精矿、烧结块碎料(返粉)、鼓风炉水淬渣、铁矿石、石英砂、石灰石粉和焦粉。

烧结前先要铺底,即在假底上铺上一层点火物(如稻草、谷壳等),然后将第一二批料加入,扒平,用脚踩实后用一束稻草点上火,从引风口送火引燃锅里的稻草,并立即套上送风管鼓风。炉料着火后开动抽风机排除烟气,并逐步将最后几批料加入。注意每次添加新料都应在锅内料全面着火后才加,且加后要扒平,烧穿处要扒新鲜料填上。

烧结过程中要用钢钎翻拨炉料,着火不均匀的要搅拌均匀,透风处填上料,太厚处拨薄,以保证燃烧均匀,脱硫完全,结块率高。每锅的入锅料应在 2h 内分批加完,然后搅拌锅内料,观察锅面冒烟情况。

烧结作业要点可以总结为:"三匀、薄层、烧底、凸面、高温",即:(1)三匀:料匀,入炉精矿小于 3mm,消除大块。返料的粒度为 60% ~ 70%,破碎到小于 10 ~ 15mm;石灰石粒度应小于 10mm,混料均匀;均匀鼓风控制烧底,防止炉料由于鼓风过大而产生料;火匀,从烧底开始,注意扎边,勤扦,勤扒,勤铲,消除硬壳,调整料面炉料上火燃烧快慢不匀现象,使火焰均匀。克服夹生料和死料的产生。(2)烧底:烧底是烧好全锅炉料的基础。先在假底上铺一层引火物,然后铺上一层烧底炉料约 70 ~ 80mm,并配精料烧底,提高温度。随时注意扎边,防止锅边跑空风,产生生料。当处理杂料,或高熔点炉料,需要加煤提温时,要特别注意烧好底子,防止烧坏假底。(3)薄层:薄层装料,减轻炉料压力以改善炉料透气性,增加冷却速度,减少内应力,提高脱硫效率,因此要做到多次增风多次下料,反对下厚料,鼓大风。(4)凸面。烧结块熔融结块现象主要集中在锅中心部位。为克服这种情况,采用凸面操作,薄层下料,减轻锅中心炉料压力,提高透气性,扎锅边,把风量主要集中在锅中心,增加冷却层速度,防止熔融结块。(5)高温:提高焙烧温度,促进 $MeSO_4$ 的分解、脱硫完全及造渣,提高烧结块的强度。

4.4.1.2 出锅及烧结块的处理

当锅面的白烟逐渐减少,锅内料由红亮逐渐转暗时,说明烧结已经完成,可立即停止鼓风,

20min 后停止抽风，将烧结锅推出操作台外，倒出烧结块。从装锅到出锅整个过程大约需要4～5h。

烧结块出锅后即可重新装下一锅料进行烧结。

烧结块冷却后送至颚式破碎机，破碎至15cm 以下，筛去4cm 以下的小块，送往烧结块仓供鼓风炉熔炼。筛下的小块再破碎到10mm 以下作为返粉返回烧结配料。

4.4.1.3 烧结锅烧结的技术指标

采用烧结锅进行烧结的优点是设备简单，基建投资少，投产快，燃料消耗少，烧结块质量高，适宜于小型冶炼厂采用。但是，操作过程是间歇作业，许多作业还需要人工操作，劳动强度较大，有待于更多地采用机械化以改善劳动条件，提高生产率。

烧结金属直收率94%，其中94.5% Pb，93.5% Sb；金属回收率97.5%，其中97% Pb，98% Sb。每吨合格烧结块消耗的物料为：焙砂 0.51t，精矿 0.28t，水淬渣 0.1t，返粉 0.17t，铁矿石 0.05t，石英砂 0.08t，石灰石 0.1t，焦粉 0.06t，稻草 0.03t。每吨烧结块附带产出返粉 0.17t，烟尘 0.02t，烟尘的成分为：Pb 约为35%，Sb 约为30%，2%～3% As。烟尘可送反射炉还原熔炼铅锑合金或返回烧结配料，特别是作为调整烧结配料中金属含量之用。

直径2.3m 的烧结锅每天可焙烧4～5 锅，每锅每次产出烧结块3t 左右，每吨物料烧结块产出率为0.85t。烧结块的成分如表4－2 所示。

表4－2 烧结块的化学组成(%)

成 分	Pb	Sb	S	SiO_2	CaO	FeO
1	22.77	19.36	2.24	15.02	9.23	21.15
2	27.28	18.25	1.78	10.87	6.56	11.76
3	29.41	18.88	1.86	9.23	7.14	13.70

4.4.2 烧结盘烧结实践

为了克服烧结锅的缺点及适应中小型炼铅厂生产发展的需要，有些工厂现在还有采用烧结盘的。它也是一种间断作业的吸风烧结设备。其主要设备是烧结盘，由厚16～20mm 钢板焊制而成，呈长方形，一般长1.5～2m，宽1～1.5m，深300～400mm。在四个角上焊有挂耳，以便行车起吊。底部有炉箅，为了方便翻锅，上部做成梯形。炉箅与炉底之间有吸风箱，其两端或一端的轴是空心的，与排气管相连接，烧结气体经此送往收尘系统。

实际操作：将混合制粒好的烧结物料铺在盘内，厚度为300mm 左右，然后用行车吊到烧结烟道上，在料面上铺一层煤粉再用点火车点火。点火装置类似于带式烧结机的点火炉，点火时沿着长边移动。几分钟点火后便留置原地，通过烟道后的抽风机将空气自上而下吸入料层中进行烧结焙烧，烧结时间为2～4h。焙烧完毕后吊下留置冷却6～8h，将盘翻转倒出烧结块，再送去破碎筛分。烧结盘底操作台下面设置有条筛，不少小厂都没有专门的返粉破碎设备，破碎烧结块时只要将条筛的缝隙尺寸设置为20mm，即可控制返粉粒度在20mm 以下，使之符合工艺要求。

烧结盘具有下面优点：操作大部分机械化，设备结构简单，基建投资少，不易损坏且修理费少，料层薄，烧结时间短，生产率比烧结锅大。其缺点仍是间断作业，生产能力比烧结机低，同时烟气利用有困难，投资比烧结锅高。

采用烧结盘和烧结锅进行烧结的主要技术经济指标列于表4－3。

表4-3 烧结主要经济指标

项 目	单 位	烧 结 锅	烧 结 盘
床能率	$t/m^2 \cdot d$	2~2.3	0.8~1
利用系数	$t/m^2 \cdot d$	0.6	0.5~0.65
脱硫率	%	50~55	40~45
有效结块率	%	45~55	60~65
烧结块残硫含量	%	2.0~2.5	1.5~2
返粉含硫量	%	3~3.5	4~5

4.4.3 鼓风烧结机工艺操作实践

鼓风烧结机烧结工艺的主要设备为带式烧结机，由许多紧靠在一起的小车组成。小车用钢铸成，底部有炉箅，短边设有挡板（即为车帮），长边则彼此紧密相连，因此，小车的车长即为烧结机的有效宽度，故形成一个具有炉箅的大而长的浅槽，类似一环形运动带。烧结机长15~30m，宽1.5~2m，机架的首端设有一对大齿轮，尾端则为一半圆形的固定星轮。大齿轮由电机带动而转动，并带动小车沿着环形轨道运动。

炉料经圆盘混合后，可用摆式给料机或梭式布料器加到烧结机的小车上。摆式给料机铺料时常发生偏析现象，影响焙烧和烧结质量。梭式布料器可以比较完善地消除炉料的偏析现象，它是与烧结机长轴垂直安装的运输皮带，其往复运动距离相当于烧结机的宽度。

布料时先在烧结小车炉箅上铺上一层点火炉料，称为铺底料。要求底料粒度均匀，大部分在6mm以上，只有当底料层透气性均匀及炉料的化学成分正常时，才能达到均匀而迅速着火，并在一定时间内完成整个底料层的焙烧过程。当烧结小车底料层上炉料铺好后，进入点火炉下面，在吸风条件下进行点火。点火层底料的厚度必须适当，底料层太薄，炉料燃烧不能满足整个焙烧炉料点火所需的温度，达不到焙烧的要求；底料层太厚时，由于点火时间短，底料层不可能达到完全焙烧的目的。生产实践中，底料层厚度一般为25~30mm，也有高达38mm的，约占整个料层厚度的十分之一。

当烧结小车上底料着火后，随着小车沿轨道的移动，把已准备好的炉料由给料机在已点火底料层上再铺上一层规定厚度的炉料，烧结小车再滑到鼓风箱上面，借底料层的火焰，自下而上地使炉料着火燃烧，直到料面为止。由于空气透过炽热的料层，使其中的硫化物氧化放出大量的热，结果使焙烧好的炉料烧结，整个烧结过程约需14~21min。总的炉料层厚度约为230~310mm，约占料层厚度的十分之九。

小车不断向前移动，空气由上轨道底部的风箱鼓入，而烟气则由上轨道顶部的烟罩抽走。到达烧结机尾部的星轮处时，依次往下翻落，而自动将烧结焙烧后的物料翻出。此物料经破碎筛分后，即可得到合格的烧结块和返粉。空小车则沿下轨道重返烧结机头部装料，如此周而复始地作循环运动。

4.4.4 烧结工艺要求和控制方法

烧结工序的质量指标主要有结块率和脱硫率，生产中要求两个指标都要达到一定的要求。在鼓风烧结机工艺中，一般要求有效结块率达到25%以上，脱硫率达到50%以上；在烧结盘吸风烧结工艺中，一般要求结块率达到60%以上，脱硫率达到40%以上。但在生产实践中，因技术条件控制不好或原料波动也会造成两个质量指标出现波动，在此我们称之为烧结焙烧过程出现故

障。通常出现的故障,其产生原因和处理方法如下:

(1) 结块率高而脱硫率低。主要特征是烧结块强度大、产量高而残硫高。

产生原因:1)混合料含氧化钙过低而含二氧化硅过高,以致炉料熔结严重,影响脱硫;2)点火温度过高,造成炉料过早烧结;3)混合料含硫过高,也会造成炉料过早烧结。

处理方法:1)增加混合料氧化钙含量,降低二氧化硅含量;2)降低点火温度;3)降低混合料硫含量。

(2) 脱硫率高而结块率低。主要特征是残硫低而烧结块强度小、产量低。

产生原因:1)混合料含二氧化硅过低而含氧化钙过高,以致焙烧脱硫较完全,但炉料缺少黏结物(硅酸铅),结块不好;2)点火温度过低,造成氧化过程速度慢,故结块不好;3)混合料含硫过低,氧化过程所需的热量不够,也会造成结块不好。

处理方法:1)增加混合料二氧化硅含量,降低氧化钙含量;2)提高点火温度;3)提高混合料含硫量。

(3) 脱硫率和结块率都低。主要特征是烧结块不仅强度小、产量低而且残硫也高。

产生原因:1)炉料粒度过细,或水分不足,透气性不好;2)鼓(吸)风量不足或漏风;3)配料不当,混合炉料中含硫过高或过低。

处理方法:1)提高炉料的透气性;2)增大鼓(吸)风量,解决漏风问题;3)合理配料。

复习思考题

1. 什么叫烧结焙烧?烧结焙烧的目的是什么?
2. 焙烧配料时应该遵循哪些原则,为什么?
3. 为什么要在配料过程中加入熔剂成分?试说出配料的计算方法。
4. 试说出烧结过程中发生的主要反应,并写出其化学方程式。
5. 主要配料方式有哪些?并阐述其优点。
6. 试分别画出烧结工艺流程图、烧结工艺设备连接图。
7. 返粉为什么要破碎?常用的破碎设备有哪些?
8. 试述烧结锅烧结工艺过程的技术条件。
9. 烧结焙烧过程中通常会出现哪些故障?其产生原因分别是什么?如何处理?
10. 主要工艺技术条件和主要技术经济指标有哪些?
11. 烧结过程中的各种质量指标如何控制?

5　铅锑烧结块的鼓风炉熔炼

5.1　铅锑鼓风炉熔炼的目的和要求

铅锑烧结块的组成很复杂，其中铅以硅酸铅、亚铁酸铅及 PbO 形式存在，锑主要以锑酸盐形式存在。此外，还含有其他金属氧化物、贵金属以及来自熔剂的造渣成分等组分。

熔炼的目的有三个：第一，从炉料（烧结块、焦炭以及添加的熔剂）中将铅及锑还原成金属，形成铅锑合金，并将贵金属如银等聚集于合金中；第二，使炉料中的其他成分形成炉渣与合金分离；第三，炉料中的残硫生成铅冰铜，炉料如有铜等有价金属，则集中于铅冰铜中，有效地分离铜等杂质金属，避免污染合金。

由于烧结时已按鼓风炉熔炼的造渣要求有目的地加入了各种熔剂（铁矿石、石英砂、石灰石粉等），所以炉料主要是自熔性的烧结块（占 85% ~100%）。当然，鼓风炉打下的炉结、返渣等也要掺入炉料中以回收其中的铅锑等有价金属。鼓风炉的燃料是焦炭，它也是熔炼过程的还原剂。

鼓风炉是一种古老的冶炼设备，至今仍广泛用于铅矿、铅锌复合矿、铅锑复合矿冶炼。目前其炉型及规格还没有统一的规定，现在采用的炉型按风口区形状分有圆形、矩形和扁形等形式。图 5 - 1 是 $6m^2$ 鼓风炉的结构图。鼓风炉在熔炼过程中最易造成还原气氛，炉料自炉顶加入后逐渐向下移动，而热气流（主要是焦炭燃烧产生的 CO_2 气体）的运动方向是由下向上，由炉顶排除，相反的运动方向使炉料先被加热，继续向下运动便到达还原区进行还原反应。在到达高温区（焦点区）时，已完全熔化成液体。融合了合金、铅冰铜和炉渣的熔体流入炉缸，并在炉缸里分层后分别排出。炉气由炉顶排出，经冷却烟道冷却，再鼓风加压送到布袋收尘室回收烟尘。

5.2　鼓风炉熔炼的原理

5.2.1　鼓风炉熔炼的基本原理

氧化物用物质（还原剂）夺去其中的氧而转变成单质或低价氧化物的过程称为还原。金属氧化物的还原反应可用下式表示：

$$\mathrm{MeO}_n + m\mathrm{X} = \mathrm{Me} + \mathrm{X}_m\mathrm{O}_n$$

式中 X 表示还原剂。在生产实践中采用的还原剂通常是 C 及 CO，在特殊情况下有用 H_2 的。鼓风炉熔炼的还原剂是焦炭。金属氧化物被焦炭还原时，实际上要经历两个阶段：

$$\begin{array}{rl} & \mathrm{MeO + CO = Me + CO_2} \\ +) & \mathrm{C + CO_2 = 2CO} \\ \hline & \mathrm{MeO + C = Me + CO} \end{array}$$

在还原过程中，固体炭所起的作用不大，这是因为炉内烧结块与焦炭的接触面积很小，固体物质间的相互扩散作用微弱，且反应区域只限于烧结块的表面。而利用 CO 作还原剂时，CO 可以扩散到烧结块内部，因而能保证与被还原的物质有良好的接触，还原效果好。

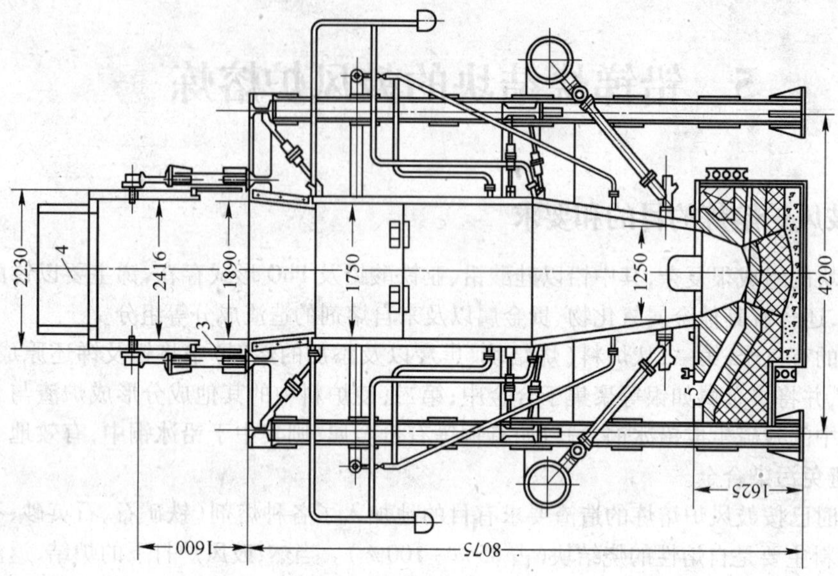

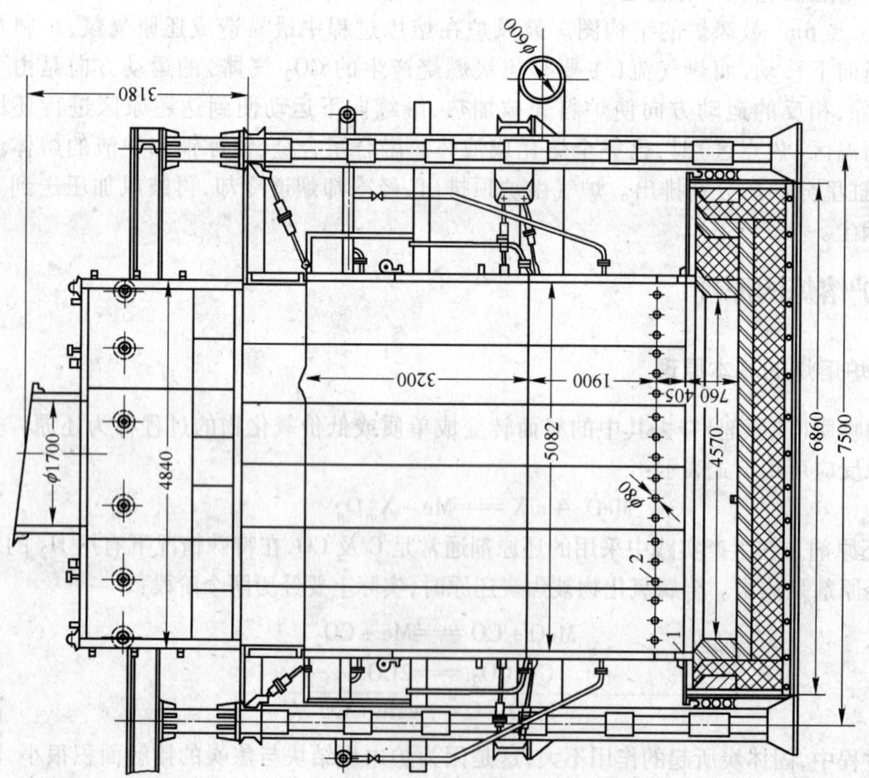

图 5－1　6m² 鼓风炉

1—咽喉口;2—风口;3—加料口;4—排烟口;5—出铅口(虹吸井)

关于金属氧化物的还原过程,可以认为分三个阶段进行,即气体还原剂 CO 首先吸附在金属氧化物的表面;其次是氧自金属氧化物脱离而转移到吸附的 CO 分子上,形成 CO_2 及新相金属;最后阶段是 CO_2 从反应产物表面解吸(脱离)而完成。其反应机理可用下式表示:

$$MeO_{固} + CO \xlongequal{} MeO_{固} \cdot CO_{吸附}$$

$$MeO_{固} \cdot CO_{吸附} \xlongequal{} Me_{固} \cdot CO_{2\,吸附}$$

$$Me_{固} \cdot CO_{2\,吸附} \xlongequal{} Me_{固} + CO_2$$

$$MeO_{固} + CO \xlongequal{} Me_{固} + CO_2$$

实验结果表明,用 CO 还原游离状态的氧化铅与硅酸铅的还原速度相差很大,其还原率也很不相同。游离氧化铅只需 10min,还原率就接近 100%;而硅酸铅的还原速度则慢得多,并且硅酸铅含 SiO_2 愈高,还原速度就愈低。锑的还原也大抵如此。

另外根据用 $CO + CO_2$ 混合气体还原纯 PbO 团块的动力学表明:

(1) 温度对还原速度有所影响,但影响不大;

(2) 在温度为 538 ~ 630℃ 的范围内,用 $CO + CO_2$ 还原 PbO 的活化能为 20.06kJ/mol;

(3) 用 CO 还原 PbO 团块时,其还原反应主要发生在 PbO 团块已还原部分和未还原部分之间的界面上;

(4) 还原过程的总扩散速度由两部分组成:即团块还原部分的孔隙度扩散的气相薄膜扩散。在大多数情况下,还原受孔隙扩散支配;但在开始阶段,由薄膜扩散产生的阻力相当大。

用碳质还原 Sb_2O_3 的主要反应如下:

$$Sb_2O_3 + 3CO \xlongequal{} 2Sb + 3CO_2 \tag{5-1}$$

$$2Sb_2O_3 + 3C \xlongequal{} 4Sb + 3CO_2 \tag{5-2}$$

$$Sb_2O_3 + 3C \xlongequal{} 2Sb + 3CO \tag{5-3}$$

对液态 Sb_2O_3 的还原,上面三个反应的自由焓变化数据如表 5-1 所示。

表 5-1 Sb_2O_3 还原反应的标准自由焓变化(kJ/mol)

反应 \ 温度/℃	800	900	1000	1100	1200
1	-144.12	-139.24	-134.22	-129.03	-123.63
2	-172.38	-194.31	-215.85	-237.11	-258.07
3	-200.79	-249.41	-297.48	-345.18	-397.51

由上表数值可以看出,固体碳还原 Sb_2O_3 比用 CO 还原的趋势大,而反应(5-3)即固体碳还原三氧化锑生成一氧化碳的趋势最大,因为这个反应的自由能变化的负值最大。反应(5-3)与碳还原其他金属氧化物一样,是经过下面两个反应进行的:

$$Sb_2O_{3液} + 3CO \xlongequal{} 2Sb_{液} + 3CO_2 \tag{5-4}$$

$$3CO_2 + 3C \xlongequal{} 6CO \tag{5-5}$$

$$Sb_2O_{3液} + 3C \xlongequal{} 2Sb_{液} + 3CO \tag{5-3}$$

上述式(5-3)为直接反应,式(5-4)是还原过程的重要反应,而反应(5-5)则是提供重要还原剂 CO 的布多尔反应。在同一温度下,反应(5-5)中 CO 的平衡浓度大于反应(5-4)所需的 CO 浓度时,三氧化二锑就被还原。由于在高温下,反应(5-5)的 CO 平衡浓度很大,如在 1000℃时炉气中几乎没有 CO_2,只生成 CO。根据 Sb_2O_3 还原反应标准自由焓变化所计算的平衡气相中 CO 的含量列于表5-2。

表 5-2 900~1200℃下 Sb_2O_3 和 CO_2 还原反应的平衡常数及平衡气相组成

还原反应	平衡常数				平衡气相中 CO 的体积分数/%			
	900℃	1000℃	1100℃	1200℃	900℃	1000℃	1100℃	1200℃
$Sb_2O_{3液}+3CO$ ══ $2Sb_{液}+3CO_2$	118	69.1	43.6	29.1	0.21	0.36	0.56	0.83
$3CO_2+3C$ ══ $6CO$	43.6	173	558	1530	24.83	24.99	25	25

由表中数据可以看出，两反应分别达到平衡时，体系中多布尔反应所提供的 CO 浓度比 Sb_2O_3 还原反应中的 CO 平衡浓度值至少大 30 倍，可见三氧化二锑的还原反应进行得相当完全。

在 1000℃ 的温度下，各种金属氧化物被 CO 还原的顺序如下：Cu_2O、PbO、Sb_2O_3、As_2O_3、NiO、CdO、SnO_2、FeO、ZnO、Cr_2O_3、MnO。

5.2.2 鼓风炉熔炼时各组分的行为

5.2.2.1 铅的化合物

如前所述，烧结块中的铅大部分呈 PbO 及 $m\text{PbO}\cdot n\text{SiO}_2$ 形态存在，而少部分则呈 $x\text{PbO}\cdot y\text{Fe}_2\text{O}_3$、PbS、$PbSO_4$ 和金属铅形态存在。

在还原性炉气中，PbO 在低温（160~185℃）下就开始被 CO 还原成金属：

$$PbO + CO = Pb + CO_2 + 63536\text{kJ}$$

其平衡常数可用下式算出：

$$\lg K_P = -325/T + 0.417\times10^{-3}T + 0.3$$

在较高温度和炉气中 CO 浓度不大时，该还原反应也很快。

PbO 也可被固体碳还原：

$$PbO + C = Pb + CO - 90455\text{kJ}$$

此反应在 400~500℃ 时才显著进行，而在 700℃ 时则可激烈进行，并且温度越高，反应速度越快。但在鼓风炉熔炼中此反应是次要的，因为炉内的炉料与焦炭是分层装入的，接触面积很小，还原作用不大。

此外，部分的 PbO 可能按下式进行还原：

$$2PbO + PbS = 3Pb + SO_2$$

此反应在鼓风炉熔炼过程中进行的可能性并不大，因为它要在 800℃ 以上才能激烈地进行。但在达到这样高的温度之前，炉料中游离状态的 PbO 绝大部分已被 CO 还原，而且反应物之间的接触也不好，因而此反应在鼓风炉熔炼中并不重要。

烧结块中大部分的铅是以硅酸铅形态存在。硅酸铅在鼓风炉中部就已开始熔化，并溶解其他金属氧化物。在鼓风炉熔炼时，主要的还原反应发生在上升的还原性气流与向下流动的硅酸铅熔体之间，只有一小部分铅是在炉子上部从烧结块中还原出来。与 SiO_2 或 Fe_2O_3 结合的 PbO 称为"化合的 PbO"。这种化合的金属氧化物（MeO）从熔体（渣）中还原出来时，一般的反应如下：

$$(\text{MeO})_{化合} + CO = Me + CO_2$$

其反应平衡常数为：

$$K = (\text{MeO})_{化合}\times p_{CO}\times p_{CO_2}^{-1}$$

因此，要使铅从熔体中还原出来，PbO 的含量愈低，气流中 CO 的浓度则应愈高，这与游离状态的 PbO 的还原条件不同，即硅酸铅及铁酸铅比氧化铅更难还原。但在高温下进行熔炼时，如果能借助于较强的碱性氧化物（如 FeO 或 CaO）将 PbO 置换出来，这部分铅是可以被还原出来的。

其反应式为：

$$2PbO \cdot SiO_2 + CaO + 2CO = CaO \cdot SiO_2 + 2Pb + 2CO_2$$

$$2PbO \cdot SiO_2 + 2FeO + 2CO = 2FeO \cdot SiO_2 + 2Pb + 2CO_2$$

$$2PbO \cdot SiO_2 + CaO + FeO + 2CO = 2Pb + CaO \cdot FeO \cdot SiO_2 + 2CO_2$$

因此，$2PbO \cdot SiO_2$ 和 $PbO \cdot Fe_2O_3$ 中的 PbO 仅有一小部分在低温被 CO 还原，它的还原反应主要发生在液态时。

温度在 550～630℃时硫酸铅在还原气氛中变成硫化铅：

$$PbSO_4 + 4CO = PbS + 4CO_2$$

$$PbSO_4 + 4C = PbS + 4CO$$

在鼓风炉熔炼中绝大部分 $PbSO_4$ 被还原为 PbS，只有少部分按下式离解：

$$PbSO_4 = PbO + SO_2 + 0.5O_2$$

在有石英存在时，$PbSO_4$ 的分解更加明显。因此，造硅饱和炉渣也是提高铅回收率的一个重要措施。

PbS 在熔炼过程中几乎全部进入铅冰铜，只有极少部分与 PbO 及 $PbSO_4$ 反应形成金属铅，因此烧结过程中脱硫不完全是造成熔炼过程铅损失的一大因素。

5.2.2.2 锑的化合物

烧结块中的锑呈锑酸盐存在，部分呈氧化物存在。呈氧化物存在的锑可直接被 CO 还原，呈锑酸盐存在的锑也被 CO 还原：

$$Pb_3(SbO_4)_2 + 5CO = 3Pb + Sb_2O_3 + 5CO_2$$

$$Sb_2O_3 + 3CO = 2Sb + 3CO_2$$

还原出来的锑进入铅液中成为铅锑合金。但在铅锑合金向下流动，经过焦点区时，因焦点区气氛呈强烈的氧化性，一部分 Sb_2O_3 因挥发进入炉气中，来不及还原而随炉气排出，须由收尘系统回收。还有一部分锑则与铁结合形成黄渣，一小部分的锑进入炉渣。

5.2.2.3 铁的化合物

铁在烧结块中大部分以 Fe_2O_3、Fe_3O_4 及 $2FeO \cdot SiO_2$ 形式存在，其小部分则为 FeS 及 $xFeO \cdot ySiO_2$等。在熔炼过程中，铁的高价氧化物被还原成低价氧化物（FeO），并与 SiO_2 结合造渣，其还原顺序为：

$$Fe_2O_3 \longrightarrow Fe_3O_4 \longrightarrow FeO \longrightarrow Fe$$

鼓风炉还原熔炼时，FeO 被还原为金属铁在理论上是不可能的。但因炉内温度和还原气氛的不稳定和不均匀性，局部生成金属铁。由于铁的熔点高且不溶于铅和锑中，一部分降到炉缸底部，在炉缸内形成结底，即所谓“积铁”；一部分在合金熔体表面析出，形成铁壳，阻碍上层金属液体流下汇集，这两种情况的出现都使炉况变坏，作业困难。当然铁的出现也有它积极的一面，那就是通过置换 PbS 中的铅而提高铅的回收率，其反应式如下：

$$PbS + Fe = Pb + FeS$$

不过铁的出现量极难控制，所以一般情况下还是应当避免还原出铁。要使铁的还原量减少到最低限度，最好控制焦率在 15% 以下，并且在炉顶加料时一定要将焦炭加布均匀。此外，炉料中存在 SiO_2 时，也可降低铁的还原量。因为已经造渣的 FeO 比游离的 FeO 难还原，并且在炉内高温区，炉渣很快地熔化而进入炉缸。

5.2.2.4　锌的化合物

烧结块中的锌主要是以 ZnO 及 $ZnO \cdot Fe_2O_3$（铁酸锌）形式存在，小部分呈 ZnS 及 $ZnSO_4$ 状态。在熔炼过程中一部分 $ZnSO_4$ 离解成为 ZnO，其反应式如下：

$$2ZnSO_4 = 2ZnO + 2SO_2 + O_2$$

另一部分则被 CO 还原成 ZnS：

$$ZnSO_4 + 4CO = ZnS + 4CO_2$$

ZnS 是炉料中最有害的杂质，在熔炼过程中不起化学变化而进入炉渣及冰铜。ZnS 是难熔的化合物，而且密度较大（$\rho = 4.7 \times 10^3 kg/m^3$）。进入炉渣后会使炉渣的密度及黏度增大；进入铅冰铜时会使它的熔点升高而密度下降，从而使炉渣与冰铜分离困难。如果烧结块中存在过多的 ZnS，则熔炼时常常在炉缸内铅冰铜与熔渣之间形成一层泡沫状的锌冰铜（横膈膜），其黏度很大，可能凝结在炉缸上形成炉结，但也可能在合金面上凝结成壳。结果使熔炼区的熔炼产物不能较好地分离，造成操作困难。ZnS 极少被还原，但可以被铁置换：

$$ZnS + Fe = Zn + FeS$$

ZnO 也部分地被还原成金属锌，所产生的锌蒸气上升时又被炉中的 CO_2、H_2O、O_2 所氧化：

$$ZnO + CO = Zn + CO_2$$

$$ZnO + C = Zn + CO$$

$$Zn + CO_2 = ZnO + CO$$

$$2Zn + O_2 = 2ZnO$$

$$Zn + H_2O = ZnO + H_2$$

这样产生的 ZnO 呈粉末状随气流上升，沉积在炉料的表面及孔隙中，仍随炉料下降而又被还原，一部分沉积在炉壁上形成炉结；另一部分 ZnO 则随炉气进入收尘系统；大部分 ZnO 能溶解在炉渣中。通常要使金属氧化物入渣是在烧结或熔炼时，在炉料中加入石英，使金属氧化物与 SiO_2 结合成易熔的硅酸盐炉渣。但要使 ZnO 入渣却不能采用此法，因为 ZnO 需在 1500℃ 下才能与 SiO_2 结合成硅酸锌。在目前条件下，只能使 ZnO 溶解于已经造成的铁—钙硅酸盐中。实践证明，炉渣溶解 ZnO 的能力随着渣中 FeO 含量的增高和 SiO_2 与 CaO 含量的降低而增大。因此，含锌高的烧结块应选择高铁渣型。

5.2.2.5　其他成分

铜在烧结块中以 Cu_2O、$Cu_2O \cdot SiO_2$ 和 Cu_2S 形式存在，Cu_2S 在熔炼时进入冰铜，高硫烧结块中的 Cu_2O 可以被硫化为 Cu_2S，硫低时则被还原进入粗合金。$Cu_2O \cdot SiO_2$ 不能完全被还原而进入渣中。

砷在烧结时就已部分挥发入烟。烧结块中残余的少量砷是呈砷酸盐存在的。在鼓风炉熔炼中被还原成砷化物、砷。砷一部分与铁、钴等结合而成砷化物，另一部分变成 As_2O_3 挥发进入烟尘被炉气带走。由于铅锑精矿中含砷一般比较高，砷化物会形成黄渣，而黄渣的产出会使熔炼操作困难，并降低铅锑的回收率，在生产实践中往往使砷尽量在炉内挥发，以免产生黄渣。

烧结块中的银以 Ag、Ag_2S 和 Ag_2SO_4 形式存在，还原熔炼时，Ag_2SO_4 一部分还原成 Ag_2S，另一部分分解成金属银。Ag_2S 可被 Pb 和 PbO 分解，少量生成 $nAg_2S \cdot mPbS$ 的化合物而进入铅冰铜，造成银的损失。铅是金银的良好捕收剂，绝大部分金银都进入粗合金中，但也有一小部分银进入铅冰铜和黄渣。

脉石成分也称造渣成分,即 CaO、MgO、Al_2O_3、SiO_2 等,它们还原熔炼时都不被还原,而全部与 FeO 及 ZnO 一起造渣。

5.3 铅锑熔炼鼓风炉的技术要点

5.3.1 鼓风炉不同高度的反应

沿炉子高度大致上可以分为六个区,当然各个区之间并无明显界线,并且上一区域的反应往往要到下区甚至再下区才能完成。

(1) 预热区(100~400℃)。团矿在此区预热,带入的水分也被蒸发。由于水分的蒸发吸收热量,保持了炉顶的料面温度维持在较低水平,从而防止了铅锑的大量挥发损失。

(2) 上还原区(400~700℃)。炉料所有的结晶水被分解蒸发,各种金属的碳酸盐及硫酸盐开始离解,易于还原的金属氧化物(如 PbO、Sb_2O_3、CdO、CuO 及 Cu_2O 等)被还原成金属,高价氧化物开始还原成低价氧化物(如 $Fe_2O_3 \longrightarrow Fe_3O_4$、$Fe_3O_4 \longrightarrow FeO$ 等),PbS、PbO 及 $PbSO_4$ 开始相互反应而形成铅及 SO_2。Sb_2O_3 和 Sb_2O_5 大部分被还原成金属,与金属铅相互溶解形成铅锑合金。铅锑合金液滴流过炉料并从中富集了金银后流向下区。

(3) 下还原区(700~900℃)。在上区开始的反应,在此区更为强烈地进行,并部分地终结。固体碳的还原作用加强,CO 的还原作用更为激烈。还原的过程加快,各种碳酸盐的离解大致完成;各种硫酸盐(如 $PbSO_4$、$CaSO_4$ 及 $BaSO_4$ 等)的离解反应及硫化物的沉淀反应均分别进行;硅酸铅在此区熔化,流至下区还原。

在该区内发生金属(主要是铜和铅)的硫化反应,形成铅冰铜,铁使较难还原的砷及锑的高价化合物还原成低价化合物。

(4) 熔化区(900~1300℃)。此区位于燃烧层之上,上述各区的反应均在此区完成,所有炉料均熔化成液体,共晶成分的硫化物熔化,并吸收其他硫化物形成正常的铅冰铜。某些氧化物(如 FeO、CaO 和 SiO_2)相互结合,首先形成低熔点的炉渣,当其下流时,逐渐吸收其他氧化物(如 Al_2O_3、ZnO、MgO、BaO 等),而形成正常的炉渣,CaO、FeO 或 Fe 将硅酸铅中的 PbO 置换出来,进而被 CO 还原成铅。

(5) 风口区(1200~1300℃)。此区由赤热的焦炭充满,前述各区反应所得到的熔体均在此区过热。近风口的区域是炉内燃料的燃烧带,焦炭在此区燃烧,产生高温,可达 1400~1500℃,通常称此区为焦点区。焦点区以上有个还原带,燃烧带产生的大量 CO_2 通过此赤热焦炭层而发生气化反应产生大量的 CO,造成炉子的还原性气氛。

(6) 炉缸区,包括风口以下至炉缸底部,其深度为 0.8~1.3m。炉缸上部的温度约为 1250~1300℃,下部为 1000~1100℃。在焦点区充分过热的熔体产物,由于相互之间的溶解度很小,而又有一定密度差,当其进入炉缸时即开始澄清分层。最上层为炉渣,次为铅冰铜(如果有的话),第三层为黄渣,最下层为粗合金。

当新生成的铅锑合金液滴经过炉渣和铅冰铜层时,将大部分贵金属收集,同时也吸收熔渣中的部分铅、锑、铜、银。各种熔融物在此发生一系列复杂的反应,分层后粗合金经虹吸道排出炉外铸锭或流入合金包送吹炼车间。其他成分从炉缸咽喉口一道排出,至电热前床进一步分离。

5.3.2 铅锑熔炼鼓风炉渣型选择

鼓风炉熔炼的一个目的是使炉料中的杂质成分生成炉渣与铅锑合金分离。炉渣的好坏,对于鼓风炉熔炼的成绩有决定性的影响:(1)因为影响金属与炉渣的分离好坏,从而影响金属的回收率;(2)影响炉内的情况是否正常;(3)影响燃料的消耗量;(4)影响炉子的生产率。总之,炉渣造得好与不好,直接影响冶炼过程的全部指标。

铅锑熔炼的理想炉渣应当符合这样一些要求:(1)炉渣成分必须是熔炼时消耗熔剂最少的,即选择最经济的渣型;(2)炉渣的黏度要低,这样在炉缸内与合金、冰铜的分离完全,炉渣中机械夹杂的金属就少,金属回收率高;(3)炉渣熔化温度要适当。炉渣不像金属那样,有一个固定的熔点,它只有一个开始熔化和熔化完毕的温度区间。通常所说的炉渣熔点,是指炉渣熔化完毕的温度,也称熔化湿温。从节省燃料、提高生产率来看,宜选择熔点低的炉渣。但熔点太低(比如不到1000℃)的炉渣,即使保证了最理想的燃烧条件,也只能加速熔化过程,而不能使炉温达到所要求的温度。当然,在满足了熔炼要求的前提下,不要选熔点太高的炉渣,因为这必然提高燃料的消耗或降低床能率。(4)炉渣的密度要小,容易浮于合金与冰铜表面上,易于分层,金属回收好。

根据上述要求,生产上只能选择 FeO—CaO—SiO_2 元系炉渣。它们对炉渣的影响是这样的:SiO_2(石英砂)能减少炉渣的密度,但会提高渣的熔点和黏度;CaO(石灰石)能降低炉渣黏度和密度,但不可过多,否则会使炉渣熔点急剧升高;FeO(铁矿石)的作用与 SiO_2 正好相反,能减少渣的熔点和黏度,但会提高炉渣的密度。当然,其他成分对炉渣也有影响,如 Al_2O_3 与 ZnO 可形成难熔的锌尖晶石($ZnO \cdot Al_2O_3$);加入少量萤石(CaF_2)能大大降低炉渣黏度,但总量超过炉渣总量的3%则黏度反而增加。

在选择渣型时,最根本的一条原则就是渣中含金属量最低。对铅锑鼓风炉来说,渣含金属量应在3%以下,其中0.5% ~1% Pb、1.5% ~2% Sb。推荐渣型为:25% ~26% SiO_2、17% ~18% CaO、37% ~38% FeO。其硅酸度在1.03左右,基本上属于中性渣。(硅酸度是炉渣中 SiO_2 含氧量与碱性氧化物总含氧量的比值。计算式为:$K = w(O_{SiO_2})/\sum w(O_{MeO})$)。

5.3.3　影响炉内气流分布的几个因素

鼓风炉熔炼时,烧结块和作为燃料及还原剂的焦炭从炉顶加入,风口区产生的热气流上升,加热炉料并使炉料进行还原反应,同时形成炉渣。炉料中的造渣成分在下降的过程中逐步熔化造渣。而焦炭则集中于风口区燃烧:

$$C + O_2 \longrightarrow CO_2 + Q$$

CO_2 气体上升与赤热的焦炭反应生成 CO:

$$C + CO_2 \longrightarrow 2CO - Q$$

燃烧产生的热量被炉气带走保证炉料的加热和还原造渣。炉气中的 CO 使金属氧化物还原为金属。由此可见,只有气流分布均匀,炉料的受热才会一致,否则就会出现“偏边”或“黑心”现象。炉内气流的分布与以下几个因素有关。

5.3.3.1　炉料的块度

炉料(主要是烧结块)块度大,则总的表面积小,受热和反应的面积也小,反应速度难以提高。同时块度过大,还有可能因在上部形成架桥现象而妨碍炉料下行,造成跑风现象。但炉料块度太小又会因料层太过紧密而使气流上升阻力太大。烧结块的块度一般以4 ~15cm为宜,多数工厂使用的烧结块块度为5 ~12cm,小于2cm的不宜入炉。焦率的波动范围为8% ~12%,焦炭的块度常规定为4 ~10cm 。孔隙度约50%,相应的抗压强度为54.92 ~68.65MPa。

5.3.3.2 鼓风量

鼓入炉中的风量必须适当,鼓风量小,则焦炭只在炉子两侧强烈地进行,中央部分与两侧的温度相差很大,中央区域熔炼过程迟缓,而熔炼产物的过热程度达不到要求。鼓入的风量太大,则会引起部分燃料熄灭,破坏焦炭表面的热平衡。鼓风量主要根据熔炼过程的耗氧量而定。铅锑鼓风炉生产处理烧结块 50 ~ 55t/m^2 · d,焦比 13% ~ 15%,这部分焦炭按 50% ~ 55% 燃烧成 CO,45% ~ 50% 燃烧成 CO_2 计算氧气需要量,将氧气需要量乘以 4.76(按空气中含氧 21% 计算)即得理论空气需要量。在实际供风时,还要将这一数字乘以一个空气过量系数(一般在 0.95 ~ 1.15 之间),才得到实际空气需要量。在选择风机时,鼓风机的供风能力应该比计算风量大30% ~ 50%。

在生产实践中,应不断观察炉内情况,总结经验,针对具体炉况正确供风。

5.3.3.3 加料制度

加料是一层焦炭一层烧结块,分批加入。由于焦炭密度小,烧结块密度大,入炉后易于向炉内两侧滚动,如果同时加入,就会造成炉内两侧以烧结块为主,中央以焦炭为主的情况。为了使炉料在炉内均匀分布,加料时应注意以下几点:(1)焦炭不要混入烧结块中入炉;(2)每批料量应以相应的焦炭量能铺满炉子断面为准;(3)按时加料,均匀布料。

5.3.3.4 入炉料的强度

由于鼓风炉内料柱造成的压力较大,原料入炉后有可能在料柱压力下破裂而妨碍透气,所以对炉料的一个要求就是强度要足够大,而从提高熔炼反应速度方面来说,又要求烧结块疏松多孔,这二者是矛盾的。一般说来铅锑烧结块的强度因含铅量的局限而不能与铅烧结块相比,生产上只要 12 ~ 15cm 块度的烧结块从 2m 处自由落下时不破裂便算合格。

对焦炭的质量要求,除了强度、块度要求之外,还要求着火温度要高,宜在700℃以上,以免在预备区就大量燃烧。灰分也不可太多,灰分入渣会增大金属在炉渣中的损失。鼓风炉使用的焦炭强度应不小于 9.8MPa,灰分为 14% ~ 15%。

5.3.3.5 料柱高度

送入鼓风炉的空气必须克服料层阻力,并使气流从料面排出时具有适当的速度。料柱高度大,可以有效地利用炉气中的热量来加热炉料,增大还原区,增强还原造渣能力。特点是"一高四低",即焦率高,床能率、烟尘率、料面温度(100 ~ 200℃)和渣含铅量都较低,同时还可减轻炉气冷却系统的压力。但料柱高度大也会增大炉内气流阻力,强度不大的炉料在高料柱操作时也易破碎,影响炉气与炉料之间的热交换,反过来延缓了还原造渣。低料柱操作则正好相反,"四高一低",即床能率、烟尘率、料面温度(300 ~ 500℃)和渣含铅量都较高,焦率较低。在铅锑鼓风炉熔炼中,在确保炉顶不冒火,不发红之后,还要适当加高料柱。只要风口区风压合适(约 9 ~ 16kPa),料柱高是好的。

5.4 铅锑鼓风炉的操作

5.4.1 开炉

新建或大修过的炉子,开炉前必须对整个炉子进行周密的检查,严格检查炉子易损坏的各个部分及附属设备。测试供水、供风、抽风系统。备足开炉所需的物料，一切工具包括渣车、钢钎、锭模、冰铜包、合金瓢、渣扒、渣钩等都要准备好。准备好之后，便可开始烘炉。首先用木柴小火烘烤，使水分逐渐蒸发；之后可加大火力，逐渐提高温度，并让水套的水循环，继续烘烤；最后用焦炭加热到炉缸和虹吸道发红为止。烘炉时决不可升温太急，否则砖砌缝会开裂而漏入合金使炉缸损坏。用木材烘烤期间，要勤除灰，以免因灰分积累阻碍热向炉缸壁的传递。扒灰要拆开安全口，从安全口扒出。烘烤结束后再封实安全口。如果炉子是停炉后重开，则用2个班至1天时间烘烤即可开炉，但一定要保证虹吸道发红。

炉子烘烤完成后，再次检查冷却水是否正常，淬渣水供水通道是否畅通。一切正常后扒尽炉灰，封好安全口，然后开炉：(1)虹吸道的底合金备用排出口用焦粉及耐火泥封好；(2)虹吸道插入钢钎，继续烧木材，柴灰让其顺钢钎进入虹吸道；(3)渣口插大钢钎，渣口小前床处烧木柴；(4)从炉顶加入木柴，木柴以直径10～15cm为好，视炉缸宽度锯好木柴，不宜过长，以免架空。木柴加至风口以上1m处，引燃后加入1～2斗车焦炭；(5)开鼓风机，以小风助燃，然后启动抽风机引风；(6)焦炭燃着后，即可加入块度较大的底焦数车。底焦的数量应保证能在风口处形成30cm的焦炭层；(7)注意观察炉顶冒火情况，如温度太高，则应打开烟道沉降斗底板，放入冷风降温；(8)加入最后一层木柴，然后加入底合金。底合金的加入量为熔化后的体积相当于炉缸容积的1.2～1.3倍。

当炉缸充满底合金后，再装入一层焦炭，鼓入空气使焦炭很好地燃烧，然后停风，装入本料(烧结块)并重新鼓风。头几批开炉料是渣料，如有原来停炉时打下来的返料，可先投返料，以后逐渐改为烧结块，按一层焦炭一层烧结块依次加入。风机正式鼓风，并关闭沉降斗底板，将炉料迅速加到预定料柱高度。加入几批渣料后，注意从风口处观察，并用钢钎从风口探查炉内熔渣是否已经产生。如果风口下方出现炉渣，即打开淬渣水阀门，拔出渣口钢钎放渣。如果放出的渣中混有合金，则应从虹吸口放合金。开炉操作中应注意照应水套内水的循环情况，防止过热。

5.4.2 正常作业

正常作业包括：装料操作、风口管理、水套照应和熔炼产物的放出操作等。做到料面、水温、风压、渣面、合金面五个稳定和黏渣的及时排除，是鼓风炉正常作业必不可少的重要条件。

5.4.2.1 装料操作

炉料是分批加入的，每批炉料的数量取决于炉子的大小和生产率、炉料运输方式、熔炼特性以及其他一些因素。进料顺序一般为：焦炭—返渣—烧结块。加料时要求大块的炉料聚于炉内中央，而小块则分布在两侧，这样才能使鼓风的分布和炉气上升均匀。因为风口在侧壁的下面，风力较强，鼓入的风常有沿着侧壁上升的倾向。如果大块炉料集中在两侧，而小块分配在中央，其阻力较大，则使鼓入的风集中在两侧，不能到达炉子中央区域，使炉况恶化。所以加料人员要随时观察料面情况，如发现料面跑空气、上火或降料速度不均匀时，应在降料快、上火跑空气的地方多加料，若发现有不降料的地方，可用长钎探查是否产生了炉结或是棚料。棚料可用钢钎把它凿松，如果炉结严重，则应采取停风打炉结的措施。

5.4.2.2 风口管理

风口是鼓风炉下部唯一能够直接观察炉内状况的地方。风口管理的好坏，不仅直接影响燃料燃烧的好坏,而且影响整个炉况的正常与否。生产中应当经常保持每一个风口的畅通。正常风口的标志是:暗淡的渣幕中有均匀的或网状的光点,捅打风口时感觉不硬。如果炉况不正常,则风口呈暗红色甚至全部发黑,捅打时感到风口发硬。一旦出现这种情况,就应及时处理。处理办法是:临时或定期捅打风口,使鼓风能够到达炉子中心区域。同时控制风压和风量在规定的范围内,不能忽高忽低。如果发现有上渣现象,应立即检查并及时放渣。

5.4.2.3 冷却水套的照应

照应冷却水套主要是控制水套的进出口水温。进水温度为20℃左右,排水温度为60～80℃且保持稳定。水套内温度过高,会产生水蒸气,使冷却水无法进入水套内,久而久之,水套内就会因缺水而面临烧穿的危险。水温过低,则附着在水套内壁上的渣壳增厚,容易促进炉结的生长。出水温度在很大程度上决定于冷却水的循环流量,因此可以通过调节阀门很方便地控制出水温度,即出水温度过高则加大进水量,反之则减少进水量。

5.4.2.4 虹吸道排放合金

大型鼓风炉一般是从虹吸道连续放出金属。目前熔炼铅锑的鼓风炉大多是中小型炉子,采取定期放出合金的办法。虹吸是根据连通器原理,使炉缸内的金属面与虹吸井内的金属液面保持平衡。由于炉缸内合金表面受到鼓风的压力和炉渣、冰铜等造成的压力,其表面必然低于虹吸道(井)的金属面。虹吸井内的合金面高度取决于出合金的坝口(俗称合金坝)高度。坝口高度过低,则炉缸内合金液面也低,铅冰铜、黄渣及熔渣的一部分不能及时放出而停留在炉缸内形成炉结,甚至使冰铜进入虹吸而造成堵塞;坝口过高,又会使炉内熔渣与合金分离时间不足和放渣时一部分合金随渣流出。所以对一个新炉子,操作者一定要精心观察,确定和掌握正确的坝口高度。一般控制虹吸坝高度比咽喉口渣坝高度低50～150mm,但比咽喉口底部高出50～100mm。

特别值得注意的是铅锑合金的熔点比粗铅熔点要高,虹吸道处一定要保持柴火烧烤,以免冻结。正常运转时,合金坝面比炉缸排渣口底部高5～6cm。虹吸道钢钎只可摇动,不要经常拔出。

目前各厂鼓风炉产出的粗合金都是先铸锭,然后送去吹炼。为加速冷却,不少工厂使用了水冷。用来铸锭的模具(合金包)内一定要保持干燥,否则包内的水在碰到赤热的合金时,会急剧汽化使合金飞溅伤人。

5.4.2.5 渣口出渣

炉渣由渣口连续放出水淬。由于炉内情况或炉料变化 ,有时会出黏稠炉渣,黏渣会在渣口顶部结壳而影响出渣,这时一定要不断清除冷凝结块,保证炉渣畅通流出。为了造成渣封,一般采用具有水套式钢制挡板的溢流渣槽,也可用泥堰代替挡板。改变挡板高度,可以调节炉缸内渣层的厚度。如果渣坝筑得很高,则炉缸内渣层厚,熔炼产物沉淀分离好,渣中机械夹杂的合金少。但也会因渣层厚、压力大而降低炉缸内合金液面,使冰铜有进入合金虹吸道的可能,还容易引起风口上渣,炉况恶化。渣坝低了则炉缸内渣层变薄,渣含合金升高,渣口喷火等。所以操作者应适时调整渣坝高度。

刚开炉时,可先采用低渣坝,渣坝面与炉缸出渣口顶部相平。用钢扦捅动渣口,大量渣涌出后,说明熔炼已经正常。此时风机降低风量,渣坝处加高一块砖,然后恢复风量。正常时,渣坝面比风中心线低6～8cm(风口中心线至炉缸出渣口底面线42～46cm)。

5.4.2.6 放冰铜

冰铜的多少取决于烧结块中的含硫量,一般是每班或每天排冰铜一次。如果放出来的渣遇水即炸,则说明冰铜界面已到渣坝上方,此时应打通冰铜口放冰铜。冰铜窝(包)应干燥无水以防冰铜放炮。放完冰铜后用黄泥扎实冰铜口。

为了创造正常的操作条件,在熔炼中,应经常测定风压、风量及料面气体温度;定期分析料面气体成分;经常检定熔炼产物中铅、锑、铜、锌的分布情况及炉渣成分;定期测定熔炼产物的温度。

5.4.3 停炉操作

鼓风炉的停炉分暂时停炉(故障停炉)和计划停炉(正常停炉)两种情况。前者主要是由于炉料供应不上、停水停电或突然发生设备故障或处理炉结等原因造成,可分为有准备临时停炉和无准备临时停炉两种。而正常停炉是指炉期结束时,为了对炉子进行维修实施的停炉,它需要将炉内的所有物料(包括底合金)全部放出,以便为下次开炉做准备。

5.4.3.1 有准备的临时停炉

停炉前,停止进料,尽量将料面降低。待料面降到所需高度时,从放冰铜口排尽黏渣,然后停止鼓风,停止供水,打开放风阀,关闭进风阀,同时将炉子两边的风口大盖各打开3~4个以防炉气回入风管引起爆炸。再在料面上加入1~1.5t的焦炭进行保温。将冰铜口堵死,将一根钢钎插入咽喉口并用黄泥封死,虹吸口用木柴保温。恢复开炉时,先开冷却水,投入3~4批焦炭后再开风机,然后再按正常操作进行。

5.4.3.2 无准备的临时停炉

突然发生停风、停电等故障时,由于事前无准备,故停炉时应迅速打开几个风口大盖,以防大范围的风口上渣。同时打开放风阀,关闭进风阀,以防回风引起爆炸,然后停止冷却水的供应。再在料面上加入1~1.5t的焦炭进行保温。将冰铜口堵死,将一根钢钎插入咽喉口并用黄泥封死,虹吸口用木柴保温。恢复开炉时,先开冷却水,再开风机,从放冰铜口排尽黏渣,然后再按正常操作进行。

5.4.3.3 计划停炉

为了对炉子进行维修实施的计划停炉,往往要求将炉内全部物料清理干净,便于修筑炉体,故停炉时间比较长。因此正常停炉前应尽量降低料面,即首先停止进烧结块,加入几批返渣洗炉,待料面降到最低位置后,从放冰铜口排尽黏渣,然后停止鼓风,停止供水,打开放风阀,关闭进风阀,同时将炉子两边的风口大盖各打开3~4个以防炉气回入风管引起爆炸。再将放底合金口附近清理干净,用氧气烧开放底合金口,放空底合金。最后卸下水套,待炉温降低后,凿去炉结,再清理炉壁和炉缸,并进行修理。

5.5 鼓风炉正常作业的判断及故障的处理

在生产中由于各方面的原因,不可避免地会出现各种故障。为了保障生产的顺利进行,必须及时发现问题,找出发生故障的原因,并采取必要、正确、有力的措施迅速排除。因此生产一线的工作人员必须熟悉鼓风炉正常作业的特点,掌握常见故障的处理方法。

5.5.1 鼓风炉正常作业的判断

为了判断鼓风炉熔炼作业的状况,必须在可能观察到的地方严加注意,根据观察到的现象进行综合分析,正确判断炉况及时采取措施,保证熔炼作业的顺利进行。

(1) 炉顶。观察料面下降和料面气体上升情况,如料面下降和料面气体上升是沿着整个料面均匀进行的,并且炉气呈暗红色说明作业正常;反之,如料面下降和料面气体上升不均匀,说明炉壁已长炉结或有挂料现象,应及时清理炉结,处理挂料;如炉顶有火焰外冒,则说明料柱过低,应及时下料。

(2) 冷却水温。如果炉况正常,水套出水温度波动不大。反之,如水套出水温度波动异常,则说明炉内温度极不正常,须多处观察,找出主要原因,采取有效措施解决。

(3) 风口。用钢钎捅风口时,无发黏发硬现象,不用锤打即可捅到炉子中心;从风口大盖窥视,看到呈帘状或网状,并有光辉点,表明作业正常。如果风口发黑,用钢钎捅时发硬,需用锤子打才能打到中心,说明风口区炉结较为严重,炉况不正常。

(4) 虹吸口。不堵塞,浮渣不多,合金液面发红显示温度较高,采用降压检查时,合金液面波动灵活,说明虹吸正常。反之,合金液变暗,且流量变小,采用降压检查时,液面不波动或波动很小,往往说明虹吸道被铜浮渣堵塞,或是炉缸出现炉结和隔层。

(5) 咽喉口。正常作业时,渣温高,流动性好,不喷风,不堵塞。除此之外,还可以根据炉渣的以下特征进行判断:1)渣温高,凝结快,渣硬而脆,用钢钎接渣时,渣壳表面呈灰色,且有稠密的皱纹或疙瘩出现。渣在钎上结壳厚,敲脱后钎子上表面呈黄色,说明渣中含氧化钙偏高;2)渣温低,流动性好,用钢钎接渣观察时,渣壳表面有细小皱纹,渣在钎上结壳薄,崩裂时从钢钎的中间,分成两半并向两边裂开,渣硬呈黑灰色,说明此时的渣含铁偏高; 3)渣温低,色红发黏,咽喉眼大,渣不易冷凝,用钢钎接渣观察时,有拉丝现象,凝固后表面呈灰色,明亮发光,表面有小气泡,不崩裂,没有皱纹,断面呈玻璃状,有时还带金属颗粒,说明此时渣中二氧化硅含量偏高。

(6) 还原能力的判断。还原能力适当的特征为:1)炉顶有微弱上火现象;2)用钢钎捅风口时,能带出少量的焦炭块,钎上无粘渣;从风口大盖窥视,看到呈帘状或网状,并有光辉点;3)熔体温度高,炉况正常。还原能力不足的特征是:1)熔化速度明显加快;2)风口发硬,有时发红、发黑;3)用钢钎接渣检察时,渣表面有发亮现象。还原能力过强的特征是:1)焦点区上移,炉顶上火,料面下降减慢;2)风口发亮,用钢钎捅时钎子上附有一层含铅高的熔融物;3)虹吸浮渣多,咽喉口冰铜多。

(7) 炉内是否有粘渣的判断。炉内有粘渣的特征:1)渣流变黏,咽喉眼缩小,流量变小;2)渣流冒黄绿色火苗,易凝结。用钢钎接渣观察时,表面呈泡沫状,断面上夹有冰铜;3)风口发暗,炉内渣层上升;4)用钢钎插入咽喉口,然后迅速抽出,钢钎表面呈两节厚度不同的粘附物,并且冷凝时,插入端头温度降得慢,其粘附物长而厚。

综上所述,炉状正常的表现是:(1)高料柱熔炼时料面不现明火,气体温度不高;(2)炉料沿炉子整个水平面均匀下降;(3)炉结少,无悬料,炉气均匀上升,水套出水温度稳定;(4)炉前风压稳定;(5)风口呈帘状或网状,并露出光点;(6)流出的渣流动性好,渣中铅锑含量低,放出的粗合金温度高。

5.5.2 鼓风炉常见故障的处理

鼓风炉在生产过程中主要的故障是炉结的形成,其次是风口发黑及上渣、放渣口及虹吸道堵塞和水套漏水等。

5.5.2.1 炉顶故障及处理方法

炉顶故障及处理方法如下:

（1）炉顶上燃。其产生原因主要是：1）料柱过低，使炉气上升的阻力减小，炉气上升速度加快，大量的一氧化碳来不及同炉料作用，便逸到料面燃烧；2）由于料柱过低，炉顶温度过高，锌在料面上燃烧；3）鼓风压力过高，焦率过高或块度过小，造成焦点区上移；4）炉内炉结，料面下降程度不一，引起料层薄的地方炉气上燃。其处理方法是：提高料柱，调整焦率，增大焦炭块度，调节好风压，及时消除炉结等。

（2）料面跑空风。产生原因：1）炉料块度相差悬殊，造成大块集中处阻力小，易跑空风；2）炉结严重，造成炉子横截面小，炉气集中，空气上升速度加快，易跑空风；3）鼓风压力过高，碎粉料被吹走形成空洞，易跑空风。其处理方法是：改进炉料块度结构，使之符合要求；及时清除炉结；调节鼓风压力。

（3）熔料速度慢。产生原因：1）物料块度过小或强度过低，进入炉子后被压成粉料或成炉结，造成透气性不良，影响降料速度；2）风口送风不好，或有部分风口已被堵塞；3）焦率过低，造成炉温不高，影响下料速度；4）渣型选择不当，熔点太高，炉料熔化速度慢；5）焦率过高，使焦点区上移，使风口区温度下降，影响熔化速度。其处理方法是：增大炉料块度和强度；加强风口操作，保证顺利送风；调整合适的焦率；调整渣型。

5.5.2.2　风口故障及处理方法

风口故障及处理方法如下：

（1）风口发黑、发硬。产生原因：1）焦率过低，炉温低，造成风口发暗、发黑、发硬；2）焦率过高，焦点区上移，风口区温度低，造成风口发暗、发黑、发硬；3）水套温度太低，风口区温度低，造成风口发暗、发黑、发硬；4）风口上方长炉结，风口区出现空洞，造成风口发暗、发黑、发硬；5）碎料太多，炉内透气性差，或因炉中心焦炭量少，炉中心温度低，造成风口发暗、发黑、发硬。

处理方法：调整焦率，以提高炉温和风口区温度；减少冷却水进水量，提高水套温度；炉料必须均匀，特别是焦炭，要在整个炉子水平断面上均匀铺开；防止粉料、碎料入炉；对严重的暗、黑或“死”风口，暂时停止送风或送小风，使风口附近的冷凝物熔化后再正常送风。

（2）风口发亮、发黏。产生原因：主要是焦率过高，风焦比失调，还原能力过强引起。

处理方法：降低焦率，调节合适的风焦比。

（3）风口上渣。产生原因：1）咽喉堵塞，未及时处理或处理时间过长；2）虹吸堵塞或炉缸内长隔层，使炉内液面升高；3）突然停风，造成风压猛降，炉缸内液回升；4）停风前未将粘渣排干净；5）渣坝过高。

处理方法：发现风口上渣，应及时将冷凝物排除保证风口畅通：突然停风时，应迅速打开几个风口大盖，使熔渣排出，以防风口全部上渣；稳定风压操作，以防因炉内压力过高，使风机跳闸；加强对咽喉口和虹吸口的管理，发现堵塞，迅速处理；计划停风必须将炉内粘渣排尽；当有上渣迹象时，不许降风压，更不许停风，应马上找出故障原因，及时处理；如果风口全部堵死，可设法间隔打开几个风口，死风口不送风，活风口送风，使附近的冷凝物熔化后，再打通死风口送风。

5.5.2.3　咽喉口故障及处理方法

咽喉口故障一般是凝结，致使咽喉口缩小不畅通甚至堵塞。其产生原因有：（1）渣中含氧化钙过高，熔渣易凝结；（2）炉料含锌过高，若烧结块脱硫不好则易生成大量的硫化锌进入渣中，炉渣发黏堵塞；（3）渣中含二氧化硅过高，炉渣流动性不好易发黏堵塞；（4）炉温低或风口区温度低，熔渣过热不好而凝结；（5）虹吸坝太低或渣坝太高，炉缸内高熔点熔体无法排出，停留过久，温度下降，造成咽喉堵塞；（6）产生的砷冰铜排除不及时，在咽喉口处冷凝。

处理方法:可试用烧红的钢钎快速插入以击碎凝结物达到疏通目的。注意动作要快,千万不可用冷钎子,否则会因钎子的冷却作用而进一步结死,钎子拖不出。如果热钎子无法疏通,则应用氧管烧通。其他处理措施包括:垫高虹吸坝,提高炉缸内合金面,使粘渣排出;降低咽喉坝以减少熔渣在炉内的停留时间,并及时排放粘渣;及时排放冰铜;调整合适的渣型。

5.5.2.4 虹吸故障及排除方法

虹吸常见的故障是虹吸道缩小,不畅通或堵塞。其产生原因:(1)烧结块含铜高,浮渣多,在虹吸道析出凝结;(2)炉料含铅锑品位低,炉缸内的合金液循环量小,热量收入不足,温度下降,铅液中的铜凝结;(3)由于在炉缸内形成隔层,合金液进不了炉缸,虹吸道温度降低而凝结;(4)铅坝太低,炉内存合金液太少,温度低,浮渣堵塞虹吸口。

处理方法:用钢钎勤捅虹吸道,确保畅通,或者在虹吸道一直插钢钎,作业时不时摇动钢钎,让沉积的少量铁被合金液带出;用氧气将虹吸道内的凝结物烧熔;提高合金坝;炉缸长横隔膜时,用氧气从咽喉口、虹吸口等处烧通,并从炉顶加入返渣、粗合金或吹熔渣、银炉渣等进行清洗。如果堵塞是因冰铜进入而造成,也可加入几块粗合金(粗铅更好)以抬高合金液面,挤开已下降的冰铜,但一定要先打通虹吸道。

5.5.2.5 炉结的生成及其处理

炉结的生成是鼓风炉最常见的故障,必须有计划、有准备地临时停炉进行处理。炉结生长的部位不同而分为上部炉结、风口区炉结和炉缸炉结。

(1) 上部炉结,又称顶结。其产生原因有:1)碎料及粉料太多,在炉身上部熔化后粘附于炉壁,冷凝后形成上部炉结;2)炉料熔点过低,在上部过早熔化,熔融物在炉壁冷凝而形成上部炉结;3)焦点区上移,炉顶温度过高,部分炉料在上部过早熔化而形成炉结。

处理方法:提高烧结块的质量和强度,消除炉料中的粉料、碎料;调整渣型,提高炉料的熔点;调整风焦比,防止焦点区上移;用返渣或其他返料洗炉,使炉结熔化;降低料面,停止鼓风,用长钢钎捅打炉结。

(2) 风口上部炉结。产生原因:1)由于烧结块焙烧不良,残硫高,铅、锌、锑的硫化物在风口区呈半熔融状态,粘附于水套壁上而形成炉结;2)焦点区上移,风口区炉温低,以硫化锌为主体的半熔融物在风口区凝结而形成炉结;3)无准备的长时间停风,使半熔融物在风口区冷却凝结;4)水套水温太低,靠近水套壁的熔化物冷却而形成炉结;5)虹吸口堵塞后,处理不及时,致使熔解在粗合金中的高熔点金属如铜等析出浮于粗合金表面,在风口区形成炉结。

处理方法:提高烧结质量,降低烧结块的残硫量;发现烧结块中的残硫高,应采取低料柱操作,以提高炉子的脱硫能力;加入返渣或其他返料清洗炉结;提高水套温度;适当提高焦率,以提高炉温;及时清理虹吸口使之畅通;停止因炉结造成的暗风口送风或送小风,待炉结熔化后再正常送风。

(3) 炉缸炉结。产生原因:1)由于烧结块残硫高,大量的硫化锌在炉缸壁凝结;2)炉内还原能力过强,渣中钙太高,易使金属铁析出并在炉缸内形成炉结;3)炉料含铜高,温度降低后在炉缸内析出而形成横隔膜;4)炉缸合金液少,热交换差,高熔点的化合物凝结形成炉缸炉结;5)停风时间过长,次数过多,炉缸温度下降而形成炉缸炉结。

处理方法:加入返渣及低铜炉料,提高炉温,促使炉结熔化;控制烧结块中的残硫量和含铜量;改变风焦比,控制好还原气氛;增大风压,提高处理量,加快粗合金循环量;加入黄铁矿,使炉结熔化;从咽喉口烧氧气使横隔膜烧通;减少停风次数。

产生炉结的原因很多,但主要有以下几种可能:(1)炉料成分不正确,生成高熔点渣;(2)炉料分布不均匀,部分地方热流无法通过;(3)加料不正确,炉顶冒火,烟尘结于上部水套;(4)焦炭不够。因此一旦出现炉结,应区分不同情况,具体分析,对症下药予以解决。但有一个共同的应急措施是:(1)试用长钎从炉顶送入打通;(2)加入 200kg 焦炭洗炉。一般轻微炉结经洗炉即可解决。

5.5.2.6　水套故障及处理

循环水不足或中断,将烧坏水套并威胁鼓风炉的生产和安全。其原因有突然停电或水泵故障、水管堵塞或漏水、供水系统水压不够或中断等。水套烧坏漏水属较大事故。遇此情况应立即找出坏漏水套,立即停风,封闭风口,放出炉渣,迅速取下坏水套,换上好水套,几小时后即可恢复作业。

5.6　铅锑焙砂的压团熔炼

5.6.1　铅锑焙砂的制团

由于铅锑复合矿烧结焙烧过程中得到的合格块料十分有限,大量的返粉在流程中不断循环,造成生产效率低下,而采用烧结机烧结工艺技术又尚不成熟。因此,有的工厂不再采用烧结焙烧的方法造块,而是开始尝试把经沸腾焙烧获得的焙砂制成团矿,然后直接送鼓风炉熔炼。

由于熔炼过程是在高达十多米的鼓风炉中进行的,炉料与炉气逆向在其中运动,故要求炉料在高温下有足够的机械强度与良好的透气性,以改善炉内的传热及气流的扩散与流动。因此,要求团矿必须具有较好的抛高强度、一定的耐压强度和一定的热稳定性。实践表明,要制取完全适应和满足上述要求的团矿,主要取决于制团原料的选择和制团的工艺技术。具体地说,影响团矿质量好坏的因素包括:炉料表面物理性质及粒度组成,黏合剂性质及用量,混料均匀程度及含水量,制团压力,加压时间,团矿厚度及密度,干燥及碳酸化的时间等。

5.6.1.1　配料与混合

配料应根据各矿区精矿的性质和供应情况,按一定比例搭配使用。配料时,需加入一定数量的黏结剂和水分以提高团矿强度,并配入一定量的熔剂以保证鼓风炉熔炼时获得预定的渣型及良好的指标。

制团时黏合剂的加入,是为增加团矿内部各物料颗粒间的粘结力,以提高团矿的机械强度。可作黏合剂的物料很多,如亚硫酸纸浆废液、水泥、水玻璃、沥青、熟石灰、甘蔗渣、黏土等。生产实践证明,熟石灰具有良好的粘合能力。当生团矿干燥时,团矿中的 $Ca(OH)_2$ 吸收空气中的 CO_2 而碳酸化:

$$Ca(OH)_2 + CO_2 = CaCO_3 + H_2O$$

产生的 $CaCO_3$ 微晶,在团矿内部起着骨架的作用,而进一步提高了团矿的强度。烟煤可增加压团物料的可塑性和降低团矿密度,从而使团矿的抛高强度增加。同时,还减少了鼓风炉熔炼时焦炭的消耗和有利于碳对氧化铅的还原。烟煤也可用焦粉或无烟煤代替。

炉料混合可采用一段或多段混合法,其目的是使炉料的物理和化学的成分均匀。

5.6.1.2　炉料的碾压

根据制团物料的性质与对团矿的要求不同,工业上有几种不同类型的制团机。在铅锑冶炼厂中,一般采用生产能力高的低压辊式制团机。它是利用一对刻有凹模的辊子逆向转动,将粉状物料夹入并压成团矿。

对一定物料而言,团矿的强度一般与其密度成正比。为提高团矿的强度,必须提高团矿的密度,也就是要提高夹入制团物料的密度。所以炉料在制团前,需要用轮转式轮碾机经过两次碾压。碾压能使炉料的粘结能力和可塑性增加,黏合剂和水分均匀而紧密地与精矿表面接触,以及炉料各种粒级之间能紧密相互填充,使炉料的密度增大。

5.6.1.3 压密和制团

压密与制团这两个过程,不仅其实质相同,而且工艺与设备也相似,故压密和制团可以认为是两段制团过程。经过碾磨的混合料先用对辊式压密机预压成小密球,然后经对辊式制团机压成团矿。压成的湿团矿表面应光滑致密,并具有较大的机械强度。为解决辊式压团机所产团矿的厚度(大小)与强度的矛盾,以满足鼓风炉熔炼的要求,在压团前一般要经过两次压密,即先将碾压过的物料压成较小的(35mm×35mm×20mm)团块,其表面和中心的强度及密度相差较小,在压团时便可得到大(100mm× 75mm× 50mm)而坚实的团矿。

为了提高团矿的强度,可采用增大物料的原始密度,增大压团机辊子的直径;减少压模深度和压辊辊面间的空隙;增加压制过程的时间等方法。

5.6.1.4 团矿的干燥及碳酸化

干燥和碳酸化是提高团矿强度的一种手段。干燥可用自然干燥或人工干燥。自然干燥约需3~7天。人工干燥应适当控制其干燥速度,使团矿不至龟裂而降低强度。

碳酸化过程的速度决定于 CO_2 向团矿中心的扩散速度,而扩散速度又取决于气流中 CO_2 的浓度及压力。在大气中自然碳酸化需要很长时间,但目前也还没有较好的人工碳酸化方法。

5.6.2 铅锑团矿的还原熔炼

铅锑焙烧矿团矿中的铅和锑主要是以氧化物形态存在,这种物料的熔炼与烧结块的铅锑还原熔炼基本相同。即炉料在还原过程中由上向下移动时,随炉内高度不同,炉气成分和发生的反应也有所不同。

焙烧矿冷压团还原熔炼的主要特点是:(1)将碳酸化后的团矿与造渣熔剂及焦炭按一定比例加入炉内,经过预热、干燥。当物料被加热到100~400℃,由于水分的吸热蒸发,可使料面温度降低,从而减少了铅锑的挥发损失;(2)铅锑团矿熔炼,新的液态初渣的形成是在团矿熔化的过程中,因而入炉团矿的强度较低;(3)焦率较低。因为在制团时已配入一定量的无烟煤,在熔炼时可节约昂贵的冶金焦。

5.7 铅锑鼓风炉的主要技术经济指标

技术经济指标是衡量作业好坏的标准,其好坏在一定程度上体现了熔炼效益。其主要的技术经济指标如下:

(1) 床能力,即单位炉床面积在一昼夜内熔炼的炉料量。炉床面积一般是指风口区水平截面积。铅锑鼓风炉的床能力按烧结块计为50~60t/(m^2·d)。

(2) 焦率,即投入的焦炭质量与投入炉料质量的百分比值。用冶金焦为9%~12%,用水洗焦为13%~15%,用土焦炭为5%~18%。每吨合金消耗焦炭0.45~0.5t(含炉焦、底焦、洗炉焦)。

（3）金属直收率，即产出粗合金中的总金属量占烧结块中含铅锑总量的百分比。一般在85%左右，其中铅约为88%、锑约为83%。

（4）金属回收率。在铅锑烧结块的鼓风炉熔炼过程中，铅的回收率与烧结块的品位、操作制度以及渣金属量等许多因素有关。一般金属回收率为93% ~95%，其中铅约为93%、锑约为95%。

（5）渣含铅锑。铅锑在渣中的损失可分为化学损失、物理损失和机械夹杂损失三种。化学损失是由于炉料熔化过快，部分氧化铅、氧化锑来不及还原就进入炉渣中造成的损失；损失主要是铅的硫化物溶解于炉渣中造成的损失，其溶解度随炉渣温度的提高和含铁量的增大而增大。机械损失是渣含铅的主要原因，是由于铅锑合金液与炉渣分离不好而引起的。降低炉渣的黏度和密度、改善炉渣与合金熔体及铅冰铜的分离条件，是减少机械损失的重要措施。目前不少小厂的鼓风炉在没有电热前床的条件下，采取了一种简单易行的降低渣中金属含量的办法。其做法是：在一个较大的渣包（沉淀锅）中堆满木糠或锯木粉一类的物质，从鼓风炉排出的炉渣先流入沉淀锅中。炉渣的物理热将木质炭化，在沉淀锅内形成一个还原层，将渣中的铅锑进一步还原，并沉淀分离。合金及含金属较高的渣（俗称渣砣）留在锅底，其余渣仍从沉淀锅的另一边溢流出去进行水淬。这样产出的水淬渣成分为（%）：Pb 0.64、Sb 1.80、SiO_2 25.89、CaO 17.62、FeO 37.75。每吨合金产水淬渣 1.55t；每吨烧结块的渣率为 0.58t。

（6）烟尘率。烟尘的产出量约占炉料总质量的 0.8%左右。折合每吨合金产出烟尘 0.13t，烟尘中含铅约为26%、锑约为48% ~50%。这种烟尘不能直接进反射炉还原熔炼，只能返回配料烧结或送渣处理炉熔炼粗合金。

复习思考题

1. 鼓风炉还原熔炼的目的是什么？
2. 影响鼓风炉还原能力的因素有哪些？如何调节鼓风炉还原能力？
3. 鼓风炉的结构分为哪几个部分？
4. 用化学反应式表示金属氧化物还原熔炼的基本原理。
5. 烧结块中金属氧化物还原的速度与完全程度取决于哪些因素？
6. 分别阐述烧结块中金属氧化物在还原熔炼时，铅、锑、锌、铜、金、银的行为。
7. 铅锑鼓风炉中造渣成分主要有哪些？并分别简述对炉渣性质的影响。
8. 叙述鼓风炉有准备停炉的操作过程。
9. 如何判断鼓风炉的正常作业？
10. 绘出鼓风炉还原熔炼工艺流程图。
11. 鼓风炉还原熔炼对炉料和燃料有哪些要求？
12. 简述鼓风炉炉顶加料的顺序和注意事项。
13. 炉缸炉结产生的原因和处理方法是什么？
14. 阐述鼓风炉常见的故障有哪些，分别应如何处理？
15. 铅锑鼓风炉还原熔炼产物主要成分有哪些？并分别说出各成分大体含量指标。
16. 鼓风炉还原熔炼的主要技术条件和主要技术经济指标有哪些？

6　铅锑合金的吹炼

6.1　铅锑合金吹炼分离的原理

6.1.1　概述

从鼓风炉送来的合金，除了铅及锑以外，还含有 Cu、As、Bi、Ag 等，合金的成分如表 6－1 所示。这种合金由于含杂质太多，不能直接作为铅锑合金供工业上使用。必须加以分离，提取合乎工业使用要求的铅及锑等。

表 6－1　铅锑合金成分（%）

成分＼物料	一般铅锑粗合金	高铜粗合金	高锑粗合金
Pb	53～65	57～60	10～16
Sb	32～45	32～37	79～85
As	0.05～0.1	0.02～0.09	2.4～4.0
Cu	0.1～0.6	1.5～3.9	0.1～0.6
Bi	0.5～0.8	0.5～0.8	0.5～1.0
Sn	0.06～0.14		0.06～0.09
Zn	1.5～2.0		1.3～1.5
Ag	0.10～0.30	0.10～0.50	0.003～0.01

分离的方法是将铅锑合金置于反射炉中，待熔化之后，朝炉内鼓入空气，使合金液中的锑氧化成 Sb_2O_3 挥发进入烟尘，铅则留在反射炉中，称为底铅，银及铜等留在底铅中，这一过程称为吹炼。吹炼在铅锑复合矿的火法冶炼中已成为不可或缺的过程。不仅铅锑合金可以吹炼方式进行分离，粗锑也可通过反复吹炼—还原熔炼达到精炼目的。

吹炼得到的锑烟尘用反射炉还原熔炼成锑；底铅通过电解获得电铅，从电解阳极泥中回收银等，从而达到分离金属，分别提取的目的。

吹炼工序工艺流程如图 6－1 所示。

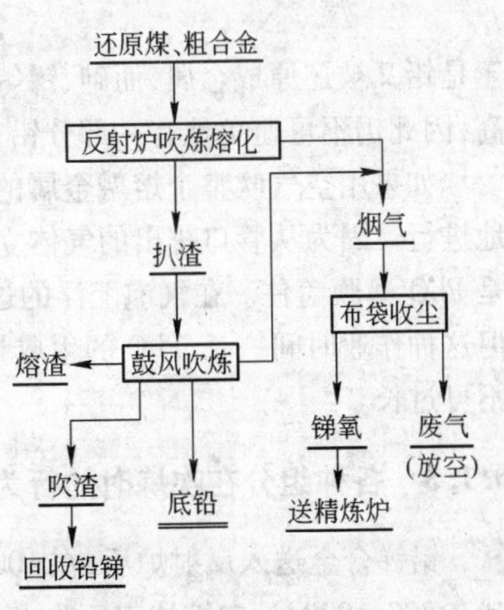

图 6－1　吹炼工序工艺流程图

6.1.2　铅锑合金吹炼分离的基本原理

由鼓风炉熔炼产出的铅锑合金，在反射炉中进行吹炼，熔体中的锑因与氧的亲和力大而优先氧化成三氧化二锑。三氧化二锑容易挥发进入烟气中，从而达到分离目的。合金中的几种主要成分的反应吉布斯自由焓变化数据如表 6－2 所示。

表 6-2　金属氧化反应的吉布斯自由焓变

反　应　式	ΔG/kJ · mol^{-1}			
	800℃	900℃	1000℃	1100℃
$Fe + 0.5O_2 \longequal FeO$	-387.2	-364.0	-354.0	-340.6
$Sn + O_2 \longequal SnO_2$	-353.1	-332.2	-310.9	-290.0
$2As + 1.5O_2 \longequal As_2O_3$	-291.6	-277.4	-262.8	-248.8
$2Sb + 1.5O_2 \longequal Sb_2O_3$	-279.9	-264.8	-294.4	-236.0
$Pb + 0.5O_2 \longequal PbO$	-230.9	-212.1	-195.0	-179.5
$2Cu + 0.5O_2 \longequal Cu_2O$	-178.7	-165.7	-152.3	-130.3

以自由焓变化量衡量化学反应进行的可能性的标准是,这个反应的自由焓变为负,则该反应可以进行,否则无法进行,而且反应的自由焓变负值越大,反应进行的趋势越大。从上表数据可以看出,铅锑合金中的铁、锡、砷、锑与氧反应的自由焓变化在任何温度下,都比铅反应的数值更负,也就是说,铁、锡、砷、锑在任何温度下,都比铅更易氧化。上述几种金属的氧化物在同一温度下的蒸气压大小依次为:砷 > 锑 > 锡 > 铅。当温度为 800℃时,As_2O_3 的蒸气压已超过 0.1MPa(1 个大气压),Sb_2O_3 将近 6.66kPa(50mmHg),SnO_2 本身的蒸气压虽然不大,但它在有液体锡存在时,则显著挥发(生成 SnO,800℃时蒸气压接近 100Pa),而此时 PbO 尚未形成蒸气逸出。可见在此温度下完全可以通过挥发分离铅锑。

在 800~900℃下,当空气自由流过熔池内的熔融金属表面时,砷、锑、锡因氧化而挥发,铁则氧化造渣。铅虽较难氧化,但由于合金中含铅很高,根据质量作用定律,仍会有部分铅被氧化,这些 PbO 不断地接触到铁、锡、砷、锑,特别是与锑接触更多,这时 PbO 与铁、锡、砷、锑发生氧化还原反应:

$$PbO + Me \longequal Pb + MeO$$

与锑的反应:

$$3PbO + 2Sb \longequal Sb_2O_3 + 3Pb$$

于是铅又被还原成金属,而砷、锑等则被挥发出去。不过在吹炼末期,由于熔体中含铅量已相当高,因此仍不可避免地有一部分铅也随之氧化挥发。

如果用空气吹整个熔融金属的熔体(比如将风管插入熔体中),则各种成分的氧化都会强烈地进行。因为从管口排出的气体立即被分散成气泡,这些气泡立即被各种金属氧化物薄膜,特别是 PbO 薄膜盖住。在气泡上浮的过程中 PbO 便将一路遇到的杂质氧化,而自身还原成金属铅。但这种作业时间一长,PbO 的生成量增多,进入烟尘也就在所难免,所以风管插入熔体中的时间不可过长。

6.1.3　各种组分在吹炼时的行为

铅锑合金送入反射炉后,在 1000~1100℃下熔化,扒去干渣(所谓合金渣及铁渣),将温度控制在 800~900℃,向熔体表面吹入空气。合金中各组分的行为分述如下。

6.1.3.1　铅的行为

铅是合金中含量最高的组分,在熔化过程中,铅便有部分氧化,吹炼时,铅也被吹入的空气氧化:

$$PbO + O_2 = 2PbO$$

如前所述，在800～850℃下，氧化铅的蒸气压很低，不会大量挥发逸出，而大部分又被熔体中的砷、锑、锡等杂质还原：

$$3PbO + 2As \longrightarrow As_2O_3 \uparrow + 3Pb$$

$$3PbO + 2Sb \longrightarrow Sb_2O_3 \uparrow + 3Pb$$

$$2PbO + Sn \longrightarrow SnO_2 + 2Pb$$

部分氧化铅则与砷、锑反应生成亚砷酸盐和亚锑酸盐：

$$6PbO + 2As \longrightarrow 3PbO \cdot As_2O_3 + 3Pb$$

$$6PbO + 2Sb \longrightarrow 3PbO \cdot Sb_2O_3 + 3Pb$$

亚砷酸铅与过量空气作用，部分氧化呈砷酸铅入渣：

$$3PbO \cdot As_2O_3 + O_2 \longrightarrow 3PbO \cdot As_2O_5$$

而亚锑酸铅与炉料中的锑作用又生成铅：

$$3PbO \cdot Sb_2O_3 + O_2 \longrightarrow 3PbO \cdot Sb_2O_5$$

因此，合金中的铅虽有部分被氧化，但由于铅与氧的亲和力比砷、锑、锡小，氧化铅可被置换为金属铅，但是仍不可避免地部分进入渣中，也有少量进入烟尘中。吹炼烟尘中含铅3%～5%，其道理就在于此。在吹炼中铅大约有总量的2%进入烟尘，5%～6%进入渣中。因此在吹炼末期应勤取样化验，熔体中铅达到一定要求（一般控制为80%左右）就应停止吹炼，以免引起铅的更大损失和污染烟尘。

6.1.3.2 锑的行为

锑是合金中含量居第二位的金属，在吹炼过程中希望其氧化进入烟尘。

锑与氧的亲和力很大，在熔化及吹炼期间，都会强烈地氧化：

$$4Sb + 3O_2 = 2Sb_2O_3 \uparrow$$

在800℃左右吹炼，Sb_2O_3 的蒸气压达6.66kPa(50mm Hg)，能够很好地挥发进入烟尘中。部分锑可与PbO作用生成 Sb_2O_3 而挥发：

$$3PbO + 2Sb \longrightarrow Sb_2O_3 \uparrow + 3Pb$$

炉内还可能有如下反应：

$$6PbO + 2Sb \longrightarrow 3PbO \cdot Sb_2O_3 + 3Pb$$

$$3PbO \cdot Sb_2O_3 + 2Sb \longrightarrow Sb_2O_3 + 3Pb$$

可见合金中的锑极易生成 Sb_2O_3 挥发进入烟尘中，部分来不及挥发的 Sb_2O_3 被氧化为 Sb_2O_5，并与氧化铅作用生成锑酸铅进入渣中：

$$Sb_2O_3 + O_2 = Sb_2O_5$$

$$Sb_2O_3 + 3PbO \longrightarrow 3PbO \cdot Sb_2O_5$$

因此吹炼渣中含有较高的锑，有时可达25%～30%，锑在渣中的损失占合金中锑量的5%以上。

6.1.3.3 砷的行为

合金中砷含量在0.7%～1.2%之间，在吹炼过程中，砷极易以 As_2O_3 形态除去：

$$4As + 3O_2 = 2As_2O_3$$

在717℃时，As_2O_3 已达沸点，所以吹炼过程中 As_2O_3 的除去是很容易的。

与锑一样，部分来不及挥发的砷可与PbO作用，也生成 As_2O_3 而挥发：

$$2As + 3PbO \longrightarrow As_2O_3 + 3Pb$$

也有少量如下反应：

$$2As + 3PbO \longrightarrow 3PbO \cdot As_2O_3 + 3Pb$$

$$3PbO \cdot As_2O_3 + O_2 \longrightarrow 3PbO \cdot As_2O_5$$

生成的砷酸铅进入炉渣中，所以吹炼渣中也含有1.5%左右的砷。但合金中的砷主要是进入烟尘中，造成吹炼烟尘中含砷达3%以上，给下道工序——锑氧熔炼带来了繁杂的除砷过程。

6.1.3.4　锡的行为

锡的氧化次序应在砷、锑之前，吹炼过程中，锡被PbO氧化成为氧化亚锡（SnO），SnO在540℃时发生歧化：

$$2SnO \longrightarrow Sn + SnO_2$$

SnO_2 又与PbO作用形成 $3PbO \cdot 2SnO_2$ 入渣。

可见吹炼过程中可使部分锡入渣，但由于不是反复氧化，所以吹炼结束时，底铅中的锡仍可达0.7%左右，造成电解液中锡的积累及电铅仍需加碱除锡的麻烦。

6.1.3.5　银的行为

银是合金中的贵重金属，每吨合金含银1.5～2kg，由于银是一种稳定的难氧化的金属，吹炼过程中，风管在合金液面上吹风不可能把银氧化。但如果在前期插入合金液内部，则由于其强烈的氧化作用，少部分的银会被氧化成AgO。不过熔池中其他金属很多，也比银容易氧化，所以即使有氧化银生成，也很快被其他贱金属还原。因此银几乎全部留在底铅中。

由此可见，吹炼的结果，是锑绝大多数进入烟尘，而铅与其他金属基本上留在吹炼后的熔体（底铅）中。底铅的成分如表6－3所示。

表6－3　底铅的成分（%）

成　分	Pb	Sb	As	Cu	Fe	Sn	Bi	Ag
含　量	80～85	12～15	0.5	0.8～1.5	0.18	0.7	0.5	0.15～0.35

吹炼氧化收集到的烟尘即为炼锑原料，其大致成分如表6－4所示。

表6－4　吹炼烟尘的成分（%）

成　分	Pb	Sb	Sn	Cu	S	Ag	As	Zn
含　量	3～7	73～78	0.19	0.027	1.55	0.006	2.5～5	0.19

6.2　吹炼过程的影响因素

吹炼过程在反射炉中进行，由于合金中锑含量高达32%～55%，大量的锑陆续从合金中分离出去，使熔池中的金属熔体减量太大，所以在吹炼过程中必须不断补充合金。新鲜合金的加入使已经下降的锑含量又增高。因此吹炼过程的时间拉得很长，通常一台8m² 反射炉的吹炼周期长达6天以上。生产中只有正确地掌握吹炼条件，才能提高吹炼作用的各项指标。

影响吹炼作业指标的主要因素包括温度、吹风时间与强度以及扒渣操作等。

6.2.1　温度

由于在整个吹炼过程中需要多次补充新鲜合金，现在各厂的合金基本上都是冷锭。因此熔化合金的时间占了整个吹炼作业全过程的很大比重。

熔化合金必然要求较高的温度,熔池表面温度应达1100℃以上,以期缩短熔化时间。但在1000℃以上就可造成PbO的挥发,而引起铅对锑烟尘的污染。因此,正确的温度制度应该是放炉之后,升高炉温到1100℃左右,并加入合金,在此温度下使合金熔化完毕,吹除熔体中的不熔渣,然后扒去熔体表面的不熔渣,再将温度调整在800~900℃进入吹炼。

6.2.2 吹风时间和吹风强度

吹炼的目的是使合金中的锑氧化成烟尘,留下铅送去电解,故应尽可能地将锑吹出,使底铅含锑尽可能少,以降低铅电解的阳极泥率,提高电解指标。但如前所述,吹炼过程中PbO的生成是不可避免的,随着吹炼过程的进行,熔体中的铅量升高,而锑量下降,PbO生成的可能性越来越大,必然造成PbO入烟污染锑氧的后果,从而给下一步炼锑带来麻烦。同理,吹炼强度太大(如向熔体中插入风管)也会带来上述麻烦,所以对吹炼时间及强度应予以控制。生产实践证明,插入风管的吹炼应尽量少,当熔体中含铅达80%(也有的工厂控制在83%)左右时吹炼作业就必须停止,方可满足吹炼要求。

6.2.3 扒渣操作

合金熔化时,一些夹带的铜、铁等金属不熔化而浮在熔体表面。对这种渣应在1000~1100℃下扒去,尽可能减少渣中夹带的金属珠。在吹炼中液面上的渣会阻碍空气与熔体的接触,妨碍氧化反应的进行,所以必须不断扒去液面浮渣。但是过多地打开炉门会使炉内温度下降,因此可将风管风嘴朝向炉尾,让氧化渣到炉尾集中,然后从炉尾小门扒渣。

吹炼过程中,一些由火膛过来的煤屑会造成Sb_2O_3等还原为金属,不利于锑的挥发,所以扒渣时要注意不能让煤屑留于液面。

此外,由于锑氧化成为氧化锑后挥发进入炉气,必须让含氧化锑的气体尽快离开液面,才能有利于锑氧化反应的继续进行。因此让炉尾保持一定的抽力,促使炉气的及时排除也是很有必要的。

6.3 铅锑合金吹炼分离的生产实践

6.3.1 吹炼反射炉的结构与组成

吹炼过程用到的设备主要是反射炉,另外还有庞大的收尘系统。吹炼反射炉与常规熔炼反射炉的不同之处在于其熔池深度较大,一般为40~50cm。收尘系统则包括用于表面冷却的人字形烟道、布袋收尘室和电收尘等,这里暂不作介绍。

反射炉由炉基、炉底、炉墙、炉顶、炉尾烟巷、加固支架等几个部分组成。地表以上有混凝土浇灌的基础,以承受炉体的压力。炉基的高度大约为0.5m,其上置钢板焊制的大铁箱,炉体砌筑在铁箱内,四周以槽钢立柱,并用拉杆加固,其构造与锑氧还原熔炼反射炉基本相似。

炉基是用耐火砖砌筑在基础之上,并在耐火砖上再架设16号工字钢组成一个整体的框架,有利于开炉时炉底通风,也可避免炉底漏铅时铅液渗入地下。炉基高约0.42m,整个铁箱底部钢板严密吻合在炉基上,以保证均匀受压。现在砌炉时,炉基结构可以省掉耐火砖部分,而直接用16号工字钢平架在基础表面。经过校正调平后,架上铁箱底部钢板。目前,也有不少冶炼厂的反射炉省去了用耐火砖砌筑的炉基部分,而直接用工字钢支撑。

反射炉炉底是熔池的底部，距铁箱底板约720mm高的部分。砌筑在铁箱内，炉底从下至上依次为：(1)钢板上铺一层10mm厚的石棉板；(2)在石棉板上砌铺一层厚230mm的耐火黏土砖作底砖；(3)根据炉子的设计要求，按照规定的弧度在铺底砖上用无定形耐火材料（主要是耐火粉和耐火泥）捣筑成弧形；(4)在弧形面上用(360mm×75mm×120mm)的高铝砖砌筑成反拱形的上层炉底。

反射炉炉墙分为内外两层，外层首先用10mm厚的石棉板贴紧围炉铁板，然后用230mm×115mm×65mm的黏土砖砌筑，内层炉墙则用360mm×240mm×120mm的高铝大砖砌筑。

反射炉的炉顶为拱形，拱顶砌筑在固定于反射炉两侧槽钢拱脚梁上，材质为黏土砖，为了防止炉顶散热，常在拱顶砖上覆盖一层轻质黏土砖，然后再铺上一层硅藻土和（或）水淬渣的混合物，以增强炉子的保温性能。

炉膛中逐渐倾斜收缩的部分称为炉尾，尾部连接水平烟道，烟气经过这里被冷却后进入布袋收尘室。为了使烟气尽快冷却，不少冶炼厂都在炉尾与烟道相连处设置一个水冷箱，不过水冷箱周边往往很快结满了锑氧粉，无形中增大了烟道阻力。

反射炉炉体砌筑在铁箱内，为了防止炉体及铁箱受热变形，在炉体两侧及两端每隔1～1.6m的距离设置一根立柱，立柱由18号或20号（根据炉子大小选择）槽钢焊接联成，在每对立柱之间，穿过炉基框架和炉顶上方，用直径为36mm的钢拉杆拉紧，以防止炉体因受热膨胀而变形。

6.3.2　吹炼过程的生产实践

铅锑合金的吹炼多以合金锭块加入反射炉中熔化、吹炼分离铅锑，其正常的操作步骤包括：烤炉、进料、升温、熔料、扒熔渣、鼓风吹炼、放吹渣、放底铅、清炉嘴、封炉嘴等过程。

6.3.1.1　*烤炉*

烤炉是指炉子大、中修后，按照升温曲线，从低温按步骤升温的预热过程。因为温度对耐火材料的热膨胀性影响很大，有些耐烤材料因温度升高还伴随着晶形的转变，而且炉墙和炉底的砖层较厚，烤炉过程中热量不能及时地分布。温度过高，烤炉时间过短使各部位的耐火材料膨胀变化相差过大，将导致炉体发生变形。因此，烤炉必须是从低温逐渐升温。

烤炉的质量与炉子的使用寿命有很大关系，如果温度控制得不好，开始温度过高将导致炉体各部位的耐火材料膨胀弧度相差过大，导致炉体变形，产生裂缝。在恒温阶段，炉子的温度也不能波动太大，否则将使耐火材料反复地膨胀收缩，从而损坏耐火材料，以至于缩短炉体寿命。因此，烤炉必须严格地按照车间制订的升温制度来执行。

6.3.1.2　进料

进料前要用行车来操作，吊开炉顶进料口盖板，然后用行车将炉顶已过磅的粗合金一块块地下到炉内。第一批进料是根据炉膛面积而定，一般18m^{2}的反射炉第一批进料量为20～25t，并且加入0.7%～0.9%的还原煤，直到满炉为止。一般18m^{2}的反射炉一炉进合金为125t。

进料前的空炉应升温到1100℃以上，以泥料封实炉嘴，扎紧。封好以后再次添好煤保证高温，调节炉尾负压到399.9Pa(3mm Hg)，即可进料。如果有条件应该尽可能直接从鼓风炉转运新产出的合金熔体，一方面可节省燃料，另一方面也可缩短吹炼时间。不过目前多数企业还是进冷合金锭，因此进第一批料前要先在炉底垫上一层煤屑，避免合金结底。以12m^{2}反射炉为例，垫底煤屑为50～70kg，第一批合金量为16～20t。升温到1000～1100℃下熔化，在熔化过程中应隔2h左右撬动炉料一次，让合金液与杂质分离，同时也促进炉料受热均匀，加速熔化过程。大约经过一个班的时间将第一批合金熔化完毕,可加入第二批合金。加入量以合金熔化后能充满熔池为度。

6.3.1.3 升温熔料和扒熔渣

进料过程中要不断地鼓风升温,同时要不断地打入还原煤(烟煤)提高炉温,并且每隔10min翻炉一次,有利于氧化物的还原和合金沉降,一般熔化阶段保持温度在1000℃左右,炉尾温度在850℃以上。

熔炼升温过程中不断地翻炉,经3~4h,第二批料也熔化完毕,即可投入少量还原煤并搅拌熔体。再加热1~2h可观察到浮渣不冒泡、少白烟,渣中不夹杂金属珠,即可扒去熔化渣。一般扒出的熔渣含铅为26%,锑为30%以下。扒渣时,耙子要平拉,扒到炉门时稍许停一下再扒出,以减少金属的机械夹杂。熔化渣及铁渣扒完后即可进入吹炼期。

6.3.1.4 吹炼

待扒出熔渣后,即可用小风管插入熔体内鼓风氧化除去杂质金属,杂质金属主要是锡和锌。脱杂过程中要不断地摆动小风管,改变吹炼角度,有利于全面脱杂,直到熔体表面产生油状的渣为止,这一过程大约需要6h左右。扒完渣后,放入鸭嘴风管(俗称大风管)吹风氧化吹炼。风管鸭嘴离液面1.5~2cm,风管口和液面倾斜度为15°,风量与风压以炉门不冒白烟,熔池面微微皱褶为度。吹炼的前期温度控制在900~950℃,炉尾金属熔体要始终保持红热。以经过鼓风吹炼后,熔体表面会逐渐出现黄色或暗黄色的油状浮渣,其成分组成是锡酸铅($3PbO \cdot 2SnO_2$)与锑酸铅($3Pb \cdot Sb_2O_5$)等的混合物,叫做吹炼渣。待到熔体表面聚集的浮渣较多时,用铁瓢从尾工作门扒出,若浮渣呈油状难以扒出或扒出时夹带合金过多,可以打入一定量的煤渣使渣冷却结成稠状,再从炉口扒出。如此反复操作多次,直到底铅合格为止。吹炼过程的温度要控制好,在前期含锑较高,一般可控制在900~950℃,随着吹炼的进行,锑不断挥发,熔体中含锑逐渐减少。为了减小PbO的挥发,影响锑氧的质量,吹炼后期的温度一般降低为800℃左右,熔体中含铅大约为70%~80%。

6.3.1.5 放炉、铸锭及封炉嘴

放炉前要取样化验,当底铅液含铅大于80%时,即可停止加煤和吹炼,准备放炉。待备好湿黄泥团(作调节底铅排出量之用)、大锤、砖刀等,烤干锭模后,小心地撬去炉嘴泥,再将炉嘴处的夹板从最上面的一片开始从上往下依次抽出进行放炉。由于前期炉内熔体多,液压比较大,因此底铅的流量要控制在较低水平,严禁大流量猛然排铅。待放到1/3熔体深度后,再适量加大流量,放炉过程中如果出现流量过大,可用准备好的湿黄泥团及时封堵,避免底液溅入水中爆炸伤人。底铅放完后,必须将炉嘴彻底地清理干净。

封炉嘴:在封炉嘴前,要仔细检查炉嘴是否彻底清理干净,底部和两侧是否还有碎合金,若有必须清理,防止炉温高碎合金熔化,底液容易渗透出来。封炉嘴首先要插入一块三角木板(木板高度与炉嘴高相差5cm),然后用一团团的湿黄泥一层层地塞在木板两侧,塞完黄泥后再插好夹料钢板,并一层层地筑上耐火填料。耐火填料由耐火泥和耐火细骨料按2:5混合而成,筑填料时每一层都应用手锤捣紧。

6.3.1.6 其他注意事项

吹炼过程中应根据吹炼进程需要烧煤供热,一般每班应清煤渣一次。放底铅后应清理一次

火膛，将火膛四周结渣、废渣清理干净，并立即添煤升温。经常手摸烟巷、冷凝管集烟斗，如发现外壁不热，则说明里面已充满氧粉，应组织清理，保证气流通过。在扒渣时要注意炉子出气口（俗称鼻子眼）的状况，如发现堵塞就应揭开火柜盖板，清理掉鼻子眼及盖板内壁的结氧。

值得说明的是，目前有些厂家在吹炼炉尝试以粉煤烧嘴取代人工加煤。粉煤喷枪架射在反射炉燃烧室端墙上部靠近炉顶的位置，使火焰平行于炉膛，保证了整个炉膛空间的温度比较均衡，炉头炉尾温差不致太大。相对于人工加煤而言，应用粉煤嘴吹炼有以下优点：(1)采用粉煤烧嘴熔炼炉温高、熔炼强度大、速度快；(2)冶炼周期从7~9天缩短到6~7天，煤耗也有所降低；(3)炉前工劳动强度明显减小；(4)熔渣的品位低，金属回收率比人工加煤提高一到两个百分点。

但是采用粉煤烧嘴吹炼也存在一些缺点：(1)机械维修频繁，且维修难度大；(2)由于粉煤燃烧时产生的煤灰大量进入烟尘，使得锑氧粉的质量相对较差。在两种不同供热方式下吹炼生产的各项指标对比如表6-5所示。

表6-5　人工加煤与机械燃煤方式吹炼指标

供热方式	吹炼周期/d	吹炼渣品位(Pb+Sb)	燃煤消耗/$t \cdot t^{-1}$	金属回收率/%
人工加煤供热	7~9	50.5~55.6	0.35~0.37	97.5~99.2
粉煤烧嘴供热	6~7	43.5~47.2	0.33~0.35	95.2~97.0

6.4 铅锑合金吹炼的技术经济指标

反射炉吹炼的技术经济指标波动比较大，在不同企业、不同条件下出入很大，甚至在同一企业内部，操作工的熟练程度都影响到吹炼过程的技术指标。一般反射炉的生产能力按产出底铅约计为0.75t/($m^2 \cdot d$)，因合金中含铅量不同而有所不同。其他几个主要的经济技术指标分述如下：

(1) 铅的回收率。它是指反射炉产出的底铅含铅量，与投入物料的含铅量减去可回收物料的含铅金属量的百分比，它反映了粗合金经吹炼成底铅的过程。铅的回收程度，一般指标为95%~96%。

$$铅的回收率=\frac{产出底铅含铅量}{装入物料含铅量-渣含铅量-锑氧含铅量}\times 100\%$$

(2)锑的回收率。它指的是反射炉产出锑氧含锑量，占消耗物料含锑量的百分比，反映了粗合金经吹炼挥发到锑氧中锑的回收程度，一般指标为93%~96%。

$$锑的回收率=\frac{产出锑氧含锑量}{装入物料含锑量-渣含锑量-锑氧含锑量}\times 100\%$$

(3) 铅锑的直收率。它是指反射炉产出底铅含铅量或锑氧含锑量，占全部装入物料含铅量或锑量的百分比，反映了反射炉的熔炼和吹炼过程中铅或锑的直接回收程度。一般指标为：铅80%~83%，锑45%~48%。计算公式如下：

$$铅直收率=\frac{底铅含铅量}{装入物料含铅量}\times 100\%$$

$$锑直收率=\frac{锑氧含锑量}{装入物料含锑量}\times 100\%$$

(4) 烟尘率。它是指吹炼过程中产出的烟尘的数量，占全部装入物料质量的百分比，这在很大程度上取决于吹炼操作水平的影响，以及效果的好坏。一般指标波动在20%~24%之间。

（5）底铅产出率。它是指产品底铅量占全部装入物料的百分比，这是冶炼考核的主要指标，影响这个指标的主要因素是粗合金质量的好坏和操作技术条件的控制是否合理。一般波动在65% ~75%之间。

（6）熔炼时间。它是指每一炉从加料到最终出底铅结束时所用的时间。影响这个指标的主要因素是加入物料质量的好坏，杂质的多少，以及操作者的责任心和操作水平，一般波动在180 ~200h之间。

（7）煤耗。它反映冶炼1t合格底铅所消耗的燃煤数量，一般波动在0.4 ~0.5t之间。

（8）渣率。它是指粗合金入炉熔化后扒出的渣量，以及粗合金熔体吹炼过程中产出的渣量占全部装入物料的百分数。这个指标在很大程度上取决于粗合金的质量，当然也受操作方面的影响。通常波动在7% ~10%之间。

复习思考题

1. 吹炼反射炉的炉体由哪几部分组成？
2. 吹炼分离粗合金中铅锑的原理是什么？用化学反应式表示出来。
3. 试画出火法吹炼工序工艺流程图。
4. 采用机械燃煤装置吹炼有哪些优点与不足？
5. 请列出吹炼炉生产的操作步骤。
6. 什么叫吹渣？说出吹炼扒渣操作时掌握的技术条件。

7　氧化锑的还原熔炼

吹炼作业产出的锑烟尘，是该流程中产锑的主要原料。沸腾焙烧的布袋尘、阳极泥处理时产出的银炉烟尘，也是炼锑的原料，都可合在一起还原熔炼成锑。当然，天然富集的氧化锑矿石如方锑矿、锑华、锑赭石和黄锑华等也可直接还原为金属锑。

氧化锑的还原熔炼包括氧化锑还原成金属锑和原料中脉石的造渣这两个紧密联系的反应过程。还原熔炼大都在反射炉内进行，个别工厂用鼓式旋转窑进行熔炼。还原剂为无烟煤或木炭。在还原过程中，原料中的各种杂质金属氧化物大都被还原成金属进入锑中，其中最常见的是 As_2O_3 和 PbO，因为在焙烧过程中，锑精矿内砷和部分铅的硫化物与锑一道氧化挥发进入冷凝系统，尤其是 As_2O_3，所以在绝大多数情况下，所得的金属锑需要精炼脱砷，以制取合格的金属锑。

为了使下一步精炼作业获得合格的产品和良好的经济效果，在生产中往往按产品质量要求对不同的烟尘进行合理配料。精炼除铅的实践证明，要达到理想的经济效果，还原得到的锑中含铅应在4%以下。锑烟尘中按75% Sb、4% Pb 计算，假定熔炼过程中二者还原率相同，则熔炼后粗锑含铅可达5%。要炼出含铅小于4%的粗锑，烟尘中铅含量应控制在3%左右。

吹炼及精炼产出的烟尘成分如表 7－1 所示。

表 7－1　烟尘成分(%)

成　分	Pb	Sb	Sn	Cu	Ag	Bi	As
吹　氧	3～6	73～79	0.19	0.027	0.006	0.069	3.39
精炼氧	0.2～0.5	73～78	—	0.019	0.0053	0.035	4.76

氧化锑的还原熔炼一般采用碳酸钠作为熔剂，与脉石造渣。由于氧化锑容易挥发，加之炉顶加料的影响，在还原过程中，不可避免地有大量氧化锑再次进入烟道和收尘系统，形成二次氧化锑，需要再度进行还原熔炼。

在还原过程中产生的还原渣(泡渣)，可采用专门的鼓风炉处理。现在有不少工厂使用一种类似反射炉的“渣处理炉”，专门用来处理包括泡渣在内的各种炉渣。

还原获得的金属锑，往往就在还原反射炉内接着进行精炼，以制取高品位的纯锑。

7.1　锑烟尘还原熔炼的原理

7.1.1　氧化锑的还原性质

三氧化锑是极易还原的氧化物之一，其标准生成自由焓随温度的变化曲线如图 7－1 所示，其位置处于 Ag_2O、HgO、CuO、PbO(1000℃以下)和 As_2O_3(650℃以下)等曲线之下，而与由碳氧化生成 CO_2 的曲线在较宽的温度范围内大约相差 418.4kJ/mol O_2。由此可见，用碳质还原三氧化锑在热力学上是非常有利的。

由第 5 章 5.2 节知道，用碳质还原剂还原三氧化锑主要包括以下三个反应：

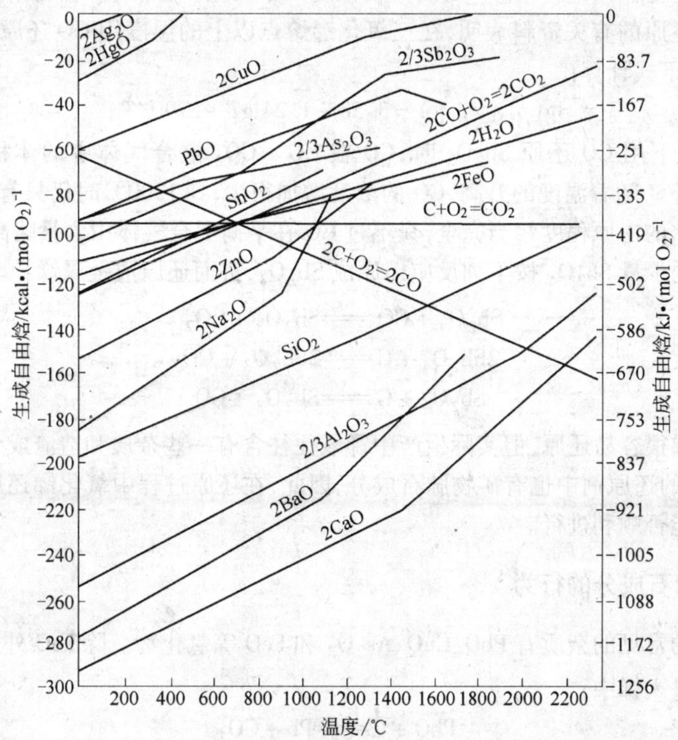

图 7-1 氧化物的标准生成自由焓图

$$Sb_2O_3 + 3CO = 2Sb + 3CO_2 \quad (7-1)$$

$$2Sb_2O_3 + 3C = 4Sb + 3CO_2 \quad (7-2)$$

$$Sb_2O_3 + 3C = 2Sb + 3CO \quad (7-3)$$

对液态 Sb_2O_3 的还原，上述三个反应的自由焓变化数据列于表 7-2。

表 7-2 三氧化锑还原反应的标准自由焓变化(kJ/mol)

反应 \ 温度/℃	700	800	900	1000	1100	1200
1	-148.448	-144.013	-139.244	-134.223	-129.035	-123.637
2	-150.122	-172.381	-194.305	-215.853	-237.107	-258.069
3	-151.837	-200.790	-249.408	-297.482	-345.180	-397.506

从表中数据看，固体碳还原 Sb_2O_3 比 CO 还原的趋势大，而反应式(7-3)，即固体碳还原 Sb_2O_3 生成 CO 的趋势最大，因为这个反应的自由焓变化的负值最大。反应式(7-3)与碳还原其他金属氧化物一样，是经过下列两个反应进行的：

$$Sb_2O_{3液} + 3CO = 2Sb + 3CO_2 \quad (7-4)$$

$$3CO_2 + 3C = 6CO \quad (7-5)$$

$$Sb_2O_{3液} + 3C = 2Sb_{液} + 3CO \quad (7-3)$$

上述式(7-3)为直接反应，而式(7-4)、式(7-5)都是可逆的，反应进行的方向决定于温度的气体成分。在同一温度下，反应(5)中 CO 的平衡浓度大于反应(4)平衡所需的浓度时，金属就被还原。液态 Sb_2O_3 还原的有关资料表明，在三氧化锑熔点以上的温度用 CO 还原时，CO 与 CO_2 的平衡分压比，可用下式计算：

$$\lg(p_{CO_2}/p_{CO}) = 3.58 - 1.24\lg T + 2790/T$$

不难算出，在高温下用 CO 还原 Sb_2O_3 时，CO 在 CO + CO_2 混合气体中的体积分数是很小的，700℃时只有 0.2%。随着温度的升高，CO 的浓度增加很少，到 1200℃时仍只有 2.84%。可见在高温下液态 Sb_2O_3 的还原程度相当完全，只不过 CO 在平衡混合气体中含量略高一些而已。

锑氧中存在的少量 Sb_2O_4 按下列反应还原成 Sb_2O_3，进而还原成金属锑：

$$Sb_2O_4 + CO = Sb_2O_3 + CO_2$$

$$2Sb_2O_4 + C = 2Sb_2O_3 + CO_2$$

$$Sb_2O_4 + C = Sb_2O_3 + CO$$

纯净的氧化锑很容易还原，但实际生产中锑氧往往含有一些杂质和造渣成分，平均含锑仅约 72% ~78%，常用的还原剂中也有矿物脉石成分，因此，在还原过程中氧化锑还原的完全程度，就取决于造渣反应能否顺利进行。

7.1.2　杂质和脉石成分的行为

在锑烟尘中的常见的杂质有 PbO、CuO、As_2O_3 和 FeO 等氧化物。除 FeO 外，这些杂质在还原过程中都将还原进入锑中：

$$PbO + C = Pb + CO$$

$$CuO + C = Cu + CO$$

$$As_2O_3 + 3C = 2As + 3CO$$

使得锑中含有一定量的铅、铜、砷等杂质。而 FeO 由于容易与酸性氧化物结合，则参加造渣反应，转入炉渣。

三氧化锑是两性氧化物，在没有其他熔剂存在时，可能与杂质氧化物发生造渣反应。锑氧中含有的一些造渣成分，以及还原煤的灰分，都会使氧化锑造渣损失掉，从而影响氧化锑的还原效率，因此配料中应尽量避免泥沙等的带入。为了使原料和还原剂中的造渣成分渣化，需要生成密度很小且流动性较好的炉渣。在生产中常常采用纯碱(Na_2CO_3)作为熔剂与还原剂一起配入原料中。因为纯碱的熔点低(830℃)、密度小、碱性强，熔化后流动性好，能与锑烟中带入的各种酸性氧化物造渣，如与 SiO_2、Al_2O_3生成低熔点的硅酸钠(Na_2SiO_3)和铝酸钠(Na_3AlO_3)，造渣除去，避免氧化锑与这些杂质造渣而损失；纯碱熔化后会覆盖在锑液面上，避免锑液被炉气氧化挥发损失；另外纯碱还可与砷生成砷酸钠，使砷锑分离，起到预先精炼的作用。

熔炼过程中锑氧中的杂质(主要是 SiO_2 和砷、铅氧化物)与加入的纯碱造渣，如砷就可生成砷酸钠入渣：

$$As_2O_3 + 3Na_2CO_3 + O_2 = 2Na_3AsO_4 + 3CO_2$$

渣化生成各种熔点低、密度小的钠盐，易与锑分离。还原过程中会产生大量 CO_2，由于渣的黏度高，CO_2穿过渣层使其形成许多孔洞，故称泡渣。泡渣的成分如表 7-3 所示。

表 7-3　泡渣的成分(%)

成　分	Sb	As	Pb	Sn	Zn	Ag	Cu	Bi
含　量	30~45	2.60	4~5	0.37	2.64	0.029	0.115	0.18

选择合适的泡渣渣型,保证一定的易熔性和流动性,可以减少泡渣对还原的不利影响,降低渣含锑量。熔炼结束后,氧化锑被还原成金属锑,部分砷、铅也进入锑中。一般粗锑中含3% ~ 7% Pb,1% ~2.5% As,因此还必须精炼除去砷和铅。

7.1.3 影响还原反应的主要因素

三氧化锑用碳质还原剂还原,有直接和间接的两种反应过程,反应物的相态包括气、固、液三相,过程复杂,可以说是一种气—固—液多相反应的复杂体系。一般而言,固—固反应受扩散控制影响,很难进行;只有当锑氧受热熔化后,固体碳被其浸染,转变成液—固反应,反应才比较显著。但由于体系中有CO的存在,气相的CO与Sb_2O_3液相间的反应十分强烈,使得液态Sb_2O_3与固体碳的还原反应只具有较小的意义。在此基础上分析影响原反应的主要因素如下:

(1) 碳粒形状和分布。在这种不均匀体系的气相还原反应中,必须使CO_2与碳粒表面充分接触才能使碳氧化生成CO还原剂。因此碳粒的几何形状和物理化学性质等决定碳粒活性的因素,就成了影响还原反应的主要方面。碳粒均匀分布在锑氧中,可增加接触面,使碳粒面受到液体Sb_2O_3的浸染,有利于直接还原反应,同时直接还原反应生成CO和CO_2,也均匀分布在锑中,给其他反应创造了有利条件。碳粒的几何形状对气体和液体都有较好的吸附性能,有利于还原反应。

(2) 温度。在温度较低时,碳粒表面的吸附作用受到阻碍,降低反应速度。升高温度可改善固体表面活性,降低反应活化能,增加反应速度。在660 ~760℃温度下,由于Sb_2O_3由固态转变为液态,碳粒表面的吸附作用所受阻碍因素迅速消除,还原反应活化能显著降低(由约300 ~400kJ/mol降至25kJ/mol)。同时加快液态Sb_2O_3向碳粒表面和内部的扩散,加速布尔多反应的进行,使还原反应进程加快。不过由于氧化锑极易挥发,熔炼过程中,温度越高,挥发越严重。熔炼时间越长,挥发也越多,因而还原温度过高会降低锑的直收率。因而还原以1000 ~1200℃为宜。在此温度下锑氧的还原和炉渣的分离都可获得满意的效果。

(3) 还原气氛。在还原过程中,还原反应的速度主要是受Sb_2O_3向碳粒表面和内部的扩散以及由CO_2形成CO的还原反应所控制。因而保持炉内还原性气氛,从炉气中能不断提供CO还原剂,在炉料熔化的情况下可大大缩短还原过程。不过这两过程均与温度有关。

(4) 杂质。锑氧中存在的一些杂质氧化物,如氧化铅、氧化砷等,由于与氧化锑同时熔化互溶,会相应降低Sb_2O_3的活度,不利于Sb_2O_3中铁还原反应,也会降低还原速度。还有一些难熔的氧化物如SiO_2、CaO等夹杂在氧化锑熔体中,也会阻碍还原反应的进行。

(5) 渣的性质。还原过程中产出的泡渣,由于有大量CO_2与CO穿过,冷却后形成很多孔洞,俗称泡渣。这种熔渣悬浮在熔体上层,对某些杂质氧化物有一定的净化作用,还可减少锑的挥发。但由于它处于熔体与碳粒之间,会阻碍CO_2气体与碳粒接触及CO的扩散,影响锑珠的聚集,从而影响还原过程。不过如果选择合适的泡渣渣型,保证它的熔点低且流动性好,则可减弱这种不利影响,降低泡渣含锑量。

7.2 锑烟尘反射炉还原熔炼

7.2.1 还原熔炼的工艺流程

反射炉还原熔炼的作业范围和工艺流程包括:反射炉熔化和还原、粗锑的精炼、泡渣的处理及高温炉气的冷却和收尘,如图7-2所示。

锑烟尘的还原熔炼及粗锑的精炼均在反射炉(俗称纯锑炉)中进行,用长焰煤或煤气作燃料。反射炉熔炼具有许多特点:(1)由于锑氧的堆密度小,反射炉通常有较深的炉膛;(2)锑的熔点低,渗透性强,炉膛砌筑比较紧密;(3)在技术操作上采用分批加入炉料,进行多次熔化和还原;(4)还原熔炼后,即转入精炼操作,两种作业在同一炉内连续进行,以减少挥发损失。

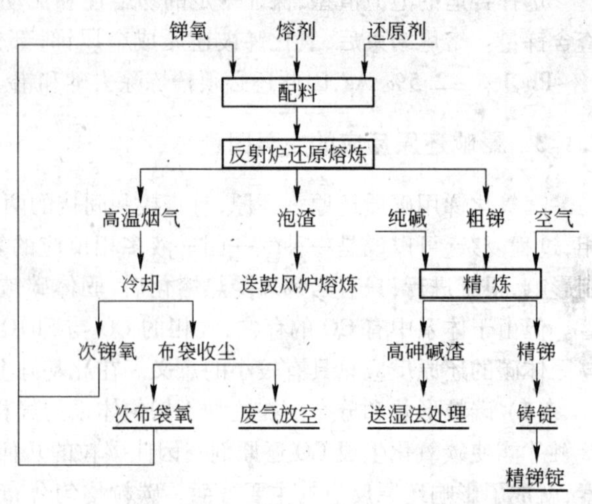

图 7-2 锑氧反射炉还原熔炼及精炼流程图

7.2.2 还原熔炼的主要设备

锑氧还原熔炼的主要设备为反射炉和收尘系统。收尘系统集中到后面章节介绍,这里简要介绍一下反射炉的结构特点。

目前各厂普遍采用固体燃料加热的反射炉。这种炉子由炉基、炉底、炉墙、炉拱、围板以及攀柱、拉杆紧固件等构成。其结构如图 7-3 所示。

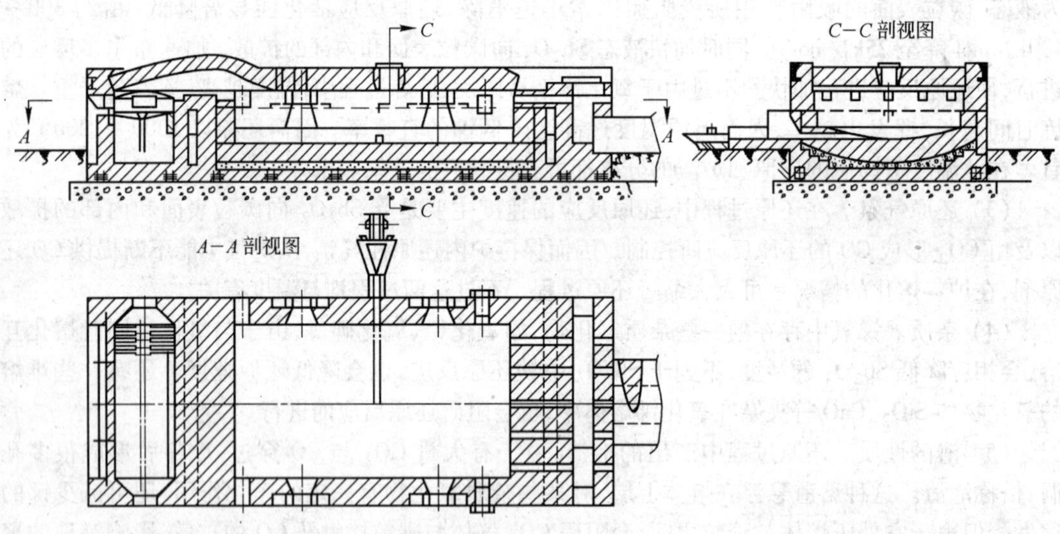

图 7-3 锑氧还原熔炼反射炉

炉基应在牢固的地基上,用片石、三合土捣固或用混凝土浇注而成。

炉底有三种不同的形式,即捣固炉底、砖砌炉底和捣固砖砌混合炉底。捣固炉底用 70% ~80% 的黏土砖碎块(即熟料)或用石英砂,掺以 20% ~30% 的黏土质耐火泥,配以 7% ~9% 的水,混匀后,分 3 ~4 层捣筑,每层厚度为 70 ~100mm。所用的耐火砖碎块块度组成为:小于 0.5mm 的占 35% ~50% ,0.5 ~2.0mm 的占 30% ~40% ,大于 2mm 而小于 4mm 的占 40% ~25% 。所用的耐火泥(即生料)为一般的白胶泥或黑胶泥,其质量规格是:$\omega(SiO_2) > 40\%$,$\omega(Al_2O_3) >$ 30% ~40% ,$\omega(Fe_2O_3) < 2\%$,烧损小于 10% 。

砖砌炉底全部用异型耐火砖砌成。捣筑砖砌混合炉底则是先捣筑炉底100mm左右，再在其上砌异形耐火砖。

捣固的炉底因捣固层次多，层与层之间结构较差，一处腐蚀，往往整层上浮；同时厚度大，水分多，烘炉时易产生裂纹。实践证明，捣固炉底的反射炉寿命一般不超过5个月。而后两种结构的炉底的寿命较长。例如11～12m^2反射炉一般使用寿命为6～8个月，最长10个月。11m^2反射炉采用捣筑砖砌混合炉底，一般能冶炼精锑1500t左右，最高可达2000t，

炉墙由标准耐火砖和异型围板砖砌成，整个炉膛外壁用生铁板或铸钢板加固。火膛的拱顶砌成驼峰形，由火膛至炉尾略向下倾斜。炉尾沿横向设有4～5个排气孔，联通炉膛与烟道，以减慢炉内烟气的速度。炉子的两侧各有三个工作门，距炉底580～645mm，用于加入熔剂和进行精炼操作。反射炉前端为火膛，其两侧各设有一个火门，用于烧火操作。

反射炉所用耐火材料大都是半酸性或黏土质的耐火砖，少数工厂采用高铝砖。前两种耐火材料的体积稳定性和耐急冷急热性较好，能很好地适应反射炉作业温度的变化，并且不污染锑的覆盖剂。铝系耐火材料在炼锑中符合技术要求，但由于价格较贵，采用的工厂不多。

7.2.3 还原熔炼的主要技术条件

7.2.3.1 对原材料的质量要求

由于锑氧还原熔炼所需温度不高，因而对燃料的类型和质量无特殊要求。加入炉内的锑氧，应根据分批的分析资料，按含锑、铅、砷的高低进行合理配料。从生产成本考虑，入炉锑氧平均含锑不宜低于75%，当炼1号、2号锑时，锑氧含铅应分别控制在0.08%和0.18%以下。但由于从铅锑复合矿分离出的锑氧不可能达到这么高的纯度，因而只要求将锑氧中铅含量搭配均匀即可。

7.2.3.2 还原剂的配入量

锑氧的还原剂可以是木炭、烟煤和无烟煤，在工厂生产中，一般采用无烟煤作还原剂，掺入若干木炭可获得更好的还原效果。要求无烟煤含固定碳大于80%，灰分小于10%，水分小于5%，粒度小于5mm。还原剂的用量可由入炉三氧化锑中Sb_2O_3的实际含量及还原煤的实际含碳量计算确定：

$$Sb_2O_3 + 3C \xlongequal{} 2Sb + 3CO$$

按上式计算出的理论耗碳量为三氧化锑质量的6.16%。实际上配入锑氧的还原剂有一定的还原效率，并不都能用于还原反应。因为装入的锑氧在高温和负压下，一部分锑氧未被还原就挥发转入冷凝系统；同时也有部分还原剂被锑氧空隙中带入的氧和炉气过剩空气所氧化燃烧，因此实际的耗碳比理论值大得多。在实践中，还原剂的消耗量占锑氧的百分比P可按下式计算：

$$P_{还原剂} = 6.16\alpha/(C_{Sb_2O_3} \cdot C_C)$$

式中 α——还原剂的过剩系数，一般为1.05～1.45，结氧愈多、品位愈低、K值大；

$C_{Sb_2O_3}$——锑氧中Sb_2O_3的含量，%；

C_C——还原剂中碳的含量，%。

例如，当还原剂含碳80%，还原结氧状态的锑氧，其中含92% Sb_2O_3，则还原剂消耗比率为：

$$P_{还原剂} = 6.16 \times 1.45/(0.8 \times 0.92) = 12.1\%$$

7.2.3.3 熔剂的配入量

熔剂的主要作用是与锑及还原剂中的脉石氧化物造渣和防止入炉锑氧过度挥发。炉料中的

脉石氧化物多呈酸性,这就要求熔剂呈碱性;炉内熔体温度一般不超过1000℃,故要求熔剂熔点低。另外还要求价格低,不吸潮。工业上都采用纯碱作为熔剂。所用纯碱中要求 $w(Na_2CO_3)>95\%$,$w(H_2O)<5\%$,重金属小于0.02%。熔剂的用量根据锑氧的质量确定,其用量随锑氧中 SiO_2 含量的增高和熔结程度的增大而增多。一般 $SiO_2:Na_2O=2:1\sim3:1$。假定锑氧中的造渣组分含80% SiO_2,纯碱含95% Na_2CO_3,取 $SiO_2:Na_2O=2:1$,则锑氧中的 SiO_2 含量为:

$$C_{SiO_2}=(100-C_{Sb}\times292/244)\times0.8\%=(80-0.96\ C_{Sb})\%$$

碳酸钠的消耗量为:$P_{Na_2CO_3}=C_{SiO_2}\times106/(2\times62\times0.95)=(71.9-0.86\ C_{Sb})\%$

假如处理含80% Sb 的锑氧,则:

$$P_{Na_2CO_3}=(71.9-0.86\ C_{Sb})\%=(71.9-0.86\times80)\%=3.1\%$$

7.2.3.4 还原温度的控制

氧化锑还原的热力学性质表明,还原温度以1000~1200℃为宜。在此温度下,氧化锑的还原和炉渣的分离都可获得较为满意的效果。温度过高,又无保护层时,将会有大量的氧化锑挥发,影响锑的直收率,反之,温度过低,熔化还原速度减慢,生产力下降,其直收率会因锑的长时间氧化挥发而降低,而且往往使炉料结块,包裹生料,降低还原效率,增加泡渣的产出量。

7.2.4 还原熔炼的主要技术操作

锑氧的反射炉还原熔炼主要包括烧火、进料、熔化、还原、精炼、加衣子和铸型等操作,其中精炼操作虽在还原过程完毕后仍在同一炉内进行,但实际上属于另一重要的单独作业,因此精炼以后的作业留待下一章论述。

7.2.4.1 烧火操作

反射炉用烟煤加热,要求烟煤含固定碳55%~60%,挥发分大于15%,灰分小于14%,水分小于6%,粒度小于30mm。燃烧强度为40kg/($m^2\cdot h$),还原熔炼其火膛温度应保持在1300℃左右,第一工作门区域的温度升高到1100~1200℃。由于是用固体燃料加热,温度波动较大,炉头和炉尾的温差也大,最大可达630℃,平均也在500℃左右,不利于还原熔炼。为了减小温度波动和温差,以缩短冶炼时间,在生产中常采用一种薄煤层多次燃烧操作法。这种方法是每25~30min加一次燃料,同时通过松火、除渣经常保持煤层厚度在350mm左右。

7.2.4.2 进料

烟尘应分析其中Sb、As、Pb含量,对各种烟尘进行搭配使用,搭配后的烟尘铅含量应小于3%,然后按计算的比例配入还原煤和纯碱,炉料应尽可能混合均匀,分批从炉顶加入炉内,也有的按经验配料,一般为烟尘:还原煤:纯碱=100:10:(3~5)。每批炉料的质量,视炉子的大小而定,一般可按0.2t/m^2 计算,但料面距炉拱不得小于200mm。

进料前,炉温升高到900~1000℃,打入约200kg还原煤及50kg纯碱打底,关掉抽风即可进料。进料时,先进粉状锑氧,后进粉结锑氧和结锑氧;高温区多加,低温区少加。上批炉料熔化还原后,才能加下批炉料。每次加料结束,重新开始抽风进行熔炼作用。

7.2.4.3 熔炼及扒渣

物料进炉后,每2h翻炉一次,至炉料熔化之后,在1100~1150℃下保温一段时间,适当扒出部分渣，再进行第二次下料。如此反复，下至熔池基本充满锑液为止。在正常情况下，每昼夜进料9批，每炉共进料20批左右。

炉料加足熔化后，继续保持温度2～3h。当液面浮渣不冒泡，无白烟，不带金属珠时，即可扒渣。扒渣时耙子要平拉，扒到炉门时稍许停一下，并将耙柄略为抬起，以减少金属的机械夹杂。如果扒渣时间过长，可适时停止扒渣，保持高温1～2h后再进行第二次扒渣，直至将渣扒尽为止。出渣快结束时，应清理炉内四周炉壁的残渣，如炉内杂质较多，可用湿木搅动锑液，使杂质上浮，然后将表面的余渣清理干净，不应使炉渣进入下一步精炼作业。泡渣扒尽后，取炉内锑样分析As、Pb含量，随后即可加碱覆盖锑液，进行精炼作业。

7.3　还原熔炼产物及泡渣处理

还原熔炼的产物有粗锑、次氧、泡渣和废气。粗锑进入精炼作业，精炼在下一章讨论。

在反射炉熔炼过程中，氧化锑二次挥发和锑氧化挥发产出的锑氧，俗称"次氧"。次氧因其夹杂部分金属锑粉（未来得及氧化的锑蒸气冷凝形成），颜色呈灰色，表面黏度较大，其化学成分随炉内易挥发物的成分而改变。次氧需要返回反射炉重新还原熔炼。

氧化锑还原熔炼所产出的泡渣，是一种由还原剂的灰分和氧化锑中的杂质、熔剂 Na_2CO_3 和砷、锑的低价盐类所组成的含锑砷成分的炉渣。在固态时，呈蜂窝状。泡渣含锑的高低，取决于锑氧和还原剂的质量、炉渣渣型的控制及技术操作水平。在一般情况下，泡渣含锑在30%～40%，因而按质量计泡渣的产出率约为锑产出量的10%～20%。

泡渣含有金属锑珠、锑酸钠、亚锑酸钠、硅酸钠和铝酸钠等成分。其处理方法，在工业上常用的有三种。

（1）坩埚炉熔炼法。此法是将泡渣破碎到10mm以下，配入一定量的还原煤和碱渣，装入φ80～100mm、高300～400mm的圆底黏土质耐火泥坩埚内，上盖以炉渣。将许多坩埚竖直排列在坩埚炉内铺有一层100mm厚碎焦或煤的砖格上，点火后发生造渣和还原反应，约48h熔炼完毕。被还原的粗锑沉积于坩埚底部，渣集于坩埚顶部。冷却后将坩埚打破，取出锑块（亦称马蹄锑）。每块锑重约2kg，含80% Sb左右，需要在反射炉内进一步精炼成产品。

坩埚炉熔炼法是一种古老、落后的方法，但简单易行，甚至把坩埚紧排在围有砖墙、铺有100mm碎焦的砖格上，将碎焦点火燃烧，也可以炼出锑。缺点是直收率和回收率都不高，燃料消耗大，但由于方法简单，常为一些小厂所采用。

（2）鼓风炉熔炼法。对处理锑精矿的炼锑厂而言，可将泡渣破碎到80mm以下，作为鼓风炉的配料成分与锑精矿一起处理。对于冶炼铅锑复合矿的工厂，虽然也可搭配少量泡渣与烧结块一起进鼓风炉熔炼，但无法全部采用此法处理。

有的工厂利用一种小型鼓风炉集中处理泡渣，以氧化锑和粗锑的形式回收其中的锑。将泡渣破碎至80mm以下，按泡渣:焦炭=10:3的质量比定时加入炉内，采用高料柱和低温炉顶操作。泡渣在炉内经过熔化、还原、挥发和造渣等过程，完成挥发熔炼。所产粗锑含79%～90% Sb；锑氧含60%～74% Sb，可作反射炉还原熔炼的原料。

（3）反射炉熔炼法。为了综合处理熔炼过程中产出的各种炉渣等废料，如沉降烟尘、氧化渣、吹熔渣等，广西某厂设计了一种专门的反射炉，称为ZCL炉（即"渣处理"炉）。这种反射炉在结构上与吹炼反射炉基本相似。但没有燃烧室，而是在炉头外另设一个粉煤烧嘴，通过压缩空气吹入粉煤燃烧供热，所以看起来更像炼铜反射炉。目前可用于反射炉的粉煤烧嘴有涡流式双管粉煤烧嘴和单管粉煤喷枪两种，ZCL炉一般采用后者。单管粉煤喷枪实际上就是一根略呈收缩形的喷管，结构如图7－4所示。当管内通往压缩空气时，在负压作用下粉煤自动吸入管内，并在喷口喷出与二次空气混合进行燃烧，其燃烧率最大可达每小时几百千克。空气—粉煤混合物在喷枪内的流速为15～20m/s，喷口处的喷出速度应保持在20～30m/s范围内，过大容易脱火，过小则易回火和沉碳。当燃烧普通无烟煤和烟煤时，炉温可达1300℃左右。

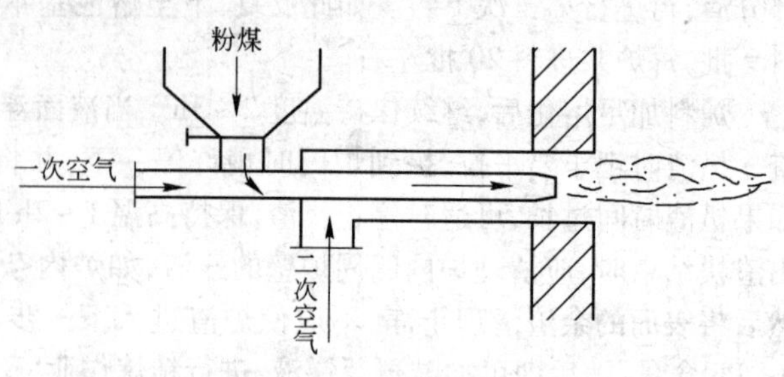

图7－4　单管粉煤喷枪

制造粉煤的原煤挥发分应大于20%、灰分小于10%、水分小于10%和尽可能少的硫。为此粉煤多用60%～70%的无烟煤和30%～40%的烟煤混配而成。煤经粉煤机磨细后即可加入煤斗供烧嘴燃烧。

全厂各工序产出的烟尘、炉渣，包括沸腾炉沉降尘、电尘、反射炉吹炼渣、铅阳极炉氧化渣及泡渣等物料，与还原煤、纯碱、河沙、石灰石一起按一定比例配料后，用搅拌机搅拌均匀，分批从炉顶加入ZCL炉内。物料在炉内经过受热、熔化，一部分锑及其他易挥发成分进入烟尘，部分细粒炉料也被烟气带入烟尘损失掉。大部分的锑和几乎全部的铅及贵金属则还原成金属，以合金熔体富集于炉床底层。炉料中的杂质和造渣成分一起造渣，最后从炉尾扒渣口扒出。这种渣含金属很低，可作为弃渣。铅锑合金以虹吸方式放出。

复习思考题

1. 氧化锑还原熔炼有哪些基本要求？
2. 用化学方程式表达氧化锑还原熔炼的基本原理。
3. 锑氧存在哪些主要杂质成分？用化学方程式表示它们在还原过程中的行为。
4. 阐述氧化锑还原反应过程中的主要影响因素。
5. 反射炉还原熔炼生产工艺包括哪几个工序？
6. 阐述还原熔炼的主要技术条件。
7. 反射炉还原熔炼操作时有哪些主要技术要求？

8 锑的精炼

烟尘中各种金属基本上以氧化物形态存在，烟尘中的杂质主要是铅和砷，还原熔炼的结果是锑中含有较多的铅和砷，以及其他一些杂质，因此在还原熔炼完毕之后必须接着进行精炼作业。世界各国根据工业发展的不同要求，对金属锑制订了不同的标准。我国和美日采用的锑分类标准如表8－1所示。

表8－1 锑的分类及技术条件

国别	锑品号	代号	化学成分/%						
			Sb	杂质（不大于）					
			（不小于）	As	Fe	Pb	S	Cu	总和
中国GB 1599—79	一号锑	Sb－1	99.85	0.05	0.02		0.04	0.01	0.15
	二号锑	Sb－2	99.65	0.10	0.03		0.06	0.05	0.35
	三号锑	Sb－3	99.50	0.15	0.05		0.08	0.08	0.50
	四号锑	Sb－4	99.00	0.25	0.25		0.20	0.20	1.00
美国	A		99.80	0.05		0.15	0.10		0.20
	B		99.60	0.10		0.20	0.10		0.40
日本	特级		99.50	0.10	0.05	0.20	0.10		0.50
	1级		99.00	0.20	0.10	0.60	0.20		1.00
	2级		98.50						1.50

炼锑厂的精炼工序主要是除砷和除铅。精炼方法可分为火法精炼和电解精炼两类。至于高纯锑（大于99.999%Sb）的生产，多由氧化锑出发经过氯化锑的氢还原或通过高品位金属锑的区域熔炼精炼制出，可作为特殊工艺看待。火法精炼有反射炉、电炉、感应炉、短窑等精炼方法，广泛用于工业生产；电解精炼有水溶液电解和熔融盐电解，虽未得到广泛应用，但具有较大的发展前途。本章就反射炉精炼做详细介绍。

8.1 锑火法精炼的原理

粗锑中的杂质有两种来源：一是原料中伴生的杂质，在冶炼过程中未能完全分离，以元素状态进入锑内。这些杂质以砷铅为主，还有少量硫、铁。另一种是次生的，即在火法冶金生产过程中进入粗锑的杂质，其中主要是铁。在生产中所用的铁质工具，被锑侵蚀进入粗锑中。采用火法精炼时，锑内杂质除去的难易，主要由这些杂质与金属锑结合的状态及彼此间化学性质的差异而定。锑内的铜、铁、硫等杂质，与锑的性质相去甚远，容易除去；杂质砷与锑的性质极为相近，较难除去，而铅最难除去。

8.1.1 粗锑火法精炼的一般原理

锑的火法精炼一般是基于使锑内的杂质优先氧化或硫化形成浮渣而与锑分离，也可利用降温熔析、真空蒸馏生成金属间化合物等方法，使某种杂质降低到工业要求。1100℃以下锑和一些金属的氧化物和硫化物的生成焓数据列于表8-2。

表8-2　一些金属氧化物和硫化物的标准生成自由焓

金属及其生成物	$\Delta G^{\ominus}$/kJ·(mol O_2)$^{-1}$或kJ·(mol S_2)$^{-1}$			
	800℃	900℃	1000℃	1100℃
Na→NaO	-530.5	-502.5	-435.6	-379.5
Fe→FeO	-378.2	-364.0	-354.0	-340.6
Sn→SnO_2	-353.1	-332.2	-310.9	-290.0
Ni→NiO	-294.6	-277.8	-261.1	-244.3
As→As_2O_3	-291.6	-277.4	-262.8	-248.8
Sb→Sb_2O_3	-279.9	-264.8	-249.4	-236.0
S→SO_2	-266.9	-262.8	-259.0	-254.8
Pb→PbO	-230.1	-212.1	-195.0	-179.5
Cu→Cu_2O	-178.7	-165.7	-152.3	-139.3
Na→Na_2S	-598.3	-572.0	-535.6	-483.3
Pb→PbS	-285.8	-253.6	-221.8	-189.5
Cu→Cu_2S	-197.1	-190.8	-185.4	-179.9
Fe→FeS	-187.9	-177.0	-166.1	-155.2
Sn→SnS	-129.3	-115.1	-101.3	-87.4
Sb→Sb_2S_3	-65.7	-52.7	-40.2	-27.6

由表中数据可以看出，铜、铁等杂质可以进行硫化处理，砷、锡等杂质可以进行氧化精炼。当然，仅考虑热力学上的可能性是不够的，还必须考虑杂质金属在锑中的存在形态及其在熔体中的活度，才能做出可靠的分析。氧化精炼或硫化处理的反应机理不仅是优先氧化或硫化，而且有置换反应。因为在反应区杂质金属的浓度只占主体金属的百分之几或千分之几，因此首先是主体金属与氧或硫作用，然后杂质金属才和主体金属的氧化物或硫化物发生置换反应。杂质金属氧化物或硫化物的生成自由焓数值越负，这种置换反应就越易进行。

8.1.2　精炼除铁

铁易与锑结合成合金，在液相时能完全互溶，但固相时铁却不溶于锑。铁能与锑组成含铁1.5%、熔点628℃的共晶，因此采用降温熔析法可将锑内铁含量降至1.5%。在此以下的铁就必须借助别的方法除去。不过生产实践表明，粗锑含铁低于1.5%时，仍可用降温法除铁，可将铁降至0.02%，其原因有待进一步研究。

由于铁的氧化物和硫化物的生成自由焓数值都比锑的负，利用这一特性，能有效地除去残余的铁。工业生产中是往锑液中加入硫化锑精矿或氧化锑、无水硫酸钠，同时加入碳酸钠作造渣剂。在精炼中发生如下反应：

$$4Fe + Na_2SO_4 = 4FeO + Na_2S$$

$$3Fe + Sb_2O_3 = 3FeO + 2Sb$$

$$3Fe + Sb_2S_3 = 3FeS + 2Sb$$

生成的硫化铁或氧化铁和熔融的碳酸钠反应，生成硫化钠或铁酸盐，从而与锑分离：

$$FeS + Na_2CO_3 = FeO + Na_2S + CO_2$$

$$4FeO + 2Na_2CO_3 + O_2 = 2Na_2Fe_2O_4 + 2CO_2$$

这个反应是在金属与精炼渣的接触面上进行的，精炼渣呈碱性，有利于铁的硫化物和氧化物转入熔渣中。

8.1.3 精炼除铜

铜在锑内的含量一般很低。铜与铁一样，其硫化物的生成焓值比锑要负，根据这一性质，在一定温度下，加适量的硫化锑精矿，铜与硫就可反应生成 Cu_2S。Cu_2S 的密度为 5.6g/cm^3，与锑的密度6.6g/cm^3 相差甚小，不易分离，需要加适当的造渣剂（纯碱或氯化钠），使之生成一种密度较小的钠、铜与锑的硫化复合物，才能与锑很好地分离。

硫化除铜、铁时带入的硫也需要采用化学方法除去。实践证明，纯碱能将锑内的硫降至0.002%以下，是最好的脱硫剂。其反应为：

$$3Na_2CO_3 + Sb_2S_3 = 3Na_2S + Sb_2O_3 + 3CO_2$$

生成的硫化物则与硫化锑作用，形成硫代亚锑酸钠入渣。

铅锑复合矿冶炼产出的粗锑含铜、铁、硫都不多，如铜最高也只有千分之几。铁和硫都可在碱性精炼中随砷一起被脱除，往往不需要进行单独的除铜、铁、硫作业。

8.1.4 除砷

砷是锑内最常见的杂质，它对锑的用途影响很大。在精炼标准中，将砷列为主要杂质，即使少数工业部门允许锑内含砷，要求也比较严格。

砷与锑在金属状态能够无限互溶，但其蒸气压的大小差别很大。砷和锑高价氧化物的标准生成自由焓值也有相当大的差别。利用前者可用真空蒸馏法使砷挥发除去；利用后者可仿照粗铅的碱性精炼，使砷优先氧化除去。目前工业上应用比较广泛的是加碱吹风氧化的碱性精炼法。这种方法是将纯碱加在熔融的锑液上，并向锑液内鼓入压缩空气，将砷氧化，再与碱性熔剂作用生成砷钠盐，从而与锑分离。其反应如下：

$$2As + 2.5O_2 + 3Na_2CO_3 = 2Na_3AsO_4 + 3CO_2$$

$$2As + 1.5O_2 + 3Na_2CO_3 = 2Na_3AsO_3 + 3CO_2$$

生产实践表明，96%以上的砷可按以上反应以五价状态与碱性熔剂生成砷酸钠。其余以三价状态生成亚砷酸钠。

在精炼过程中，部分锑也被氧化，并与碱性熔剂作用生成锑酸钠和亚锑酸钠（主要是亚锑酸钠）：

$$2Sb + 2.5O_2 + 3Na_2CO_3 = 2Na_3SbO_4 + 3CO_2$$

$$4Sb + 3O_2 + 6Na_2CO_3 = 4Na_3SbO_3 + 6CO_2$$

锑和砷虽可同时氧化，但砷含量很少，反应生成的锑钠盐处于绝对优势，不一定待砷氧化就会在锑液内发生取代反应，形成的砷钠盐浮在锑液表面，从而促进除砷过程。取代反应可表示如下：

$$Na_3SbO_4 + As = Na_3AsO_4 + Sb$$

$$Na_3SbO_3 + As = Na_3AsO_3 + Sb$$

除砷所需的纯碱量，按形成 Na_3AsO_4 计算，每吨砷消耗碳酸钠 2.12kg。但实际用量却大大

表 8-3 锑碱性精炼除砷耗碱计算表

$w(As)/\%\rightarrow$ （横向）；$w(As)/\%\downarrow$ （纵向）；$w(As)/\%\searrow$ （斜向）

	0.02	0.01	0.0008	0.0006	0.0004	0.0003						
0.002	61.5	47	42	34.5	23	14	0.002					
0.001	90	75.5	70.5	63	51.5	42.5	28.5	0.001				
0.0004	147	132.5	127.5	120	108.5	99.5	85.5	57	0.0004			
0.0003	173	158.5	153.5	146	134.5	125.5	111.5	83	26	0.0003		
0.0003	192	177.5	172.5	165	153.5	144.5	130.5	102	45	19	0.0003	
0.0002	218.5	204	199	191.5	180	171	157	128.5	71.5	45.5	26.5	0.0002

	0.8	0.75	0.7	0.65	0.6	0.55	0.5	0.45	0.4	0.35	0.3	0.25	0.2									
0.15	41	38.5	36	33.5	31	28.5	26	23	20	17	14	10	5.5	0.15								
0.12	45	42.5	40	37.5	35	32.5	30	27	24	21	18	14	9.5	4	0.12							
0.1	48	45.5	43	40.5	38	35.5	33	30	27	24	21	17	12.5	7	3	0.1						
0.08	52.5	50	47.5	45	42.5	40	37.5	34.5	31.5	28.5	25.5	21.5	17	11.5	7.5	4.5	0.08					
0.05	59	56.5	54	51.5	49	46.5	44	41	38	35	32	28	23.5	18	14	11	6.5	0.05				
0.03	71	68.5	66	63.5	61	58.5	56	53	50	47	44	40	35.5	30	26	23	18.5	12	0.03			
0.025	75	72.5	70	67.5	65	62.5	60	57	54	51	48	44	39.5	34	30	27	22.5	16	4	0.025		
0.02	81	78.5	76	73.5	71	68.5	66	63	60	57	54	50	45.5	40	36	33	28.5	22	10	6	0.02	
0.01	90	87.5	85	82.5	80	77.5	75	72	69	66	63	59	54.5	49	45	42	37.5	31	19	15	9	0.01

3.0	2.9	2.8	2.7	2.6	2.5	2.4	2.3	2.2	2.1	2.0	1.9	1.8	1.7	1.6	1.5	1.4	1.3	1.2	1.1	1.0	0.9	
106	101.5	97	92.5	88	83	78.5	74	69	64	59	54.5	50	45	40	35	30	25	20	15	10	5	0.8

超过理论用量,碱的除砷效率随锑内砷含量的降低而降低。计算碱耗的方法有两种:一是根据每千克砷的耗碱量来计算,如炼2号精锑,取每千克砷耗纯碱6~7kg,再计算总耗碱量;二是查图或查表。从图8-1的纵坐标上查出粗锑与出炉锑要求的含砷点,曲线上这两点横坐标的差值即为每千克砷所需要的耗碱量(kg)。查表的方法是从表8-3的表格外找出粗锑含砷和出炉锑含砷数据,这两个数据在坐标上垂直相交的数据,即为每吨锑液的耗碱量。

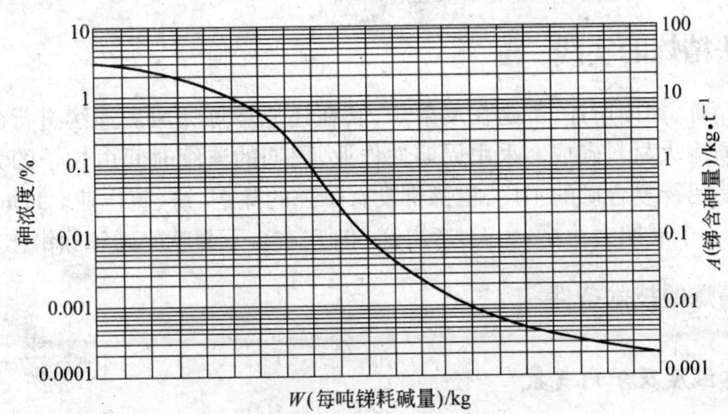

图8-1 除砷耗碱计算图(W-A关系曲线)

(横坐标每格相当于每吨锑耗碱量为20kg)

计算纯碱加入总量时,还需知道锑液的总量。在生产中,炉内锑液总量一般按体积来估算,锑液含砷品位,由取样化验测定,取得这些数据后,就可算出总的耗碱量。

8.1.5 除铅

一般粗锑中的铅含量从千分之几波动到百分之几,过去的锑火法除铅一直是比较困难的问题。铅与氧的亲和力小于锑,不能以氧化精炼法除去,从热力学的角度看可以用硫化法除铅,但实际上只能使熔体中铅的含量降到0.8%~1.3%。真空蒸馏法虽然除铅彻底,但经济上不合算,只能应用于高纯锑的生产。我国过去还曾采用重复吹风氧化、还原、精炼的办法,产出高纯度的"四九"锑。

近年来锡矿山矿务局的科研人员经过多年探索,找到了一种较好的除铅方法。这种方法是在700~780℃下在锑液中加入磷酸二氢铵(即所谓除铅剂),等待除铅剂熔化后,向锑液内鼓入压缩空气,使铅氧化为PbO,再与磷酸二氢铵作用生成磷酸铅入渣除去:

$$3PbO + 2NH_4H_2PO_4 = Pb_3(PO_4)_2 + 2NH_3\uparrow + 3H_2O$$

反应步骤如下:

首先是除铅剂受热分解:

$$NH_4H_2PO_4 = H_3PO_4 + NH_3$$

$$Pb + H_3PO_4 = PbHPO_4 + H_2$$

总的反应式为:

$$NH_4H_2O_4 + Pb = PbHPO_4 + NH_3 + H_2$$

由于产生氨气和氢气,因此投入除铅剂过程和吹炼初期锑液表面有蓝色火焰产生。也有的人认为向锑液内鼓入空气时铅先被氧化后才与除铅剂反应,如:

$$2Pb + O_2 = 2PbO$$

$$PbO + NH_4H_2PO_4 = PbHPO_4 + H_2O + NH_3$$

但这种可能性极小，即使有，也是很少量。由前面的图表数据我们可以看出，铅和锑与氧反应生成氧化物的自由焓分别为 -230kJ/mol 和 -280.0kJ/mol，氧化锑生成的自由焓负值比氧化铅的自由焓负值更大。将会发生以下置换反应：

$$3PbO + 2Sb = 3Pb + Sb_2O_3$$

因此说 PbO 和除铅剂直接反应难以发生。

8.2　粗锑火法精炼的实践

我国的粗锑精炼，如前所述，都是在反射炉内，在还原熔炼完成后连续进行的。反射炉用黏土质或三级高铝质耐火材料砌成。采用周期性作业，周期的连续时间由炉子的大小和杂质的多少而定。不少冶炼铅锑复合矿的工厂，粗锑都没有单独的除铜、铁、硫作业。$11m^2$ 还原熔炼反射炉冶炼 2 号锑时，一个周期大约 6～8 天，产出锑 60t 左右。下面就除砷和除铅作业进行介绍。

8.2.1　反射炉精炼的技术条件

8.2.1.1　锑熔体温度及炉内气氛

温度对除砷、铅效果影响十分显著。精炼除砷的最佳温度为 850～900℃。过低纯碱不易熔化，反应速度下降；过高又会造成锑的大量挥发。除铅时，温度太低，除铅剂不熔化，不能与粗锑中的铅充分接触，反应不彻底；温度太高，生成的铅化合物分解，重熔进入锑中。除铅的理想温度为 800～900℃。铅渣中一般含铅 25%～40%，少数情况下可以达到 45%。另外，锑的氧化物 Sb_2O_3 是一种典型的两性氧化物，在除铅过程中难免会发生造渣损失，故控制温度在 850℃ 左右也有利于减少锑的氧化造渣。

炉内气氛对除砷和除铅效率影响较大，保持氧化性气氛是保证高的除杂效率、防止碱渣砷重新转入锑的重要条件。

8.2.1.2　除砷和除铅剂的用量

除杂药剂添加量过少，反应不完全，杂质清除不彻底；添加量过大，金属直收率低，且不经济。除砷剂的用量可通过查图结合计算得出。除铅剂的用量可按每千克铅的消耗量计算。理论上每千克磷酸二氢铵与 2.9kg 铅作用，但由于磷酸二氢铵在高温下的分解以及反应不完全、被渣夹杂带走等损失，实际的加入量要远远大于这一数值，每千克铅约为 2～4kg。

至于粗锑的总质量，一般可按其体积估算，粗锑中的砷铅含量则必须通过取样化验确定。

8.2.1.3　风量和风压

鼓风压力要大于锑液最深处的压强和管道阻力之和，但也不可过于强烈，鼓风强度以能保持锑液沸腾即可。以锑液深度为 500mm 的精炼过程为例，锑液密度约 $6700kg/m^3$，则最深处压强为 33.5kPa，风管阻力大约在 40～50kPa，因此生产中鼓风压力应控制在 100kPa 左右。压力过大，锑液飞溅；压力过小，锑液搅动不好，不利于杂质的氧化反应和从高浓度区向低浓度区扩散。

鼓入的风量也要适当，在除砷过程中，若按砷的氧化反应式计算，每千克只需空气 $1.2m^3$（标准状态），由于还伴有锑的氧化和利用空气搅动锑液，实际生产所需要的空气是理论计算量的 5～6倍。如风量加大，搅动强烈，虽有砷氧化全面，搅动后与碱性溶剂接触充分，有利于脱砷，但这将会导致锑的大量挥发，直收率下降；风量过小，翻动不了锑液，所以要控制好鼓风强度。

8.2.2 反射炉精炼的操作实践

8.2.2.1 除砷操作

还原熔炼结束后,将锑液表面的浮渣清除干净,然后在锑液面上覆盖一层纯碱。若炉内锑液含杂质较多,泡渣扒不干净时,可先加一、二批低砷碱渣除砷。一是为了充分利用碱渣中残余的游离碱;二是可以用碱渣除干净浮在锑液表面的泡渣或硅酸盐,排除 SiO_2 对于除砷的影响。计算好需要的碱量后,应根据不同阶段除砷量分批加入纯碱,一般以每平方米锑液表面加40kg左右。在加碱时,应减弱炉内的抽风,以免纯碱抽入烟道;控制炉内温度为800~850℃,最高不得超过900℃。待纯碱在炉内全部熔化后,调整好风量和温度,即可用包有耐火泥保护层的生铁管(小风管)插入锑液内吹风30~40min。风管一定要插入锑液内,以金属液面沸腾5~10cm为度,并随时调整风管方向,使锑、碱充分混合。此时锑及其中的砷即发生8.1节所述的反应,最终使砷转变为砷酸钠形成精炼渣漂浮在锑面上。

鼓风的时间一般按20kg纯碱鼓3~4min计算,在鼓风过程中每隔10~15min,摆动一次风管吹炼角度,目的是使整炉的锑液能均匀搅拌,消灭死角。在架风管的过程中,因炉门打开,散热快,而且有冷空气抽入炉内,炉温难以控制,为此利用可移动的隔热板,堵住炉门,保证炉内的温度,待碱液表面出现鱼鳞状时,即可抽出风管扒出碱渣。由于伴有大量熔点较高的锑酸钠,此渣黏度很大,只能用平面圆铲(俗称黏污瓢)沾拖取出。碱渣颜色以绿色为好,如果颜色偏白,则说明过程温度太高。扒渣后再次加碱除砷,进行下一轮精炼操作,如此反复,直到取样化验锑内砷含量低于出炉锑的砷含量要求为止。期间注意取样分析,如砷含量已合乎要求,就应马上停止吹炼,避免锑的损失。精炼产出的碱渣成分如表8-4所示。

表8-4 碱渣的成分(%)

成　分	Sb	As	Pb	Sn	Zn	Ag	Cu	Bi
含　量	10~20	5~15	2~5	0.01	0.79	0.024	0.029	0.14

8.2.2.2 精炼取样

在精炼过程中,必须掌握锑液砷含量的变化,精炼开始时,要取样分析,计算碱量,精炼中期也要取样分析,了解除砷效果,化验提供砷的变化数据是精炼作业继续或中止的唯一根据。因此除砷要求化验准确及时外,精炼作业人员必须熟练取样操作,使样品具有代表性。取样时需要注意这样几点:(1)取样的锑瓢、样桶必须干净;(2)取样的时间要恰当,第一个粗锑的样品要在即将扒泡渣时舀取,精炼过程中的粗锑样品,应在碱渣大部分扒完后舀取;(3)取样的方法,应在每个工作门的上层和下层各取一个样品。

值得注意的是:精炼控制的出炉锑含砷指标要比产品含砷标准稍低,这是考虑到锑液含砷的不均匀,或因“衣子”中砷的转入,或在下一道操作中由于锑的损失,而导致锑液砷含量升高。

8.2.2.3 精炼除铅操作

除砷合格后,彻底清除锑液表面上的碱渣,避免碱渣中的纯碱与除铅剂发生中和反应,从而降低除铅效率。在实际的操作中,扒完碱渣后,控制温度在700~750℃,最高不得超过850℃,然后先加一、二批低铅渣除铅,一是为了充分利用铅渣中不饱和磷酸根或中和残留在炉内的碱渣;

二是为了节约成本。每次精炼加入的除铅剂按 35kg/m^2 锑液表面计算。在加入除铅剂时，一定要穿戴好劳保防护用品，并保持炉体内有一定的负压，防止除铅剂遇热分解产生的氨气从炉门喷出，导致操作人员中毒。除铅剂在炉内基本熔化后，调节好风量和风压，即可鼓风搅动，搅动时间一般按每批除铅剂 2.5h 计算，在鼓风搅动过程中，同样每隔 15min 改变一次风管的鼓风方向，目的是使整炉锑液均匀搅动，消灭死角，尽力消除铅的不均匀分布现象。待鼓风时间到或渣表面出现灰黑色时，即可抽出风管扒渣，然后再进行下一轮的除铅操作，直到取样合格为止。经过几次除铅后，锑液中的铅含量可降到 0.06% 左右。

精炼除铅的操作质量指标是铅渣含铅的高低，铅渣含铅高表示技术操作好，在多次除铅操作中，随着铅在锑液中的下降除铅效率也随之降低。为了节约成本，往往将最后三次的低铅渣代替除铅剂用于最初几次精炼。渣含锑量一般在 15% ~25% 之间。渣中机械夹杂造成的锑损失也很可观，所以扒渣时要尽量避免夹带锑液。

在精炼除铅过程中，要掌握好锑液含铅的变化，要取样分析，计算除铅剂用量，了解除铅效果，最后要取样分析并与出炉锑控制含铅指标对照。化验提供铅的变化数据是精炼作业继续或中止的唯一根据。

除铅的取样操作与除砷的取样操作一样。但在最后一遍除铅后，取样化验时应同时化验锑、铅、砷的含量，看是否达到产品的要求。若有超标，则需重新进行超标杂质金属的清除操作。

8.2.2.4　加“衣子”

所谓“衣子”是锑锭表面的起星剂或覆盖剂，它是含锑较高、含砷较低的粉状锑氧在高温下的熔融物，用以覆盖在锑液表面，隔绝空气，保护锑不受氧化，同时使熔融的金属锑缓慢冷却，创造结晶条件，使锑锭表面呈现凤尾草花纹；利用衣子的粘附作用，还可以除去某些高熔点杂质。生产中将含锑大于 80%、含砷较低的粉状锑氧，配以 1% ~2% 的纯碱作熔剂，按每吨锑液 40 ~50kg 加入炉内，熔化后呈亮褐色、流动性好的熔体，这种衣子称为“新衣子”。接着再按每吨锑液约 100kg 加入从锑锭表面除下来的“老衣子”。在高温下新、老衣子熔融成流动性好的均一熔体后，即可进行铸锭作业。

8.2.3　锑液铸锭

铸锭有人工舀铸和机械铸锭两种方法。人工舀铸是在 900℃ 高温下先向锑模内注入少量衣子，再将锑液舀入铸模。机械铸锭有水平式铸锭机和圆盘式铸锭机两类。浇铸机由浇铸包、铸模、链板、链条驱动装置等组成。锭模呈横向排列在链板上，两端与链板相连。链板由首尾两个链轮驱动在两条平行轨道上做水平运动。靠近尾轮的锭模上方，安装有一个浇铸包，它通过浇注装置将锑液注入锑模内。锑液入模后在运动中缓慢冷却，一般冷却时间为 24 ~30min，并在最后翻转脱出或由顶针顶出。水平式铸锭机的结构如图 8 -2 所示。

锑锭冷却后，用尖铁锤将衣子锤下，同时用粗砂布或尖铁锤清除表面熔渣，平整表面。锑锭表面出现质量缺陷，如折皱、黄釉、黑斑、气孔等，一般是在铸锭过程中造成的。影响锑锭表面质量的因素很多，主要有以下几点：(1) 铸锭的最佳温度为 750 ±50℃。温度过高，锑氧挥发大，还会使锑锭产生表面气孔；温度过低则可能侧面起褶，夹渣也难以分离；(2) 衣子的质量是影响锑锭表面质量的重要因素。衣子中含碱过高往往使锑表面起黄釉，若混入高熔点杂质，这些杂质也会在锑液表面析出，粘附在锑液表面；(3) 铸锭机运行要平稳，无振动现象。否则会引起锑液表面波动，凝固时产生波纹状折皱；(4) 锭模必须干燥，潮湿的锭模可使锑锭底面出现密集的气孔甚至引起锑液爆炸；(5) 铸锭时浇铸口应以最小的高度差向模内注入锑液，锑液流不可触及模

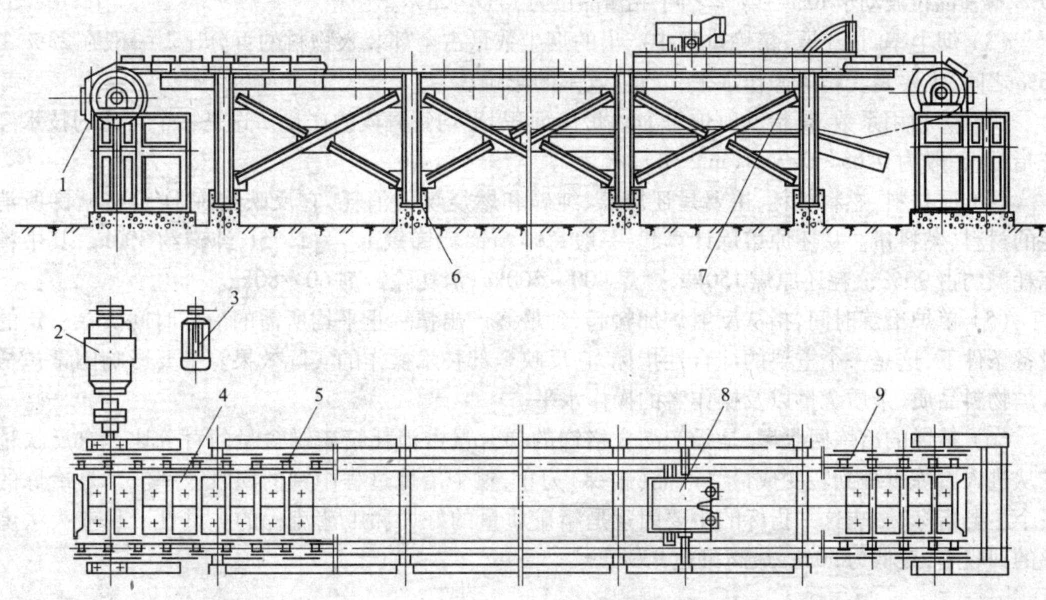

图 8-2 水平铸锭机结构图

1—链轮;2—减速器;3—电动机;4—铸锭模;5—滚轮;6—机架;7—顶针压杆;8—浇铸包;9—链板

壁,以免在锑锭的底面和侧面产生缺陷。

我国某锑矿曾一度生产水淬锑,即将炼好的纯锑由炉门下方设置的溜口放入一个大水池内,使之形成外表光洁、大小如豆的碎锑粒。水淬锑的成分与锑锭相比并无差异,但容易包装、运输和使用。只是由于市场上的习惯势力作祟,还未得到推广应用。

8.3 反射炉熔炼的主要技术经济指标

反射炉熔炼的技术经济指标不仅指精炼过程,同时还包括还原熔炼在内的全部技术经济指标。

(1) 锑的回收率和直收率。锑的回收率是指反射炉产出的精锑含锑量,与投入物料的含锑量减去回收料的锑金属量的百分比,它反映了还原精炼过程中,锑的回收程度,一般指标为95% ~96%,计算公式如下:

$$\text{锑回收率} = \frac{\text{产出精锑含锑量}}{\text{原料中含锑量} - \text{渣含锑量} - \text{锑氧含锑量}} \times 100\%$$

锑的直收率是指反射炉产出合格精锑量占全部装入物料含锑量的百分比。它反映了反射炉还原熔炼和精炼过程中,锑的直接回收水平。一般为70% ~80%,通常炉床面积大的反射炉直收率要高于炉床面积小的。锑的直收率计算公式如下:

$$\text{锑直收率} = \frac{\text{精锑中锑含量}}{\text{装入物料锑含量}} \times 100\%$$

(2) 渣率和渣的品位。渣率是指精炼过程中产出的渣量占全部装入物料的百分比。因为在还原和精炼过程中分别产出泡渣和碱渣及除铅渣,故应该分别计算。泡渣率是指锑氧粉入炉还原熔化后扒出的泡渣量占全部装入物料的比例。这个指标在很大程度上取决于锑氧的质量,一般在7% ~8%之间波动。碱渣率则取决于粗锑中砷的含量,同时也受操作的影响,一般在16% ~18%之间波动。一般渣的品位即各种渣中的含锑百分比,反映了还原和精炼操作的质量。操作正常时,泡渣品位为25% ~

30%，碱渣品位波动于10%～20%之间，铅渣品位为15%～25%。

（3）烟尘率，指还原、精炼过程中产出的烟尘数量占全部装入物料的百分比。一般在23%～26%之间，主要是受精炼操作水平和收尘效率的影响。

反射炉利用系数，是指反射炉每$1m^2$炉床面积，平均每昼夜的产量。这是一个可比的技术经济指标，一般为0.65～0.75t/(m^2·d)。

（4）原材料、燃料单耗，主要是还原煤、纯碱和燃烧煤的消耗，它反映冶炼1t合格精锑所消耗的材料、燃料量。从还原熔炼计算起，一般每吨精锑耗锑氧1.7～1.75t，纯碱约300kg，其中精炼耗碱约占90%。耗还原煤150kg，燃煤400～500kg；消耗除铅剂60～80kg。

（5）单炉冶炼时间，指从反射炉加料起，到最终产出精锑止平均所需的冶炼时间。在一定的设备条件下，这是一个重要的综合性指标，它反映全部技术操作的实际效果。主要影响因素包括入炉物料品质、杂质含量以及操作者的操作水平。

（6）精锑的冶炼回收率，是指产品合格锑的锑含量占消耗精矿锑含量的百分比。它反映精矿从进入冶炼过程到转变成最终产品（精锑）为止，整个冶炼过程中锑的回收效率。这是冶炼的一个主要指标，影响这一指标的主要因素是精矿质量的好坏和工艺流程的先进性。目前火法炼锑的回收率，最低为50%，最高可达93%。

8.4 精炼渣的处理

采用碱性精炼法脱砷得到含砷5%～10%的碱性渣，如果不及时处理，不仅严重污染环境，而且浪费其中的宝贵资源。这种碱渣与铅的碱性精炼渣类似，可用球磨—浸出—碳酸化除锑—真空过滤—蒸发浓缩—冷却结晶工艺，从砷碱渣中回收二次锑精矿及晶体砷酸钠混合盐，也可生产结晶的砷酸钠、碳酸钠及硫酸钠的混合盐，作为玻璃工业的澄清脱色剂。该工艺虽然回收了其中的锑，但对砷酸钠混合盐没有进行进一步的处理，而只作为玻璃澄清剂使用，使砷酸钠混合盐中含量丰富的碱没有充分回收利用，而且砷酸钠混合盐只能作为玻璃澄清剂出售，销路单一，市场前景不明朗。

有人从原料的特点出发，提出了如图8－3所示的工艺流程。从图中可以看到，此工艺流程不仅没有产生废水、废渣，而且还得到了可供工业用的4种副产品，其经济、环境效益及社会效益是可观的。

碱渣处理的工艺条件为：首先通过热水浸出，使90%以上的锑进入浸出渣，浸出渣可作为二次锑精矿使用。97%以上的砷进入浸出液中，这样就实现砷和锑的分离。其次对浸出液采用石灰乳沉砷，控制钙砷当量比为1.85，

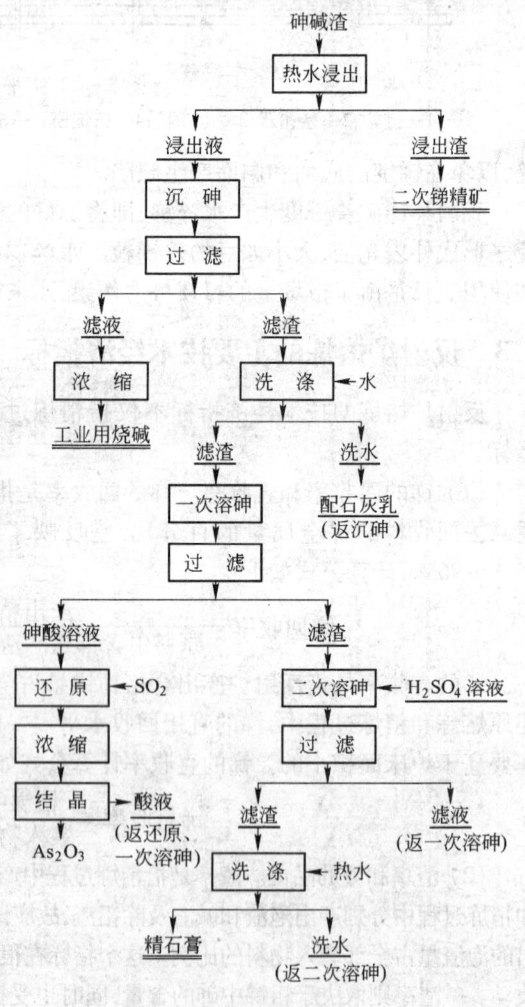

图8－3 处理砷碱渣工艺流程图

温度为85℃左右时，沉砷率达到95%。第三步将砷钙渣用硫酸溶液溶解。控制温度约85℃，$w(H_2SO_4)/w(CaO)=1.2$，溶解砷钙渣得到含砷很高的砷酸溶液和粗石膏。粗石膏经过二次溶砷得到了含砷小于0.2%的精石膏，最后通过还原、冷却结晶试验，得到了纯度达到95%以上的粗三氧化二砷。

8.5 粗锑电解精炼

水溶液电解精炼可以制取高纯度的金属锑，并可通过阳极泥的处理回收其中的金、银和其他在电化序中较锑为正的金属，只有 Bi、As 和 Sb 相接近，在电解中不易完全分离。

8.5.1 电解液的组成和作用

现代工业生产中，粗锑电解精炼一概采用由氢氟酸和硫酸组成的电解液。在适当条件下虽然也可采用碳酸钠和氢氧化钠组成的碱性电解液，但因其缺点较多，未能得到推广。酸性电解液之所以选用氢氟酸，是因为能溶于水的锑化合物为数不多，锑的硫酸盐和硝酸盐实际上不溶于水，硅氟酸盐和硼酸盐的溶解度也很小。

三氯化锑在大量盐酸和氯化钠的存在下能够很好地溶解于水。这种电解液能够保持相当高的锑离子浓度，并获得接近理论值的电流效率。但在某些条件下阴极会析出爆锑，这是盐酸电解液电解的缺点。此外，溶液稀释时容易发生水解反应，析出氯氧化物，不能借助洗涤阴极和残阳极的方法进行电解液的再生。

三氟化锑与三氯化锑不同，它既易溶于水，稀释时也不析出不溶性的盐类。但由于氢氟酸价格昂贵，所以工业上不采用纯氢氟酸溶液，而采用由氢氟酸和硫酸混合组成的电解液，其中溶有为量不大的三氟化锑。这种混合溶液的价格较廉，可以降低精炼费用。硫酸的作用是增加电解液的导电性，防止阳极产生钝化。

由于 SbF_3 和 H_2SO_4 组成的电解液主要含 F^-、Sb^{3+} 和 SO_4^{2-} 离子，在电流密度一定的条件下，它们在电解液中的含量，对电解过程都有较大的影响。

电解液中的氟离子，特别是游离的氟离子对电解影响很大，它关系到槽电压的高低和砷在阴极与阳极泥中的分配。游离氟离子含量低，槽电压则高，进入阴极的砷就多。当电解液中游离氟离子达到一定的浓度（20g/L 以上）后，电解过程稳定，槽电压较低。

当电解液中的 Sb^{3+} 浓度在 110～130g/L 范围内时，电解作业能正常进行，获得的阴极锑结晶致密，平整光滑。随着电解过程的进行，电解液中 Sb^{3+} 离子贫化，当其浓度低于 90g/L 时，析出的阴极锑结构疏松，有时甚至自动崩落掉入槽底；而增大 Sb^{3+} 的浓度，有利于提高阴极质量，但会增加电解液的电阻，导致槽电压升高。

前已提及，电解液中 SO_4^{2-} 离子不仅起着导电作用，而且还与阳极中的铅生成 $PbSO_4$，形成导电性的阳极泥，同时对镍在电解液和阳极泥中的分配也有影响。随着电解液中 SO_4^{2-} 的增加，镍进入电解液中的含量增大，进入阳极泥中的含量减少，这有利于镍的集中回收和阳极泥的下一步处理。但是随着 SO_4^{2-} 浓度的增加，电解液的密度增大，这对阳极泥的沉降不利。实践表明，对于含铅高的锑阳极板电解，电解液中 SO_4^{2-} 浓度控制在 340～370g/L 范围内，游离氟离子浓度大于 20g/L，Sb^{3+} 浓度在 80～100g/L，可以保证电解过程稳定，电解效果良好。

8.5.2 粗锑阳极的杂质及其在电解精炼过程中的行为

需要进行电解精炼的粗锑一般含锑品位较低，杂质较多，并含有回收价值的金、银。按照标准电极电位的正负及其绝对值的大小大致可分为以下三类:比锑的电性更正的杂质,主要是贵金属和硫;电极电位仍属正电性,但与锑接近的杂质主要是铜、砷、铋;负电性杂质主要是锡、铅、铁、镍、钴、锌等金属。

第一类杂质由于具有相当高的正电位,在粗锑电解过程中实际上不溶解而全部留在阳极泥中。当锑阳极含有砷和硫的时候,99%以上的金和银转入阳极泥。但在阳极既不含硫也不含砷的时候,大部分银和锑同在阴极沉积。对分离银,硫的存在比砷更有效。

第二类杂质铜、砷、铋,可大部或全部转入溶液并和锑一起在阴极上沉积。这些杂质进入阴极,会影响锑的质量。

第三类杂质,因性质各异,在电解过程中的行为也各不相同。98%以上的镍和部分铁转入溶液,在电解液中不断积累,造成电解液不纯。当它们的含量太高时,即结晶析出,就会妨碍电解的进行,甚至会在阴极表面上结晶,严重污染阴极锑。大部分的锡被氧化成高价形态转入溶液中,它虽不影响锑的沉积,但必须处理电解液以免其积累过多。

阳极中的铅与 SO_4^{2-} 生成硫酸铅,从阳极上脱落到阳极泥中。硫酸铅具有导电性,有利于降低阳极泥的电阻。由于铅不溶于含有硫酸的电解液内,故阴极锑实际上不含铅。随着阳极含铅量的增高,槽电压升高,阳极泥产出率增大,而阳极泥含金量降低,说明阳极含铅量对电解过程有很大影响。

槽电压升高的原因是,随着阳极含铅量的增加,生成的阳极泥附着在极板上的厚度增大,同时消耗于生成硫酸铅的 SO_4^{2-} 离子增多,因而槽电压升高且波动较大。当阳极含铅达17%时,槽电压波动在0.5~2.5V之间,表明电解作业不正常。研究指出,阳极含锑高,含金则低,因而阳极泥含金量随之降低,不利于下一步提金。阳极如果含铁过高,就会明显地降低阴极电流效率,如阳极含铁0.46%时,阴极电流效率为95%;当含铁为12.32%时,电流效率下降为85.4%。因此,为了回收粗锑中金、银等贵金属,阳极成分应该控制为:75%~80% Sb,$w(Fe)<2\%$,$w(Pb)<10\%$。

8.5.3　粗锑电解精炼过程的主要影响因素

粗锑电解精炼过程主要影响因素如下:

(1) 电流密度的影响。在电解液组成无多大变动的条件下,电流密度可在60~200A/m^{2}范围内变化。电流密度主要影响着槽电压和阳极泥的产出率,而对电流效率与金属的分配无明显影响。随着电流密度的增加,槽电压升高,电能消耗增大,但同时单位面积生产率也相应提高,一般应该选择经济电流密度。而且,随着电流密度的增加,阳极泥产出率降低,阳极泥含金量成比例地增加,锑在阳极泥中的损失减少,有利于锑的回收和阳极泥下一步的处理。当电流密度略大于200A/m^{2}时,阳极超电压接近0.1V;这时,锑阳极即强烈地氧化。由于阳极超电压引起的氧化作用,阳极中的锡呈四价形态转入电解液,一小部分锑也氧化成五价锑进入溶液,与 F^- 离子生成络合物。这个络合物中的锑不能在阴极析出,对电解不利。在阴极附近的电解液中,如锑的浓度低于槽中的平均浓度,则这个浓度差将随着电流密度的增加而增大。如用锑平均浓度为83g/L的溶液电解,采用63A/m^{2}的电流密度时,阴极附近锑的浓度为60g/L,而电流密度升至212A/m^{2}时,锑的浓度降低到35g/L。生产实践中采用的阴极电流密度为115~120A/m^2。

(2) 电解液温度的影响。由于电解液是HF与 H_2SO_4 的混合溶液,如温度高,HF挥发损失大,不利于电解作业。实践指出,电解液的适宜温度应在35℃以下,即使低到20℃,也能正常作业。在电解过程中由于电流的焦耳热,会导致电解液的温度升高。电流密度越大,升高的幅度也越大。因此,夏天应采用较低的电流密度,冬天才可以采用较高的电流密度。

(3) 电解液循环速度的影响。电解液循环,能防止阴极附近锑浓度的贫化;当电解槽内锑平均浓度较低时,加强循环也能保持阴极附近必需的锑浓度,电解作业正常,获得致密平整的阴极沉积物。电解液的循环能防止电解液中锑离子的贫化和因此而造成的浓度差,有利于电解;但对阳极泥的沉降不利,会使阳极泥悬浮,机械夹带进入阴极,造成金的损失。此外,电解液循环速度还应与电流密度相适应。在生产上电流密度为 115 ~ 120A/m^2 时,电解液采用上进下出一级循环,循环速度为 1.5 ~ 1.8L/min。

(4) 极间距离的影响。在电解液组成、电流密度、循环速度一定的条件下,极距对于槽压有较大的影响。生产上采用的异极中心距为 130mm。

(5) 残极率的影响。残极率主要影响锑在电解过程中的直收率。阳极板中铅量高,脆性大,极易发生断耳而造成残极率高。大量的残极返回铸造阳极,使得大量粗锑在流程中循环,也难免造成锑的挥发损失的燃料虚耗。

8.5.4 粗锑电解精炼的实践

广西某厂用鼓风炉还原熔炼所得的铅锑合金,经反射炉精炼产出高铅锑后再电解,使杂质与锑进一步分离。电解作业在内衬聚氯乙烯板的混凝土电解槽中进行,阳极用高铅锑铸成,阴极为 1.5mm 厚的紫铜片。阴极周期一般为 6 天,阳极周期 18 天。阳极成分为:90% Sb,6% Pb,0.08% Cu,0.25% Bi,0.80% As,0.05% Fe,0.01% Zn。电解液的制备是将锑氧与硫酸加热共溶后,再加入含有 HF 的水中,然后配成所需要的成分。

与常规粗锑电解相比,高铅锑电解精炼生产中存在的主要问题是,阳极板中铅量高,脆性大,极易发生断耳而无法挂槽通电作业;锑阳极泥易悬浮于电解液面,影响电解正常进行。

针对以上问题,在生产过程中必须做这样一些改进:(1)电解液中氟离子浓度大于 20g/L 可以保证电解过程的稳定;(2)采用硫酸根离子为 340 ~ 370g/L,有利于控制电解液分层;(3)电解液中锑离子浓度在 80 ~ 100g/L,获得的阴极锑片结晶致密,平整光滑,保证电解作业正常进行;(4)控制电流为 1500A,电流密度 115 ~ 120A/m^2;(5)循环速度为 2L/min,阳极残极率控制在 25%,18 天出锑、残极板,6 天出阴极锑片;(6)同极中心距控制在 130 ~ 135mm;(7)锑阳极板采用双孔吊钩挂板,保证锑阳极板的垂直度,减少短路、碰板现象;(8)电解槽绝缘垫砖后铺塑料板,有效防止电解槽体的漏电,同时电解槽内防腐材料用沥青和石膏粉作骨架料,造价低,寿命比用滑石粉长;(9)导电铜棒清洗抛光用 20% H_2SO_4;(10)槽底部开 100mm 孔洞,以利于定期清理阳极泥。

主要工艺技术条件及技术经济指标见表 8 -5 和表 8 -6。

表 8 -5 主要工艺技术条件

名 称	指 标
槽电压/V	0.3 ~ 0.5
电流密度/A·m^{-1}	115 ~ 120
同极距/mm	130 ~ 135
电解液循环速度/L·min^{-1}	2
阳极板厚度/mm	45 ~ 50
电解液成分/g·L^{-1}:	
Sb^{3+}	80 ~ 100
F^-	60 ~ 70
总酸 SO_4^{2-}	340 ~ 370

表 8 -6 主要技术经济指标

名 称	指 标
电流效率/%	91.66
锑残极率/%	23.8
锑阳极泥率/%	14.3
锑直收率/%	68.7
脱砷效率(小于)/%	95.36
碱耗/t·t^{-1}	0.220
锑氧耗/t·t^{-1}	0.03026
硫酸耗/t·t^{-1}	0.04236
氢氟酸耗/t·t^{-1}	0.09581

电解精炼生产出的阴极锑片经火法除砷后,可获得2号精锑。阳极泥用火法处理回收其中的贵金属。

8.6 锑的熔盐电解精炼

熔盐电解技术首先广泛应用于铝、镁、钠、锂等轻金属的提取和精炼,20世纪50年代在一些难熔金属和稀有金属的提取和精炼方面获得了应用,后来又引入到易熔重金属的提取和精炼技术中,重点是研究铅精矿冶炼和锡、锑、铋、铅、锌的精炼问题,虽然目前还没有正式应用于重有色冶炼工业生产上,但它已成为一项很有发展前途的新技术。下面介绍锑的熔盐电解精炼的理论基础和科研的进展情况。

8.6.1 锑熔盐电解精炼的理论基础

熔盐电解精炼是用熔点较低的混合熔融盐类作为电解质,熔融的粗金属作为阳极(阳极法)或阴极(阴极法),不溶性金属或石墨作为导电的电极,在高温下进行电解。在电解过程中杂质金属不断从粗金属电极中迁移出去,从而达到提纯的目的。

粗锑熔盐电解精炼可分为阳极法和阴极法两种方式。

阳极法是将粗金属作为阳极。电解时电性较负的杂质金属在阳极氧化变成离子,它通过电解质迁移到阴极表面,并在阴极还原沉积出来。在700~900℃的KCl—NaCl熔体电解质中金属的电化序是:钾、钠、锌、镉、铁、铅、锡、铜、镍、锑、银、铋。按照这个次序,可以除去钠、铁、铅、锡、铜等杂质金属。

杂质金属在阴极还原沉积,以熔融金属形式在合金中富集,可以引出作进一步处理。液态金属的阳极,精炼去杂质后,可以产出合格的精锑。

阴极法是将粗金属作为阴极。电解时,电解质中碱金属离子(例如Na^+)在阴极还原成金属,它选择性地与阴极中杂质元素化合,生成金属间化合物,如Na_2As、Na_2S、Na_3Bi溶解于电解质中,在电场引力和扩散作用影响下迁移到阳极附近,在阳极上又氧化成杂质元素,随着杂质元素不断迁出,主体金属得以提纯。用阴极法可除掉的杂质元素主要是砷和硫,其阴极反应为:

$$3Na^+ + 3e + As \longrightarrow Na_3As$$

$$2Na^+ + 2e + S \longrightarrow Na_2S$$

生成的化合物迁移到阳极又氧化成杂质元素,杂质砷还能与Cl^-生成易挥发的氯化物,电解质中的钠离子得到再生。

熔盐电解精炼的特点是:离子电导率高,高温下化学反应快,只有被迁移的杂质元素参加电化学反应。熔盐电解精炼法精炼与水溶液电解精炼比较,具有下列优越性:

(1) 锑火法精炼难以除去的杂质铅,用熔盐电解法可容易除去。火法精炼周期长,金属直收率低。熔盐电解精炼短,金属直收率高;

(2) 水溶液电解精炼的电化学过程是主体金属阳极溶解,阴极沉积,消耗大量电能,而熔盐电解精炼时,只有杂质元素参加电化学过程,可以大大节约电能;

(3) 水溶液电解精炼受电化学反应过程动力学的限制,电流密度一般不超过300A/m²。而熔盐电解精炼温度高,化学反应快,动力学因素影响很小,可以在电流密度高达10000A/m² 的条件下工作,比水溶液电解高出三十多倍,设备的单位生产能力大;

(4) 水溶液电解精炼前要熔铸阳极板,电解后要剥取金属并熔化铸锭。而熔盐电解精炼可以直接熔炼所得的液态金属,产出的合格液态金属也可以直接铸锭,精炼工艺可以实现连续化和自动化；

（5）熔盐电解精炼可以在密闭条件下工作，有利于环境保护和改善劳动条件。

粗锑精炼的熔盐电解也有一些缺点，例如需要在较高的温度下操作，电解槽结构复杂，电解质的净化、循环和利用都较水溶液电解复杂等。下面就我国重点研究的阳极法熔盐电解高铅锑知识进行介绍。

8.6.2 粗锑的阳极法精炼

我国重点研究了高铅的粗锑熔盐电解精炼。采用铅参比电极测试了700℃时在等摩尔数KCl—NaCl混合盐中铅和锑的平衡电位，相差0.366V。同时为了测定电流密度对除铅效率和电能消耗的影响，用约含2.5% Pb的粗锑在双隔膜电解槽中进行了试验，结果发现阳极金属铅含量的减少与通电量成比例。当铅含量下降到0.2%左右时，除铅效率降低，电流效率也随之下降，但最终可以使铅降到0.05%以下。试验结果表明，选择电流密度6000A/m^{2}左右，电流效率大于83%，能耗为15.8W · h/kg。

现将对火法处理脆硫锑铅矿产出的高铅粗锑熔盐电解精炼研究介绍如下。试验所用电解槽如图8－4所示。电解槽在坩埚炉中用硅碳棒加热。由控温装置控制电解槽温度在750℃。电解条件：粗锑含铅10%，电流强度为15A；阳极电流密度为0.665A/cm^2；通电时间0.2h，槽电压2.69～2.78V。加入粗锑9.46g，产出阳极锑8.25g，含99.50% Sb，达到三号精锑标准；含铅0.086%，脱铅率99.25%，锑直收率98.04%；电能单耗100.09kW · h/t；按迁移的铅计算，电流效率为80.96%。在除铅的同时，还可以除去其他比锑电位更负的杂质。除杂率分别为：99.25% Pb；97.0% Sn；97.0% Zn；87.0% Fe；30% Cu。砷和硫基本上不参加电化学过程，产品含砷仍为0.27%～0.34%；如果预先火法精炼阴极或熔盐电解精炼除砷后，产品可以提纯到一、二号精锑标准。小型试验已经证明熔盐电解精炼锑除铅的工艺是可行的，经济上也是合算的。进一步扩大试验宜放大10倍，在150～200A容量的电解槽中进行，重点研究电解槽结构和材质，使其满足电解过程连续、进出料自流可控和密闭作业等要求。在扩大试验的基础上设计几千安容量的工业性试验槽，使其达到电解过程自热的要求。而后可以设计工业电解槽，并应用于生产，扩大试验研究电解槽结构和材质是这项新技术应用于生产的关键，也是当前国内、外这方面研究工作的重点。

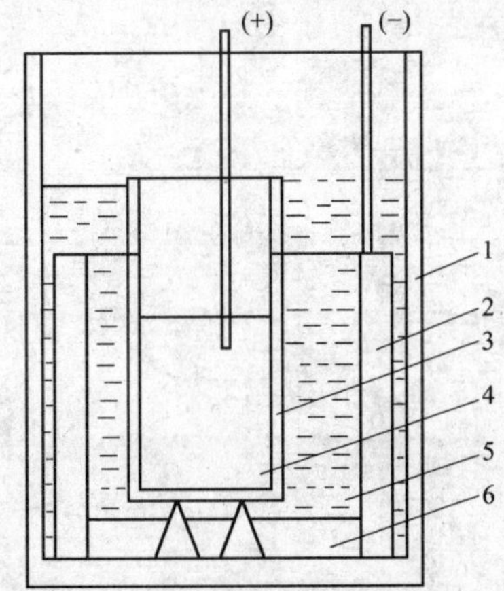

图8－4　锑熔盐电解槽示意图

1—刚玉坩埚；2—阴极石墨环；3—多孔耐火隔膜；
4—液态粗锑；5—电解质；6—阴极沉积金属铅

复习思考题

1. 说出粗锑和阴极锑的化学成分。
2. 分别说出我国一号锑、二号锑、三号锑、四号锑的化学成分。
3. 粗锑火法精炼的基本原理是什么？请分别用化学方程式表示精炼除铅和除砷的原理。
4. 试绘出火法精炼生产精锑的工艺流程。
5. 说出粗锑精炼除铅的操作过程及技术要领。
6. 说出粗锑精炼除砷的操作过程及技术要领。
7. 影响锑锭表面质量的主要因素有哪几个？
8. 分别说出精锑生产的各项经济指标：锑的回收率，锑的直收率，锑的冶炼回收率及它们的计算公式。
9. 粗锑电解精炼的电解液成分主要有哪些？
10. 试写出粗锑电解精炼的阴、阳极反应。

9 底铅电解精炼

吹炼获得的底铅实际上是个有色金属的大杂烩，是一种含有各种有色金属特别是锑含量特高的粗铅，其成分如表9-1所示。

表9-1 底铅的成分(%)

成 分	Pb	Sb	Fe	Sn	Bi	As	Cu	Ag
含 量	80~85	12~14	0.18	0.7	0.5	0.5	0.5~1.5	0.15~0.35

这种铅由于Cu、Fe、As、Bi、Ag等元素的存在，不可能作为铅锑合金使用。采用火法精炼又必然产出许多种中间产品，造成堆放及分别回收处理的困难。采用电解作为提铅手段就成为必然之选，其工艺流程如图9-1所示。

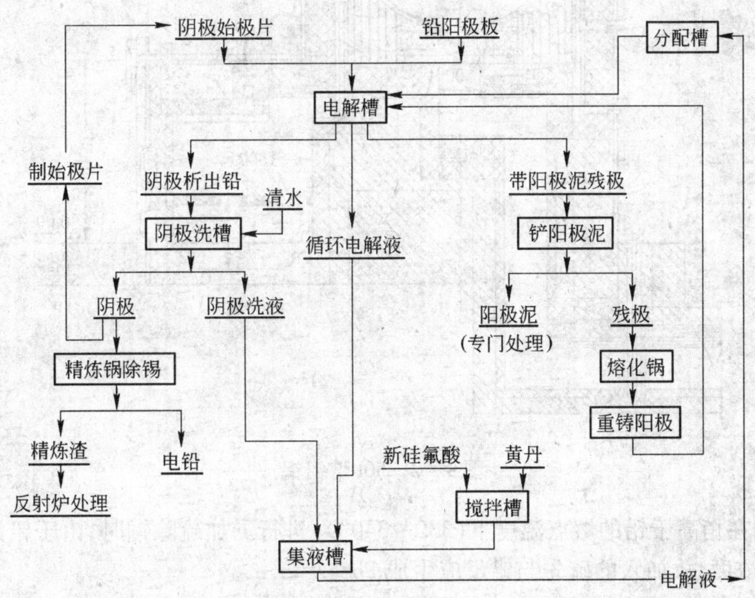

图9-1 底铅电解精炼流程图

9.1 底铅火法初步精炼

铅锑合金吹炼产出的底铅杂质含量一般不能满足电解对阳极板的杂质含量要求：$w(Cu)<0.09\%$，$w(Sn)<0.01\%$，因此需要经过初步精炼，主要除去铜、砷、锡，不过也有的底铅电解厂只作简单除铜就浇铸阳极了。初步精炼可在精炼锅（熔铅锅）或反射炉中进行。目前大多数工厂采用熔铅锅。

9.1.1　底铅火法初步精炼原理

底铅的初步精炼包括除铜和除锡两个程序,下面分别介绍其原理。

粗铅(包括底铅)除铜的方法有熔析除铜、加硫除铜、连续除铜三种方法。大多数底铅电解厂采用熔析法除铜。熔析除铜的基本原理是基于铜在铅中溶解度随着温度的下降而减少,如图9-2所示。所以当含铜高的铅液冷却时,铜便呈固溶体结晶析出,由于其密度比铅小而浮于铅液表面,以铜浮渣的形式除去。当温度降到铅的熔点附近时,理论上可将铜降到0.06%。但普通粗铅熔析时不完全,往往达不到这一指标。但底铅中由于含砷锑很高,而铜对砷锑的亲和力大,能生成难熔于铅的砷化铜和锑化铜,与铜浮渣一道浮于铅液表面与铅分离。经熔析除铜后,其中含铜量可降至0.2%~0.3%。与此同时,那些在低温下不溶于铅液的金属及化合物,包括几乎所有的铁、硫(呈铜、铅的硫化物形态)和难熔的铜、镍、钴、铁的砷化物或锑化物都被除去。熔析操作有加热熔析法和冷却熔析法两种,不论采用哪一种,其原理是完全相同的。前者是将铅锭装锅后低温熔化分离杂质;后者是将热铅液直接用铅包吊入锅内,然后降温除杂。

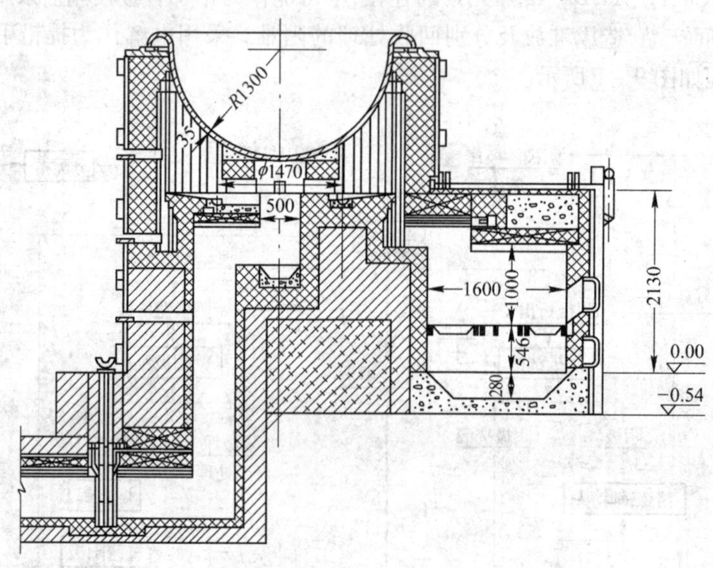

图9-2　50t熔铅锅

加硫除铜在稍高于铅的熔点温度下(330~340℃)进行。加硫除铜时,由于铅液中铅的浓度远远大于铜的浓度,故加入的硫先与铅反应生成PbS:

$$2[Pb]+S_2 = 2[PbS]$$

生成的PbS溶解于铅液中。由于铜对硫的亲和力大于铅,故生成的PbS很快与铜作用,生成Cu_2S:

$$[PbS]+2[Cu] = [Pb]+Cu_2S_{固}$$

在该温度下Cu_2S不溶于铅,浮于铅液表面与铅分离。

硫的加入量一般按生成Cu_2S理论量的1.25~1.30倍计算。但因铅液中PbS含量饱和(0.7~0.8)时才能达到最佳除铜效果,且过程中不可避免地有相当数量的硫被烧损,故实际生产中常按$w(Cu):w(S)=1:1$,即1kg铜加1kg硫。理论上加硫除的残铜量可降至$1\times10^{-4}\%$以下,但因分离不完全等原因,实际上只能降到0.001%~0.002% Cu。

连续除铜作业常在反射炉中进行,其原理与熔析除铜相同。脱铜炉要有足够深度的熔池和其他降温设施,以造成铅熔池自上而下有一定的温度梯度,使铜及其化合物从较冷的底层析出,上浮至温度较高的上层,被铅液中的PbS或特意加入的硫化剂(铅精矿或黄铁矿)所硫化,形成冰铜。因此,上部的铅液湿度要求较高,又要有足够的硫化剂,使上浮的铜不断被氧化。除硫化剂外,配料时还配入铁屑、纯碱。铁屑与PbS发生沉淀反应而降低冰铜中的铅含量,纯碱也有类似作用。粗铅脱铜程度取决于熔池底层的温度、铅在熔池停留的时间和铅中的砷锑含量等因素。产出的冰铜和炉渣从熔池上部放出,脱铜后的铅液从底部虹吸放出。

从粗铅中除锡,有氧化法和加碱法。其原理是利用锡、锑、砷对氧的亲和力大于铅对氧的亲和力,而使之形成一种不溶于铅且比铅更稳定的氧化物除去,并不是所有的粗铅在电解前都需要除锡,底铅中一般含锡不太高,没有必要进行单独的除锡操作。

9.1.2 底铅火法初步精炼的生产实践

9.1.2.1 熔铅锅除铜实践

底铅因含锑量很高,一般采用熔析法除铜。其操作方法是:按比例配入底铅,先装上前锅稀渣,再装底铅,装锅时应装紧密。开始装时即可开始加热熔化。分几次向锅内加入底铅,直至加满到搅拌不溢为止。待全部熔化后,铅液温度升高到550~600℃,即可搅拌,并进行第一次压渣;600~640℃进行第二次压渣;640~680℃时进行第三次压渣。压渣要反复多次,尽量压碎,以提高渣层温度减少渣含铅量。三次渣后就可捞渣了。将捞渣机吊到锅面上预热后,再慢慢浸入锅中,把渣吊出来后,要在锅面上停留,待铅液滴干后,吊到放渣的铁板上,捞完后送堆渣场另行处理。

捞渣完毕后,即可加硫除铜。加硫之前,先用搅拌机搅拌2~3min,使锅内铅液温度均匀,然后将称量好的硫磺粉用铁铲慢慢地加入铅液漩涡中。因为硫磺容易着火,损失较大,故硫磺加入量一般按生成硫化铜所需的硫并过量20%~30%来计算。加完硫后,应将铅液升到450~480℃,大约搅拌40min,待硫磺渣变得疏松、呈棕黑色时,停止搅拌进行捞渣,此种浮渣铜含量低,只约2%~3%,而铅则高达95%,因此返回下次熔析作业。除铜铅液即可铸成阳极板,送去电解精炼。

目前,也有不少处理铅锑复合矿的冶炼厂,在生产实践中成功地采用了不加硫的低温操作(熔析法)除铜工艺。操作温度最高为350~380℃之间,此法的主要优点是操作温度低,作业时间短。既降低能源消耗,又提高生产能力,同时也改善了劳动条件。

此工艺操作法的主要特点是:粗铅熔化后,铅液最高温度控制在350~380℃;在搅拌过程加入适量的添加剂,如松香、煤粉或锯木糠等,使渣铅分离良好,降低浮渣率。只要作业终点温度控制在330℃左右,铅液铜含量也可降至0.06%~0.03%。

9.1.2.2 氧化除锡的操作

当底铅含锡较高时,需要进行除锡操作。氧化除锡有吹风法和加氧化铅法,底铅含锡较低($w(Sn)<0.05\%$)时采用后一种方法。其优点是操作温度低,金属挥发少,直收率高,劳动条件好。

吹风法除锡时,要在捞完除铜渣后,盖上锅盖,打开压缩空气,将风管插入深度为铅液的2/3左右,看铅液被鼓动的程度来调节风压,一般在100~200kPa之间。吹风时间视铅含锡多少而定,但一般到铅液冒白烟即可结束吹风,然后捞出锡渣。

加氧化铅除锡的操作比较简单。在除完铜后，保持铅液温度 520 ~ 550℃，架好并开动搅拌机，用铁铲慢慢加入氧化铅进行搅拌脱锡。加入氧化铅量为粗铅的 0.8% ~1.0%，搅拌时间 40 ~ 60min，待铅液表面的浮渣变为棕黄色粉状或颗粒状，即可停止搅拌，撤走搅拌机，捞出锡渣。

9.2　底铅电解精炼的基本原理

目前一般采用的铅电解精炼法是 1901 年 A. G. 柏兹(Befs)所提出的硅氟酸铅与硅氟酸的水溶液作电解液的粗铅电解精炼过程。其目的是提取其中铋及贵金属，并获得高品位的电铅。粗铅经火法初步精炼，除去部分杂质，然后铸成阳极。用阴极铅铸成始极片，装入有 $PbSiO_6$ 和游离 H_2SiO_6 的电解槽中进行电解。电解精炼的结果，是产出高品位的阴极铅及表面带有阳极泥的残极。阴极铅(也称析出铅)经洗涤后熔化，进行氧化精炼以除去微量的砷、锑、锡，然后铸锭。一部分阴极铅用于铸造始极片。残极在除去阳极泥后重新熔化并铸成阳极。阳极泥洗滤后另行处理，可回收其中的有价金属如铅、锑、铋、银等。其一般生产流程如图 9 - 1 所示。

9.2.1　电极反应过程

底铅电解提铅采用最普遍的硅氟酸铅——硅氟酸电解液。电解槽即为如下的化学系统：

$$-)Pb(纯)|PbSiF_6, H_2SiF_6, H_2O|Pb(含杂质)(+$$

电解液中各组分在溶液中离解成下列各种离子：

$$PbSiF_6 = Pb^{2+} + SiF_6^{2-}$$

$$H_2SiF_6 = 2H^+ + SiF_6^{2-}$$

$$H_2O = H^+ + OH^-$$

在未通电以前，电解液中的各种阳离子及阴离子是处于无序的热运动之中；当通入直流电后，在外界电场的作用下，各种离子发生定向运动，即 Pb^{2+} 和 H^+ 向阴极移动，SiF_6^{2-} 和 OH^- 向阳极移动。与此同时，在电极与电解液的界面上发生相应的电化学反应。阴极上可能发生：

$$Pb^{2+} + 2e = Pb$$

$$2H^+ + 2e = H_2$$

在正常情况下，由于氢离子在铅上放电的超电压很大(当电流密度不大时为 0.9 ~1.1V)，这就使得氢在阴极的放电电位负得多，所以氢离子不会在阴极放电析出，而只有 Pb^{2+} 在阴极放电并析出成为金属铅。

在阳极上可能进行这么几个反应：

$$Pb - 2e = Pb^{2+}$$

$$2OH^- - 2e = H_2O + 0.5O_2$$

$$SiF_6^{2-} - 2e = SiF_6$$

$$SiF_6 + H_2O = H_2SiF_6 + 0.5O_2$$

经计算可知，由于 $2OH^-$ 和 SiF_6^{2-} 在阳极的放电电位很高，在正常情况下，只能是铅从阳极上溶解，并以 Pb^{2+} 形式进入电解液中。

存在于阳极中电性比铅的电性更正的杂质金属，如 As、Sb、Bi、Cu、Ag、Te 等均不溶解而留在阳极表面，形成海绵状的阳极泥。随着铅阳极的不断溶解，阳极泥层逐渐变厚，使 Pb^{2+} 的扩散发生困难。因此在阳极泥中逐渐富集了 $PbSiF_6$，而游离 H_2SiF_6 则逐渐降低，结果使阳极泥层中的溶液几乎接近中性，而有可能使 $PbSiF_6$ 发生水解生成 PbF_2 及胶状 SiO_2。由于阳极泥层中含铅高而含酸少,导致了阳极层中的电位降加大,相应的槽压也从最初的0.35~0.4V升高到0.5~0.6V,甚至于0.7V。过高的槽电压会导致电性比铅更正的杂质金属的溶解,并在阴极上析出。因此阳极泥层的厚度受到限制。

9.2.2 杂质在电解过程中的行为

常规铅电解的阳极铅中含杂质金属为1%~2%,而底铅电解的阳极铅中杂质金属含量高达17%或更多。这些杂质在电解中的行为决定于其标准电位和它们在电解液中的浓度。有关各种金属的标准电位如表9-2所示。

表9-2 298K时各种金属的标准电位(V)

阳离子	电位	阳离子	电位	阳离子	电位
Zn^{2+}	-0.76	Sn^{2+}	-0.14	As^{3+}	+0.30
Fe^{2+}	-0.44	Pb^{2+}	-0.126	Cu^{2+}	+0.34
Cd^{2+}	-0.40	H^{+}	0.000	Ag^{+}	+0.80
Co^{2+}	-0.28	Sb^{3+}	+0.10	Au^{2+}	+1.51
Ni^{2+}	-0.24	Bi^{2+}	+0.20	Hg^{2+}	+0.854

按照上表,可以把杂质大致分为三类。第一类是电化序在铅以前的,电性比铅较负的金属,如Zn、Fe、Cd、Co、Ni等;第二类是电化序在铅之后,电性比铅较正的金属杂质,包括Sb、Bi、As、Cu、Ag、Au等;第三类是标准电位与铅非常接近的锡。电解时,第一类杂质随铅一道进入溶液。但这些金属具有比铅更高的析出电位,而且在正常情况下浓度极小,不会在阴极析出。第二类杂质电解时不进入溶液而留在阳极泥中。但由于阳极泥的碎落,这些金属杂质往往会分布在电解液中,对电解过程的影响极大,其中尤以Sb、Bi、As、Cu、Ag特别显著。下面分别简述这些杂质对电解过程的影响。

9.2.2.1 铜

阳极中的铜活性极小,在没有氧参与的情况下,不会呈离子状态进入电解液中,所以电解液中铜的含量极小。但是电解后的电铅经常出现铜超标的现象,其原因如下:(1)铜在阳极上的存在使阳极泥变得坚硬,因而阻碍铅的正常电解,槽压升高。局部的高压会造成杂质溶解,其中当然也包括铜的溶解;(2)铜排、铜棒等的化学腐蚀和机械带入。如擦铜排时铜粉进入槽中,又经漂浮吸附到阴极上;(3)阳极泥中的铜对阴极的机械吸附造成铜进入阴极。因此,一方面用于电解的粗铅一般都要预先脱铜,使铜降低到0.06%以下;另一方面避免不必要的铜污染,如擦洗铜粉掉入;出槽时先出阴极,后出阳极,避免析出铅被阳极泥沾污;及时清除掉入槽中的残极及阳极泥等。

9.2.2.2 锑

锑在阳极中呈固溶体的形态存在,电解时,因其不溶于硅氟酸中,所以锑不会进入溶液。绝大部分留在阳极中,形成网骨架结构,能包裹阳极泥因而获得具有适当强度的海绵状泥层,使之不致脱落。因此在阳极中保持适当的锑是必要的。但阳极泥的强度随锑含量的增大而加大,铅锑合金分离锑后获得的粗铅中含铅高达15%,因而会使阳极泥十分坚硬而难以刷下。但如铜的污染一样,在槽压和电流密度升高时有少量锑发生溶解,并转到阴极。当电解液中锑含量超过0.2g/L时,则阴极锑含量随电解液锑含量成正比例地增加。

9.2.2.3 砷和铋

砷和铋也具有使阳极泥变硬的效果，只是作用不及锑大。电解时在任何条件下铋都不会呈离子状态进入溶液，故电解除铋最完全。阴极中所含的微量铋，纯粹是由于阳极泥的脱落而机械粘附在阴极上的。砷的析出电位比锑更正，因此也不会溶解。它对阴极的污染道理与锑一样，只是由于阳极中砷含量较少（一般在0.5%左右），其污染程度没有锑严重。另外阳极中的砷含量在0.35%以上时阳极泥显著变硬。不过其作用与含高达15%的锑的硬化作用相比，已经算不上什么了。

9.2.2.4 银

绝大部分的银进入阳极泥中，电解液中的微量银可能是悬浮的阳极泥带入的。阴极上的银含量随槽压和电流密度的增高而增加。高锑铅电解，阴极铅含银约为$20\times10^{-4}\%$。

第三类杂质锡，与H_2SiF_6作用生成$SbSiF_6$，在水中具有很大的溶解度，在硅氟酸电解液中Sn^{2+}析出电位与铅十分相近，理论上它将完全溶解并在阴极析出。但实际上锡并不完全溶解，仍有一部分分布在阳极泥中，这是因为阳极中有些杂质金属与之构成金属间化合物，而使锡的溶解电位降低（即电位更正），因而使其保留在阳极中。实践证明，当阳极含锡小于0.004%时，析出铅含锡约0.0005%，通常要求阳极中含锡在0.008%以下。

9.2.3 电解阴极沉积物的构造

金属的电积结晶以铅为最坏，并且随作业条件的不同而变化很大。阴极铅的结晶形态在很大程度上标志着它的质量，并对电解过程的正常进行有很大的影响。阴极析出铅结晶的状态与成分见表9-3。

表9-3 阴极析出铅结晶状态与成分（%）

结晶状态	Bi	Cu	As	Sb	Zn	Fe	Ag + Au
常规析出铅	$(10\sim32)\times10^{-4}$	$(8.5\sim70)\times10^{-4}$	$(2\sim4)\times10^{-4}$	6×10^{-4}		$(5\sim8)\times10^{-4}$	$(2\sim4)\times10^{-4}$
海绵状	28×10^{-4}	1080×10^{-4}	257×10^{-4}	105×10^{-4}	6×10^{-4}	110×10^{-4}	4×10^{-4}
海绵状（外表）	10×10^{-4}	16×10^{-4}	4×10^{-4}	7×10^{-4}		80×10^{-4}	7×10^{-4}
海绵状（内部）	5×10^{-4}	7×10^{-4}	2×10^{-4}	13×10^{-4}		60×10^{-4}	痕迹
海绵状（周边）	10×10^{-4}	10×10^{-4}	10×10^{-4}	17×10^{-4}		80×10^{-4}	8×10^{-4}
瘤状	75×10^{-4}	40×10^{-4}	371×10^{-4}	120×10^{-4}	痕迹	55×10^{-4}	4×10^{-4}

为了避免阴极边缘上电力线的密集而生成树枝状或羊齿状的粗糙结晶并因此而短路，通常阴极长度和宽度都比阳极大。

由于电解中$PbSiF_6$密度比较大，在电流作用下，电解槽的下部比上部所含$PbSiF_6$浓度要大一些，而游离H_2SiF_6则相反。结果阴极结晶相应地下部比上部更为发展和粗糙。因此必须加强电解液的循环以消除这种不均匀现象，但要完全消除这种现象是不可能的。在正常情况下，电解槽内上下部铅的浓度差达10~15g/L，游离H_2SiF_6的浓度差为3~8g/L，过大的循环量势必搅动阳极泥而使电解液浑浊。

提高电解温度有利于阳极铅的均匀溶解和在阴极上的均匀沉积，但作用不显著。

电解液中铅与酸的浓度过低，会使阴极沉积物变成海绵状结晶，并随电流密度的增大而加剧。

由于阴、阳极的位置没有对正所造成的局部电力线集中，也会使阴极结晶变坏。

铅电解过程中加入的添加剂能大大改善阴极结晶状态，如骨胶对因任何原因所造成的阴极不规则都有不同程度的抑制作用。析出铅的机械强度与电解液中胶质浓度也有一定的关系，胶多则析出铅硬而脆，胶少则软。

正常的阴极结晶平滑致密，沿阴极长度方向存在明显的宽约1.0～1.5mm的纹路，呈灰色间白色，并具有金属光泽。

当局部的结晶呈现暗色时，表示有杂质析出。若边缘区出现黑色的幅带，这可能是由于电极短路，不导电或电解液停止循环时间过长所造成的阴极重溶现象。通常这不会有损于阴极的品位。

9.3 底铅电解的影响因素

9.3.1 电解液的组成

铅电解液是氟酸和硅氟酸铅的混合水溶液，铅在其中呈二价离子存在。为了避免 $PbSiF_6$ 的水解，并提高电解液的电导率，电解液中必须加入一定量的游离硅氟酸。电解液的成分随生产条件的不同而变，其中含有 $PbSiF_6$ 形态的铅为70～120g/L，游离 H_2SiF_6 为60～90g/L，SiF_6^{2-} 的总量为130～160g/L。此外，在电解液中还含有少量的金属杂质离子和添加剂及分解后的氮化物等。

生产中对电解液的要求是具有高的电导率和高的纯净度。电解液中游离 H_2SiF_6 增大，使导电性变好，这样可以抑制槽电压的上升，避免杂质的溶解、沉积，保证析出铅质量。电解液中 Pb^{2+} 浓度高些，有利于获得光滑致密而又坚固的阴极析出铅。铅离子浓度太低，会引起杂质在阴极析出，并生成海绵状的阴极沉积物。但电解液含铅太高，也会导致阴极结晶粗糙，严重时甚至会破坏电解作业的正常进行。因此工厂实践中要求铅含量一般在100g/L左右。

常规电铅厂在电解过程中，由于阴极电流效率较阳极电流效率稍低及铅的化学溶解等原因，电解液中的铅离子浓度一般随电解进行而逐渐升高。但底铅含锑量特别高，阳极溶铅的电流效率稍低于或等于阴极，及添加 H_2SiF_6 含杂质（SO_4^{2-}、F^-）高，电解液中 Pb^{2+} 浓度随电解过程的进行而逐渐下降，因此需要及时补充 Pb^{2+}。补充的方法是用黄丹（PbO）与硅氟酸一起配成新电解液（新酸）加入。

在电解中因为电解液的机械损失、蒸发和化学分解反应的结果，电解液中游离的 H_2SiF_6 浓度会逐渐降低。生产中，不可避免地有一小部分 H_2SiF_6 分解成HF和 SiO_2。HF溶解于电解液中，有时可使电解液中的HF含量达到5～8g/L。电解液中的HF有可能与杂质金属砷、锑反应而使之溶解于电解液中，最后在阴极上和铅一道析出。分解产生的 SiO_2 一般存在于阳极泥中。为了减少这项损失，有的工厂常常在电解液的循环通路上放置纯净的石英小块，使之与HF结合成 H_2SiF_6。为了补充电解过程中正常的酸消耗，每隔二、三天必须对电解液进行化验分析，并加入新的 H_2SiF_6。为了保证电解液的体积平衡，还必须分班均匀加入水分。水分可通过加入洗水、新酸等方式补充。

新酸也要分班均匀加入，从而维持电解的正常进行。为了便于控制电解液的体积平衡，新酸浓度应当高一些。某厂要求新酸组成为：游离 $H_2SiF_6$80～90g/L，，总 SiF_6^{2-}320g/L，Pb^{2+}280～350g/L。杂质含量要求铜小于1.8g/L，游离 F^- 小于3g/L。

酸耗的计算一般是每月核算一次，当电解液中含酸相对稳定时，可采用下式计算：

$$酸耗=\frac{全月补充的新酸量}{析出铅产量}$$

各厂技术操作条件不同,酸耗也不同,通常每吨析出铅耗酸1.0～3.5kg。对于电解铅来说,降低酸耗具有较大的经济意义。降低酸耗的措施有:(1)合理控制阳极成分;(2)合理控制电解液含酸量;(3)控制适当的电解液温度;(4)加强电解管理,遵守技术操作规程,加强设备的管理和维修,使机械损失减少到最低;(5)精细洗涤阳极泥,使其中的酸尽量得到回收。

9.3.2　电流密度

电流密度是单位有效电极面积通过的电流强度。通常所说的电流密度是指阴极电流密度。可用下式表示:

$$D_K = I/S$$

式中　D_K——阴极电流密度,A/m^2;

I——电流强度,A;

S——每一个电解槽内的阴极总有效面积,m^2。

我国铅电解厂一般情况下每个槽内的阴极都比阳极多一片。若电解槽内有 n 片阴极,每片阴极宽为 W 米,浸没在电解液中的长度为 L 米,则上式可写成:

$$D_K = I/[LW(2n-2)]$$

选择适当的电流密度对电解生产十分重要。电解槽的生产能力随电流密度的提高几乎成比例地增加,故在同样的设备条件下,采用高电流密度能提高产量,减少基建投资。但在一定生产条件下,电流密度超过一定限度时,则效率降低,单位析出铅的电耗增加,析出铅结晶粗糙,杂质在阴极析出的可能性增加,从而使析出铅的质量变坏。因此必须综合地考虑供电、生产、阳极杂质含量及生产规模等条件来决定合理的电流密度。此外,还应考虑阴阳极的生产周期,周期短的可以选用稍高的电流密度。一般铅厂电解的电流密度最高可达到 $200A/m^2$,但由铅锑矿产出的底铅中含铅仅80%左右,只能采用较低的电流密度进行生产,实践中一般控制在 $110\sim140A/m^2$。

实践表明,低电流密度电解时,由于铅离子放电速度慢,晶核的长大速度大于它的生成速度,可获得较粗的阴极结晶。此时阴极的物理规格较好,电极短路现象较少,电流效率也就较高。适当提高电流密度,可使阴极析出的铅结晶细小,致密光滑,质量较好。但电流密度过大时,由于阴极周围的 $Pb2^+$ 迅速沉积,阴极区铅离子浓度降低,容易使结晶向外伸长,造成突出的针状或树枝状结晶;同时由于杂质的溶解和析出,使阴极析出铅质量变坏。当电流密度超过极限值时,阴极晶粒相当细小,而且排列紊乱,甚至在阴极上发生氢离子放电,从而出现海绵状的沉积物。相反,阳极区则由于铅迅速溶解,铅离子来不及扩散,导致阳极泥层中和阴极区铅离子浓度不断增大,结果造成严重的浓差极化和电极反应的极化加剧,促使槽压升高。

由于电流密度提高后阴极结晶恶化,短路增多,电流效率也随之降低。槽压升高和电流效率降低自然导致电解耗电量的增大。

由于浓差极化加剧使槽压升高,较正电性的金属杂质从阳极溶解,并在阴极析出。实践证明,析出铅中Cu、Sb、Ag等较正电性的杂质以及锡的含量随电流密度的提高而增大。不过也有人认为,铜、银的析出与电流密度无关。

9.3.3　电解液温度

当电解液成分一定时,提高电解液温度,则电解液中的离子迁移速度加快,离子水化作用降低,溶液的黏度减小,电导率增大。有资料指出,液温每升高1℃,电导率约增大2%～2.5%。铅电解液的电阻与温度之间的关系如表9－4所示。

表 9－4 铅电解液电阻与温度的关系（Ω/cm³）

SiO_6^{2-}/g·L⁻¹	Pb^{2+}/g·L⁻¹	0℃	10℃	20℃	30℃
120	100	4.84	4.13	3.51	2.81
164	150	3.80	3.25	2.54	2.28
180	100	2.13	1.77	1.50	1.31
180	150	3.50	2.99	2.34	2.09
219	200	3.39	2.68	2.32	1.99
240	50	1.31	1.45	1.14	0.87
240	100	1.62	1.33	1.14	0.99
240	150	2.01	1.67	1.33	1.14
240	200	2.73	2.24	1.72	1.52
271	250	3.22	2.74	2.13	1.86
305	100	1.48	1.21	1.04	0.75
305	150	1.74	1.45	1.23	1.07
305	250	2.66	2.15	1.84	1.60
305	278	2.95	2.18	2.10	1.84

适当的电解液温度可使阳极析出的铅的表面物理状态大为改善，结晶更为平整致密，呈现金属光泽。但当温度过高时，则会使加入电解液中的胶质老化而降低其性能，使析出铅发软，结晶状况变差；电解液的蒸发增大；电解槽的沥青衬里软化或鼓泡，使槽的维修工作量增大。

如果电解液的温度过低，则对阴极结晶状态不利，使析出铅表面粗糙，而且槽电压增高，电能消耗增大。

电解液温度受气温、电解液成分、电流密度及散热条件等方面的影响。各厂的温度控制也不尽相同，大部分工厂控制在 30～45℃之间，也有的达到 50℃。有研究指出，液温以控制在 45℃为宜。电流通过电解液产生的热量，一般可使其电解温度达到 30℃以上。在冬夏季节，当温度超过控制范围时，就需要进行人工加热或冷却。

9.3.4 电解液循环

随着电解过程的进行，阴极附近的铅离子浓度逐渐降低，而阳极附近及阳极泥中铅离子浓度逐渐升高。因此两极附近的电解液成分不均匀而产生浓差极化，使槽压升高。在沿电解的纵深方向，由于电解液各组分的密度不同，在重力作用下会发生分层现象，单靠离子的扩散是无法让电解液成分均匀的，必须将电解液进行循环流通。某厂电极之间的电解液与阳极泥孔隙中电解液的成分比较如表 9－5 所示。电解槽上下部空间的电解液成分如表 9－6 所示。

表 9－5 不同位置电解液的成分（g/L）

电 解 液	密度/g·cm⁻³	电解液成分		
		Pb^{2+}	束缚的 SiF_6^{2-}	游离的 SiF_6^{2-}
电 极 之 间	1.25	93.3	65.3	82.2
阳 极 泥 中	1.5	284	188.0	42.0

表9-6 电解液分层情况

电解液循环量/$L \cdot min^{-1}$	测量位置（相差720mm）	$Pb/g \cdot L^{-1}$	总 $SiF_6/g \cdot L^{-1}$	电流密度/$A \cdot m^{-2}$
12.4	上	43.98	135.76	223
	下	105.29	169.49	223
16.0	上	61.84	146.08	223
	下	68.56	149.50	—

电解液的循环速度是以每分钟流出每个电解槽的电解液体积或每更换一槽电解液所需的时间(h)来表示。循环速度取决于电流密度、阳极板成分及每个槽中电极的数目。在其他条件不变时，循环速度随电流密度的提高而加大。但循环速度过大会搅动阳极泥，引起电解液浑浊。在粗铅电解实践中，电流密度与电解液循环速度关系如下：

电流密度/$A \cdot m^{-2}$	120	160	180	200	220	240
循环速度/$L \cdot min^{-1}$	15	18	22	25	30	30

当电流密度和阳极品位一定时，电解液的循环速度应随电解槽电极数目的增加而提高。在底铅电解中，由于阳极品位低、杂质含量高，相应地应该提高循环速度。加上底铅电解产生的阳极泥中含锑高达65%～70%，强度很大，完全可以选择大循环流。

9.3.5 电解液的添加剂

铅电解中为了获得光滑致密的阴极析出铅，常常在电解液中加入少量的有机物或无机物质作为添加剂。添加剂是表面活性物质，它使电解液具有胶体的某些性质。在电流通过时，添加剂离子向电极移动产生电泳现象。有的胶体带正电荷，通电时移向阴极；有的带负电荷，通电时移向阳极。添加剂在电解液中分散度很大，具有极大的表面积，因此具有比较强的吸附能力。它对析出铅的影响大多与阴极极化有关，但其作用机理尚无统一见解，较为一致的有下列几点：

(1) 胶体结合离子论点：添加剂在电解液中形成胶体，吸附放电金属离子，构成胶体—金属离子型的络合物。阴极极化作用的增大，是由于胶体与金属离子的结合较牢固，阻碍了金属放电的缘故。

(2) 吸附理论：这一观点认为添加剂具有表面活性作用，它们能吸附在电极表面，因而增大了阴极极化作用，改善了阴极结晶质量。

应该指出，所有添加剂理论只能解释某些实验结果。到目前为止，还不能找到具有指导意义的理论，能预知哪些添加剂适合于铅电解，而只能用实验的方法来确定适合电解精炼的添加剂类型及使用量。

各厂采用的添加剂有动物胶、β-萘酚、明胶粉（纸浆工业的副产品）、树胶、石炭酸、木质磺酸盐、丹宁、二苯胺等。

动物胶是最常用的添加剂，其中以骨胶或皮胶较为普遍。适当地加入这些物质，可获得致密光滑，又具有较大强度的光泽的析出铅。因为骨胶或皮胶加入到电解液中后，离解为带正电的胶质粒子和带负电的 OH^-，胶质粒子在电泳作用下移向阴极，使阴极极化作用加剧，阴极表面如有突出的结晶粒子则此尖点上的电流密度必然很大，胶体粒子就在此集中，增加了该点电阻，减少了铅离子在此放电，从而获得致密光滑的析出铅。

芳香族的某些化合物(如β－萘酚、苯酚等)对铅在阴极结晶有强烈的影响。有人认为,芳香族的磺化产物,特别是具有长碳氢链与亲水磺族的润湿剂,能强烈地吸附在阴极活性表面上,而使结晶均匀分布,并在阴极表面形成凝胶层,防止电解液中的悬浮物吸附到阴极上去。

木质磺酸盐(如钠盐、钙盐)与动物胶相反,在电解中趋向于阳极并在阳极渐力线集中的地方吸附,保证阳极表面的光滑平整。阳极均匀溶解则阴极铅的析出也就比较光洁细致。另外,它还有凝聚电解液中悬浮物的作用,槽电压的升高也小。

工厂实践证明,联合使用两种以上的添加剂比单独使用一种要好。若组合适当,可获得任何单一添加剂都不能达到的效果,并且用量也可减少。我国某厂所使用的添加剂由单一的骨胶,过渡到用骨胶、β－萘酚联合添加剂,现在用骨胶、木质磺酸钙联合添加剂,其使用情况如表9－7所示。

表9－7　某厂铅电解添加剂使用情况

添加剂	单独使用	联合使用	
骨胶/kg·(t－析出铅)$^{-1}$	1～1.5	0.5～0.8	0.5～0.6
β－萘酚/g·(t－析出铅)$^{-1}$		4～8	
木质磺酸钙/kg·(t－析出铅)$^{-1}$			0.4～0.6
效果比较	较难保证阴极质量	可以保证阳极进行一次电解阴极质量	可以保证二次电解的质量

使用联合添加剂,不但可以获得更好的阴极质量,较高电流效率和降低添加剂的单位消耗,而且能改善电解的条件,从而加大电流密度,所以各厂都趋向于使用两种或多种添加剂。有文献报道,当电解液中成分为:Pb^{2+} 83～86.7g/L,H_2SiF_6 42～45g/L,总酸浓度 SiF_6^{2-} 103～105.5g/L时,在电流密度为 $D_K=175\sim225A/m^2$,加明胶0.3g/L、β－萘酚0.005g/L作添加剂,可获得光滑的结晶面,而且下脚料少,电流效率可达99%～99.7%。

由于各厂生产条件不同,添加剂的选择及用量均有不同。多数工厂都根据析出铅的结晶状态和管理经验来调整配比及用量。国外已有根据阴极极化电位自动调整添加剂用量,使其保持最佳含量的报道。

随着电解的进行,添加剂会逐渐消耗。一部分在阴极上析出,一部分进入阳极泥中,还有一部分则水解成各种氮化物。这样添加剂在电解液中的浓度会逐渐降低,需要不断补充。胶质的加入通常是先制成10%的水溶液后均匀加入电解液,切忌在某一时期一次加入。有的工厂则是将胶按所需数量置于带孔的塑料桶中,引入部分电解液自然冲溶,并使其均匀扩散到电解液中。加入β－萘酚时,则应事先将其压碎(一般呈片状),用热水或电解液溶化,再慢慢加入集液槽中;木质磺酸盐(钙、钠)的补充也是如此。

9.4　铅电解精炼的生产实践

9.4.1　电解槽的构造与排列

电解槽通常用钢筋混凝土制成,形状为长方形。为了防止电解液对槽体的腐蚀,其内壁必须加上内衬。内衬应具有良好的防酸性、绝缘性和耐热性,且要便于维修。目前普遍采用耐酸塑料、硬橡胶或沥青作为衬里。有些工厂试用辉绿岩—水玻璃耐酸混凝土捣制电解槽和花岗岩电解槽,它本身就耐酸、绝缘,所以不必另加内衬。电解槽一般是单个制作,便于移动和安装。其尺寸为:长2000~3500mm,宽760~800mm,深900~1250mm,槽壁厚100mm。侧部应留有放置导电棒的边沿,在深度上要比阴极多出250~300mm的空间,以利电解液循环。在槽子的一端距上沿约100mm处开有直径30~50mm的孔,以安装循环电解液的溢流管。其构造如图9-3所示。新电解槽或掏补过的槽子在使用前要进行严格的充水检查,不能有漏水或渗水现象。电解桥安装时在槽底和支撑梁之间要垫上强度较高的绝缘瓷砖,在导电母线或导电棒与电解槽之间都要采取绝缘措施,以防止漏电。

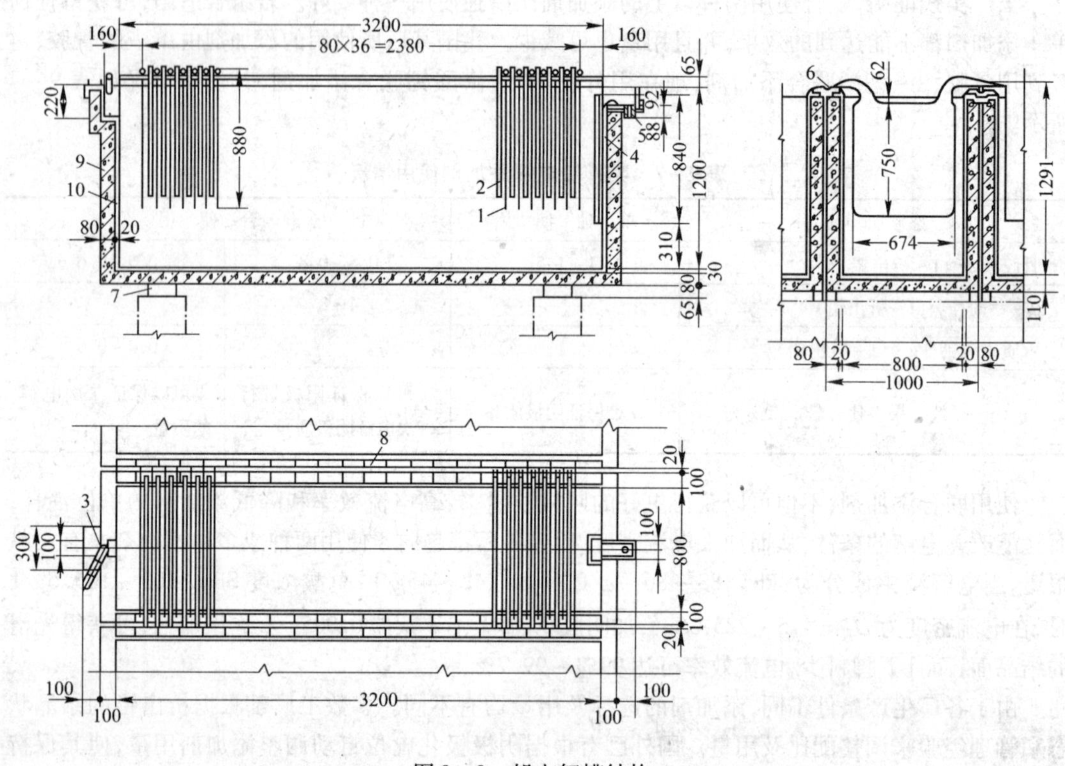

图9-3　铅电解槽结构

1—阴极;2—阳极;3—送液管;4—溢流管;5—回流管;6—槽间导电棒;7—绝缘瓷砖;
8—槽间瓷砖;9—槽体;10—沥青胶泥衬里

电解槽中的阴阳极之间为并联联接,而相邻的电解槽则串联联接,若干个电解槽侧壁靠侧壁紧密地排成一组(列)。为了限制总的电流强度,组与组之间一般为串联联接。

9.4.2　阳极与阴极的制作

9.4.2.1　阳极制作

阳极中的杂质含量对电解过程及析出铅均有重要影响,因此粗(底)铅铸成阳极之前,一般要进行火法初步粗炼,除去其中的有害杂质铜和锡,粗铅电解还要调整锑的含量,然后才铸成阳极送电解精炼。

铅电解对阳极的物理规格,包括外形尺寸、厚薄、块重等也有严格要求。阳极的外形与尺寸的选择决定于电解工艺对阳极的特殊要求。一般规模较大的工厂,或采用机械铸型的工厂,阳极尺寸可大些;反之为减轻工人劳动强度,应选择尺寸较小的阳极。常见的长度为400~1050mm,

宽度可为300~950mm。为了避免沿电解槽纵深方向的不均匀溶解，阳极不宜制作得过长，故个别工厂采用宽大于长的阳极。另外为了消除电解过程中因阴极边缘电力线集中而产生的厚边或瘤子，阳极的外形应比阴极适当短些和窄些。

阳极含杂质的数量，直接影响阳极厚度和块重的选择。一般来说，阳极含杂质越高，越不宜采用高电流密度的长周期生产，否则就会因阳极泥太厚引起桥压升高，使杂质金属溶解。一般底铅电解因为阳极含锑高，阳极板碎性大，所以不宜过厚、过大。常见的阳极厚度均小于30mm。在电解过程中，往往阳极上部要比下部溶解得快些，因此阳极上部应稍铸厚一点，以免发生断裂掉极现象。

阳极的光滑平整有利于减少自然短路和在电解后获得完整的残极片，以降低残极率，避免掉极造成阳极泥污染。一般对阳极的物理规格有下列要求：(1)表面平整光滑，无氧化渣及其他杂物，无飞边毛刺；(2)厚薄均匀，上下部厚度差小于2mm，允许上部稍厚，但不能上薄下厚；(3)单块质量偏差不超过2~5kg。

要确保阳极质量达到上述要求，在阳极铸型中要控制温度在440~460℃之间为好。铅液温度过高，则阳极表面会产生过多的氧化渣，而且容易起泡；反之铅液因温度过低而黏度大，流动性差，易产生阳极厚薄不均匀、缺耳（或薄耳）少角现象，飞边毛刺也相应增多，严重时会堵塞浇铸溜子使生产无法进行。其他如铸模摆放不平，铸型设备晃动，浇铸铅液量控制不好以及人为和设备造成的原因都能直接影响阳极的物理规格，需要在生产中加以注意。

阳极铸型设备主要是圆盘铸型机械，它能同时完成铸型、平整、排板三个工序。它包括主体圆盘、起板装置和排板动送链带等五个主要部分，合称为阳极生产联动线，其构造如图9-4所示。这种设备结构简单，整个铸型过程完全机械化，生产能力高，阳极质量也较稳定。少数小厂采用人工浇铸方式生产阳极，其方法是：在精炼锅台前的地面上，安装一排阳极铸模，用虹吸管或铅泵将铅液经溜槽引至铸模内，并采用在表面洒冷水的办法使模内阳极表面迅速冷却，然后人工或用电葫芦等简单机械从模中将板取出。这种方法虽然简单，但劳动强度大，且制成的阳极需经平整，削去飞边毛刺后才能供电解使用。

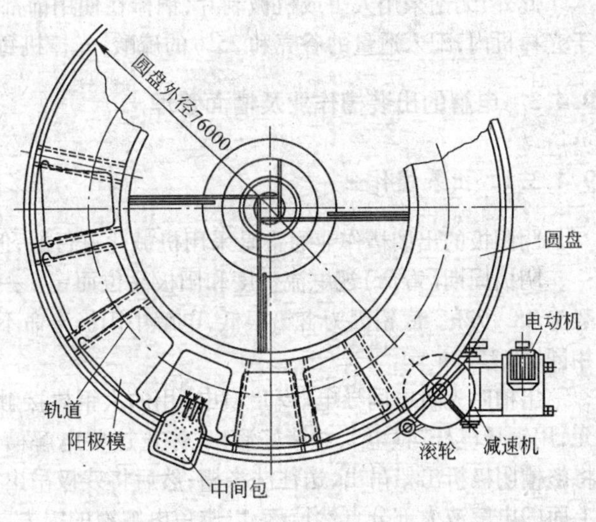

图9-4 圆盘浇铸机结构简图

9.4.2.2 阴极制作

供电解使用的阴极片（亦称始极片），是用合格的析出铅制成的。与阳极尺寸一样，阴极尺寸决定于工厂的生产规模和能力。电流密度和铅电解的其他工艺要求也对阴极尺寸的选择有着重要影响。比如有的工厂为了节约能源，多采用中低电流密度（120~160A/m^2）进行生产，以降低直流电耗，故选择大尺寸的阳极。但应注意到过长或过宽的阴极除了会使电解液循环带来困难外，还会由于电流分布不均匀产生不均匀析出，并给操作工人在处理故障电极时带来不便。一般尺寸为：长425~900mm，宽330~760mm，质量和厚度视制作方法而异，人工制作的阴极较薄，约0.6～1mm,块重4.0～4.5kg。机械制作的要厚些,可达1.5～2mm,单片重14kg左右。其物理规格要求如下:(1)表面平整光滑,无飞毛刺,无氧化渣;(2)包裹导电铜棒的折叠处不开口,不缺角,不穿孔,上下宽度差不大于20mm;(3)铜棒光亮,不带杂物、油污;(4)厚薄均匀适当。

最简单的阴极制作方法是人工铸造,此方法是把熔融的铅液用人工舀至一敞口的翻斗中,待液面稍平后迅速翻转倾倒在成70°～75°倾角的铸模板上,以形成薄片状的铅皮,趁热加入事先光亮的铜棒,折叠包裹,并打紧叠口而成。为保证阴极的物理规格,铸造中主要是控制好浇片温度。过高则制得的铅皮薄,易变形弯曲,且易断裂掉极,另外过高的温度还常造成穿孔开岔,甚至不能浇铸。反之则浇出的铅皮厚,折叠处不易打紧。人工浇铸的阴极一般还需经过刷毛、平整后才能供电解使用,所以不仅劳动强度大,而且效率低。

目前,国内外都已较普遍地采用了自动连续制片机械生产阴极。这类设备一般包括制片转鼓、提升传动装置、铜棒输送装置、剪片机构、平板机构及排板机组等。当转鼓转动时,铅液在其表面凝固成薄片,再通过连续的剥离、剪片、装棒、敛缝压平等一系列工序,最后制成阴极并排好间距。随着电子技术的发展,有的利用微电脑控制上述过程,使整个过程实现了自动化。

采用阴极生产线生产阴极在操作上应注意以下几点:(1)铜棒长短要一致,长棒会卡死在贮备道内,短棒则容易脱钩,弯曲铜棒需要校直才能使用;(2)控制好铅液温度和辊筒冷却水温度,在正常情况下,熔铅锅的铅液温度为400～420℃,辊筒冷却水出口温度为42℃左右;(3)剪切阴极的刀口如间隙过小,则刀片容易损坏;(4)如需调整阴极片缺口包铜棒的位置,可用调节装置来完成,切勿用手工调整,以免发生事故。

此外,无论采用人工或机械制片,铜棒在使用前都要除去表面的氧化层。一般都是将铜棒置于光棒机内,配入适量的谷壳和25%的硫酸,光棒机每桶转动10～15min,即可得到光亮的铜棒。

9.4.3　电解的出装槽作业及槽面管理

9.4.3.1　出装槽作业

阴阳极的出装槽作业通常是采用机械化进行的,但也有一些厂使用人工装槽。

阴极周期(寿命)视电流密度和阳极品位而定。一般阴极周期为阳极寿命的一半或相等,一般为48～72h。底铅因为含铅很低,电解中阳极寿命不能太长,因此多数底铅电解厂阴阳极寿命相同,均为72h。

出槽时先将中间导电棒和“横电”用的大铜棒接触处用钢丝刷或砂布擦亮,以若干槽为一单元,用铜导电杆“横电”,并堵好溜口,停止这些电解槽的电解液循环,通过行车用特制的吊架先将整槽阴极析出铅吊出,送往洗涤槽;然后将残极吊出。在吊出析出铅或残极时,应稍停片刻,待上面的电解液大部分自然掉落,以避免电解液的损失,还可保持现场的清洁、干燥。

析出铅经洗涤后,堆放一叠,抽出铜棒,以便铸锭。残极因其表面附着一层阳极泥,阳极泥中锑占了很大比重,因此硬度也很大,常规阳极洗刷机械无法将阳极泥从极板上刷下,只能用人工铲除。残极经铲除阳极泥后,再经清洗才能返回熔铅锅处理。

出槽完毕后,捞尽电解槽内掉落的极板,开始装槽。装槽前,用破布浸上电解液将中间导电棒擦洗一遍,再用纱布擦干,随后用砂纸清擦一次,使铜棒露出新鲜光泽表面。因其极易氧化,需涂上一层变压器油加以保护。

装槽也是用吊架整槽机械装入的,且先装阳极,后装阴极。极间距大,因电解液的电阻增大而使槽压升高,电耗增加。极间距越小,则槽压越低,但会使两极的短路机会增加,以致电流效率降低,所以采用较小的极间距要求电极板平直光滑。对于含锑高达15%以上的粗铅电解,由于阳极上大量的锑形成网状结构，有效阻止了阳极泥的脱落。采用的电流密度一般也不是很高，故可采用较小的极间距，通常同极距为 90～100mm。装槽完毕后，应仔细检查，并做好“对槽”工作。为保证阳极板与中间导电棒的良好接触，可用锤子将压在中间导电棒上的阳极大耳敲打一下，以减少接触点的电阻。

9.4.3.2 槽面管理

槽面管理的好坏是能否获得好的技术经济指标的关键因素之一，其要求可总结为“一光二正三等两消灭”，即接触点光，阴阳极对正，各槽槽压相等、流量相等、液温相等，消灭跑酸、消灭漏电。

电解过程中不可避免地会发生各种形式的短路或断路现象，其结果将使电流效率降低，或槽压升高，必须检查和处理。断路也称为凉烧板或倒解，主要是阴极铅皮与导电棒接触不良或接触点夹杂污物而造成断电现象，致使阴极不但没有铅沉积，反而被化学溶解，导电棒发凉。短路就是阴阳极直接接触，其原因很多，如析出铅结晶不好，长粒子，始极片弯曲，电极放得不正，掉极的极片未捞出等都会引起短路现象。因短路电极通过的电流强度大，接触点被强烈地加热而温度升高；而凉烧板则因无（或少）电流通过，其电极温度明显低于其他极片，因此目前许多工厂采用手摸来检查，这种方法比较可靠，但劳动强度大。近年来有人采用电磁式短路探测器、高温变色油漆涂料等方法进行工业实验，在检测短路上取得了一些成效，但未能解决凉烧板问题，因而在工业上难以得到推广应用。发现短路时应立即将该电极提起，或打掉粒子，或矫正极面，消除短路。同时还要注意阳极是否歪斜，以便及时纠正。

漏电检查须用专门的检测设备。常见的漏电有导电板对地漏电、电解槽对地漏电、电解液带电等。其后果是降低电流效率、损坏设备甚至引起火灾。因此必须经常加以检查、预防，不让电解液循环系统带电，电解液在进入电解槽前用喷洒断流，由电解槽出来后，用翻斗断流，加强电解槽、输液管道等的对地绝缘。发现槽压异常要分析原因进行处理。

电解液的循环速度、温度，电解槽内液面的高低、添加剂的添加量等都必须进行经常的检查和调控。电解槽液面高低可升降出液口挡板调整，电解温度可通过调节加温槽中的蒸气用量来控制。南方气温高，一般不用额外加热，电解时电流的焦耳热即可保持所需温度。

9.4.4 电解液的制备

铅电解过程中由于电解液存在着机械损失、蒸发损失和化学分解等损耗，故需要不断补充酸量。底铅电解还需要同时补充 Pb^{2+}。制备硅氟酸的方法有两种：一种是氢氟酸法。用氢氟酸与石英粉（SiO_2）反应可制成硅氟酸，其生产方法是将氢氟酸加入圆形搅拌槽内，在常温下按一定的比例缓缓加入石英粉，经反应生成硅氟酸的水溶液：

$$6HF + SiO_2 = H_2SiF_6 + 2H_2O$$

HF 酸浓度一般为 23%～28%，石英粉的加入量为理论量的 1.1～1.2 倍。要求含 SiO_2 大于 95%，粒度 80～100 目为好。因其易吸水结块，使用前要烤干打碎，这样制得的硅氟酸浓度一般为 300g/L 左右。要求含铜量小于 1.8g/L，游离氟小于 3g/L。制造完毕的硅氟酸至少要澄清 8h 以上才可使用。

另一方法是萤石法。当氢氟酸供应有困难时，可用硫酸、萤石、石英粉按一定比例在铸铁锅中加热，使其反应生成硅氟酸气体，用阴极洗水或自来水吸收，即得硅氟酸。用阴极洗水吸收时，还可使气体中未参加反应的硫酸生成硫酸铅除去。

硅氟酸铅则可用化学法或电解法制造。金属铅粒、黄丹（PbO）、碳酸铅或铅白均可与硅氟酸作用生成硅氟酸铅。金属铅与 H_2SiF_6 反用缓慢，一般采用黄丹，所用设备与生产 H_2SiF_6 的搅拌槽相同。电解法也有两种，一种是隔膜电解。其电极的悬挂方式与普通电解槽相同，但在电极中间设置了隔膜，防止铅离子扩散到阴极，而阳极区电解液中铅的浓度不断升高，最终成为可供铅电解精炼用的 $PbSiF_6$ 电解液。另一种是用铅锭作阳极铺在槽底，而带孔的阴极平挂在上部，硅氟酸电解液从槽子一端缓缓流入，通电后，生成的硅氟酸铅因密度大而富集于槽底，用虹吸管将其吸出即可。

9.4.5　底铅电解的特殊操作

底铅电解的特殊操作如下：

（1）铅离子的补充。在底铅电解过程中，由于阳极铅品位太低，使阳极电流效率比阴极电流效率低，电解液中的铅离子浓度一般随电解的进行而逐渐降低。因此需要不断补充铅离子，这一点与粗铅电解正好相反。补充的办法之一是在配制新酸的时候，将黄丹（PbO）直接加入硅氟酸反应后即得硅氟酸铅。某厂配制的新酸成分为：总酸 300～320g/L，游离酸 80～100g/L，Pb^{2+} 300～340g/L。实际配制的时候，要根据循环电解液中铅和酸的降低情况计算补充量。如果铅浓度降低太快而硅氟酸浓度降低较慢，则也可用电解液与黄丹反应的方法补充铅离子。一般每吨电铅消耗黄丹 30kg 左右。

（2）电解液的净化。正常生产的电解液中杂质浓度一般不会积累到有害的程度。但是集中掏槽或停产抢修后再生产时，电解液往往会受到污染而变得浑浊，此时需将电解液进行过滤，以除去其中的悬浮污染物和部分胶质。过滤在铺有玻璃丝、木炭或活性炭的特制过滤池中进行。在生产中有时因掉极或出槽等原因造成电解液浑浊，引起析出铅结晶不好，质量变坏。此时可停止电解液 8～16h，让电解液迅速澄清。

9.4.6　阳极泥及其过滤

底铅电解除了获得阴极析出铅外，还会得到大约 25% 的阳极泥。阳极泥量的多少通常用阳极泥率来表示，其计算公式为：

$$\text{阳极泥率}(\%) = \frac{\text{阳极泥产出量}}{\text{装槽阳极质量} - \text{残极产出量}}$$

这些阳极泥中大部分是锑（约占 65%），银的含量也很高，约达 1.5%，是提银的主要原料，此外阳极泥层中还含有大量的铅和酸，以及少量的添加剂。因此回收其中的锑、铅、银和酸是十分重要的。

由于这种阳极泥中含锑很高，不像普通铅电解产生的阳极泥，可以用机械从残极上洗刷下来，而必须以人工方式用铁铲才能将阳极泥铲除下来。劳动强度大，处理量小，而且劳动条件恶劣。自出槽阳极铲下的阳极泥及电解槽底泥，送到搅拌槽搅拌后，再送到澄清槽澄清，后用压滤泵送入压滤机，压完后进行第一次吹风，再用三次滤液洗，再吹风，最后用 80℃ 以上的清水进行洗涤。一、二、三次洗液分别贮存，一次洗液经澄清后按一定比例作为电解液补充液，二次洗液送去搅拌极泥，三次洗液作为一次洗涤用水。

9.5　析出铅精炼与铸锭

阴极析出铅含铅在 99.99% 左右，但还含有微量的砷、锑、锡、铜、铁等杂质，需要在铸锭之前除去，使其符合国家规定的电铅标准。出槽后的铅要先取样分析，如果铜不超标则可免去除铜作业，否则必须先加硫除铜，然后除砷、锑、锡。产出的电铅用机械或人工铸锭。精炼除砷、锑、锡的方法有氧化法和加碱法。

9.5.1 氧化法除砷、锑、锡

析出铅的氧化精炼原理是利用锡、锑、砷对氧的亲和力大于铅对氧的亲和力，而使之形成一种不溶于铅且比铅更稳定的氧化物除去。此过程在精炼锅内进行，杂质的氧化是空气和 PbO 两方面作用的结果。PbO 是精炼初期铅被空气氧化形成的。在精炼温度下，各种杂质的氧化顺序是：锡、砷、锑，即锡最先氧化，在铅液表面形成锡渣，然后才是砷渣和锑渣。

砷、锑、锡的氧化物可与氧化铅作用形成亚砷酸盐、亚锑酸盐和锡酸盐：

$$2As + 6PbO \longlongequal 3PbO \cdot As_2O_3 + 3PbO$$

$$Sn + 3PbO \longlongequal PbO \cdot SnO_2 + 2Pb$$

$$2Sb + 4PbO \longlongequal PbO \cdot Sb_2O_3 + 3Pb$$

杂质氧化速度决定于杂质在铅液表面扩散的速度、过程的温度以及精炼铅中氧的浓度。由于各厂析出铅杂质含量及对作业时间要求不同，因此，氧化精炼也有两种。一是用搅拌机搅拌已熔化的铅液，使其中的杂质及小部分铅与空气接触并氧化成氧化物除去。此法的优点是浮渣率低(约 0.7% ~1%)，可使砷、锑、锡降至 0.0003% 以下，适用于精炼含微量杂质的析出铅，但作业时间长。二是吹风氧化精炼，其操作是向铅液鼓入压缩空气。此法除杂效率高，操作时间短，但金属损失大，氧化渣率高达 2% ~3%，影响铅的直收率，故仅在析出铅杂质含量较高时才使用。

9.5.2 碱法精炼除砷锑锡

碱法精炼的实质与氧化精炼一样，都是利用氧化铅作氧化剂，使杂质生成氧化物，并与苛性碱造渣分离。其反应如下：

$$2As + 5PbO + 6NaOH \longlongequal 2Na_3AsO_4 + 3H_2O + 5Pb$$

$$Sn + 3PbO + 2NaOH \longlongequal Na_2SnO_4 + H_2O + 3Pb$$

$$2Sb + 5PbO + 6NaOH \longlongequal 2Na_3SbO_4 + 3H_2O + 5Pb$$

实践证明，精炼过程主要在于控制好适当的加碱湿度和搅拌时间。当析出铅含锡较高时，在加入苛性碱的同时加入适量的氧化铅，结果锡等杂质绝大部分可以除去，效果也较显著。

9.5.3 精铅铸锭

经过精炼除去铜、砷、锑、锡等的铅液必须铸锭成形，其方法有人工铸锭和机械铸锭两种方法。人工铸锭工艺操作方法是：铸模在地上摆成弧形，铸模底部有喷水管对铸模进行冷却，一般采用虹吸管向模内灌注铅液，并趁热捞去表面的氧化渣，浇水冷却。之后用钩子将铅锭逐个从模内取出，刮去飞边毛刺，经打印后即可入库。

由于人工铸锭劳动强度大且效率低，故已基本上为机械铸锭所取代。常见的铸锭机械有转盘式和连续式两种。转盘式铸锭机的主要部件是一个水平放置的绕轴旋转的圆盘，其直径达 5 ~6m，由电机驱动旋转。圆盘外围呈辐射状摆放一圈铸锭钢模。铅液经虹吸管或铅泵流入铸模，并由调节阀控制流量。铅锭重 40 ~45kg，铸模下部用水冷却，铅锭经冷却后从另一端取出。连续式铸锭机由定量浇铸装置、浇铸机、打印装置、推锭装置、排铸装置和液压系统几部分组成。浇铸机为连续排列为链状的铸模组成，按一定的速度运行。铅液注入钢模后在运行中缓慢冷却(必要时可在模底喷水)，并在尾部翻转脱出，由推锭装置送入受锭台，自动排列整齐，经辊道输送到指定地点打包计量入库。

9.6 电解精炼的技术经济指标

9.6.1 电流效率

当电流通过电解液时，在阴极上实际析出的金属量与按法拉第定律计算的理论量之比，用 η_K 表示：

$$\eta_K = m/qIt \times 100\%$$

式中 η_K——阴极电流效率，%；

m——实际析出金属量，g；

q——铅的电化当量，3.865g/(A·h)；

I——电流强度，A；

t——电解时间，h。

电流效率不可能达到100%，粗铅电解电流效率一般为95%～97%，底铅电解的电流效率要低一些，约90%～93%。影响电流效率的因素很多，主要有：断路、短路、化学溶解、漏电损失和副反应等。

9.6.2 电能消耗

电能消耗一般指的是直流电能单位消耗，即生产1t电铅消耗的直流电量，它主要决定于平均槽电压和电流效率。可用下式计算：

$$W = E_{槽} \times 10^3/(\eta_K \times 3.865)$$

式中，W 和 $E_{槽}$ 分别为电能单耗(kW·h/t)和平均槽电压(V)。目前国内外粗铅电解的电单耗约100～140kW·h/t。底铅电解最高耗电可达160kW·h/t。槽电压对铅电解中的电能消耗和析出铅质量有重要意义。确切地说，槽电压是指一个电解槽的正极导电棒与负极导电棒之间的电压降，这种电压降包括四个部分，即：电解液的电压降、各接触点的电压降、导体电压降、阳极泥层与浓差极化所产生的电压降。其中对槽压影响最大的是电解液及阳极泥层的电压降，其次是浓差极化所引起的电压降。降低电解液和阳极泥层引起的电压的措施有：(1)改善电解液成分，使电解液中游离酸的含量适当，优化和控制添加剂的使用；(2)合理提高电解液温度，一般控制在40～43℃为宜；(3)缩短极间距，但较窄的极距对阴阳极的物理及出装槽水平要求更高，否则易发生短路。同极距一般以80～90mm较好；(4)适当缩短电解周期。周期越长，后期阳极泥越厚，电阻增大。

9.6.3 浮渣率和氧化渣率

浮渣率是指粗(底)铅初步精炼过程中浮渣产出量与装入原料量的百分比：

$$熔铅锅浮渣率 = \frac{浮渣产出量}{装入原料量} \times 100\%$$

装入原料量中不包括装入残极量。

在生产过程中影响浮渣率的因素有：(1)粗铅品位。品位越低则浮渣率越高；(2)工艺方法。工艺越简单，浮渣率越低；易使铅液氧化的工艺则会使渣升高；(3)杂质成分。使渣黏度升高的元素如锌都会使渣含铅升高，从而提高浮渣率；(4)机械设备，特别是捞渣板，如漏铅眼不畅，则渣率上升。

氧化渣率则是指电铅熔铸时产出的氧化渣量占装锅析出铅的百分数。

$$氧化渣率 = \frac{氧化渣的产出量}{装铅析出铅量} \times 100\%$$

影响氧化渣率的因素有:(1)杂质含量,如Sb、Sn含量越高,则氧化渣率越大;(2)精炼方法。一般说来,碱性精炼的渣率比氧化精炼的渣率高;(3)操作、铸型温度越高,氧化渣率越大。另外操作水平的高低也对渣率有一定的影响。

9.6.4 残极率与铅精炼回收率

铅精炼回收率是指从粗铅开始到产出电铅的全过程中,产出的电铅量与消耗物料的含铅量之比。

铅精炼回收率 = 熔铅锅回收率 × 析出铅回收率 × 电铅铸型回收率

残极率是指在铅电解过程中所产出的残极量占消耗阳极量的百分比。残极率主要受阳极物理规格的影响,同时也受电流效率的影响,电流效率越高,残极率越小。底铅因高锑性脆,阳极泥太硬,因而电解周期短,残极率高。

9.6.5 硅氟酸单耗

单位质量的析出铅所消耗的硅氟酸量。其计算方法已在9.3节中介绍过。硅氟酸单耗除受电铅产量影响外,还受下列因素影响:(1)温度。电解温度越高,硅氟酸的挥发损失越大;(2)浓度。电解液中含酸量越高,滴、漏、跑、冒所产生的绝对损失就越大;(3)阳极泥洗涤工艺好坏,也会影响到酸的回收。

复习思考题

1. 底铅电解精炼的目的是什么?
2. 试写底铅电解的电解体系。
3. 写出铅电解精炼阴极和阳极的主要化学反应式。
4. 画出底铅电解精炼的工艺流程图。
5. 铅电解阳极中的杂质金属主要有哪些?分别阐述它们在阳极中的行为。
6. 一般铅电解液成分控制在什么范围?简述其原因。
7. 什么叫电流密度,底铅电解的电流密度大致在什么范围?
8. 说出粗铅电解精炼过程中有哪些主要影响因素?它们的技术条件如何?
9. 电解槽的排列方法有哪几种?说出电解槽电路的联接方法。
10. 电解槽的阴、阳极如何制作?
11. 电解有几个操作程序?并分别简述各程序的操作过程。
12. 什么是铅电解的铅回收率、铅平衡率、铅直收率、残极率、阳极泥率?并写出它们的计算公式。

10　含尘烟气处理

10.1　铅锑冶炼厂的烟气特点

在铅锑冶炼过程中，主要采用的生产工艺为火法，在冶炼过程中排出大量废气，其中的烟尘则是大气的主要污染物之一。其特点是量大、组成复杂，不同工段排出的烟尘化学成分各异。沸腾炉烟气中就有大量 SO_2 和铅锑精矿粉尘以及铅锑的氧化物粉尘，有时还含少量 As、Cd 等有毒金属氧化物。这些成分是生产的重要资源，并且对人体危害严重，必须予以回收利用。本章重点介绍烟气收尘。

目前铅锑复合矿主要是硫化矿，其中的硫在焙烧和熔炼过程中转变为 SO_2 进入废气中，SO_2 是污染大气的主要有害气体之一。当空气中 SO_2 含量达到 $0.2\times10^{-4}\%$ 时，会引起或加重人的呼吸系统和心血管的疾病，超过 $0.25\times10^{-4}\%$ 时，严重的可引起死亡。SO_2 在大气中通过光化作用和与微尘的接触作用可氧化成酸雾或生成硫酸盐微粒，对金属材料及各种建筑材料都有一定的腐蚀作用，可使各种纺织品、纸张等有机物褪色。大气中 SO_2 浓度达到 $0.28\times10^{-4}\%$ 后，可改变植物组织内的 pH 值，使之萎谢并严重减产。SO_2 含量达到 $0.1\times10^{-4}\%$ 时，大气的可见度降到 3 公里，会影响航空、天文观测和太阳辐射。

废气中通常还带有大量的烟尘，也会污染环境。烟尘的危害程度取决于它的化学成分和颗粒的大小。那些含有游离 SiO_2 和 As、Cd、Hg 等有毒金属氧化物的粉尘危害性最大。当大气中粉尘浓度很大，尘粒直径在 2～20mm 之间时，往往有 50% 的粉尘能在人的毛细血管和肺之间附着不能排出，引起人的气管炎、支气管哮喘和肺气肿等方面疾病。粒度在 0.5～5μm 之间的飘尘能在肺细胞内沉积，并能进入血液送至全身，造成更坏的后果。一些有毒金属（铅、砷、汞、铬、铜、锌、镍、钴等）及其化合物的危害更大，除直接危及人畜健康外，落地后将严重污染土壤。在污染土壤上生长的植物体内将含有大量的污染金属，使农作物产量下降，长期食用还会造成慢性中毒。

10.2　烟气净化的意义和方法

在铅锑复合矿物中，除了铅、锑两种主要元素外，还含有一些其他重金属杂质，以及少量的贵金属和稀有元素。另外，还含有大量的硫。在火法冶金过程中，除了产生大量的高温烟气以外，原料中锑等金属及其化合物，易因气化和被炉内上升气流带走而进入炉气中成为烟尘。极细的精矿在运输和操作过程中，也会产生烟尘。由于硫化物的氧化，在炉气中也必定含有二氧化硫。因此，烟气的净化，即从烟气中收集含有有价金属的烟尘，利用烟气中二氧化硫制酸，改善劳动条件，搞好环境保护是有着十分重大的意义。如沸腾焙烧过程中，进入烟尘的物料量占到了总投料量的一半，底铅吹炼分离时，分离出来的锑全部以 Sb_2O_3 形式进入烟尘。可见在高温作业过程中，因挥发和气流带走而进入烟尘中的有用金属数量是相当可观的。必须回收以提高金属实收率和原料的综合利用。

根据净化烟气所用收尘设备的工作原理不同，有色冶金工厂的收尘方法可分为以下几种:(1)烟气受重力作用而沉降的,如沉降室;(2)使烟气受离心力作用而沉降的,如旋风收尘器;(3)烟气经过织物过滤,如布袋收尘;(4)烟气的电气收尘,如IU收尘器;(5)烟气的湿法收尘,如洗涤塔。

由于各种烟气和烟尘性质的不同,有色冶炼过程中产生的烟尘,可采用各种收尘方法进行收集。但因产生的烟尘粒度大小和物理性质的不同,经常使用的收尘方法并不是一种,而是几种收尘方法联合使用,力求达到最高的收尘效率。

10.3 沉降收尘

沉降室是利用烟尘本身重力作用而沉降的一种收尘设备。现代大企业中有的用做初步收尘。

当悬浮的颗粒在气体中借其本身的重力作用降落时,最初为等加速度,随着速度的增加,烟尘所受的阻力就加大。当重力等于阻力加浮力时就成为等速运动,烟尘以一定的速度下降,这种降落速度称之为沉降速度。如果气体在垂直方向不运动,则烟尘在气体介质中将以此恒定速度下降。颗粒的沉降速度与直径的平方成正比,与颗粒的密度成正比,与气体密度及黏度成反比。

根据重力作用而设计的收尘设备有沉降室和沉降烟道(图10-1)两种。

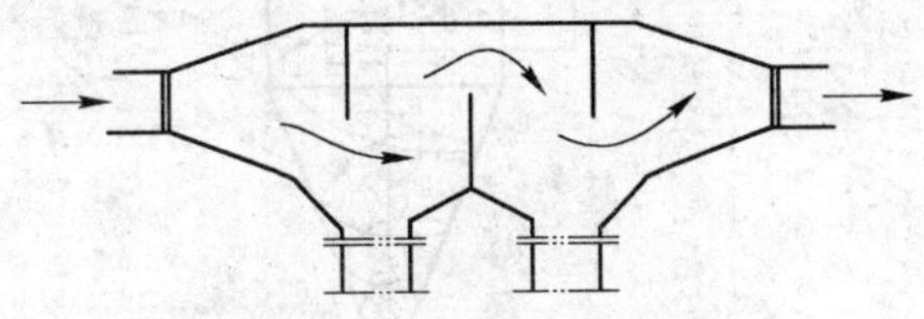

图10-1 沉降烟道

沉降室是长方形横断面的,由于沉降室的垂直横断面积远大于烟道的垂直横断面积,因而从烟道进入沉降室的烟气速度减小10~20倍。进入沉降室的烟尘质点一方面以与气流相同的速度沿水平方向移动,同时又受重力作用而以一定的沉降速度下降,因此烟尘质点的绝对运动速度就是这两个速度的矢量和。若烟气速度愈小,烟尘质点沉降速度愈大,那么烟尘愈容易沉降于室底。

在沉降室中烟气流速常为0.2~0.5m/s,视烟尘粗细和要求的收尘程度而定。烟尘在沉降室内停留时间一般为30~50s。

沉降烟道的示意图如图10-1所示。为了使烟尘沉降较为完全,在烟道中装有一些垂直挡板,使部分烟尘失去惯性,以增加烟尘运动的途径和使气流速度降低,使烟尘更有利于沉降。但须指出,若因挡板使气流产生涡流时也是不利的。

沉降烟道内气流速度提高到1m/s,烟气在烟道内停留的时间约为120s。

由于热的烟气有上升的趋向,并沿着烟道或沉降室的顶部流过,烟气有可能不流经沉降室的全部垂直横断面,而仅仅流过上至顶板下至排气口的部分空间,因而烟气出口以下的空间不能有效利用。所以,为了提高沉降室的有效空间,烟气排出口的位置要低一些,使气流速度尽可能降低。

沉降室的主要优点是设备简单,操作方便。而其最大的缺点是设备庞大,仅能收集较粗的烟尘。当用于沉降50μm以下的烟尘时,其收尘效率约为40%~70%。

10.4　旋风收尘

旋风收尘器是利用烟尘质点在曲线气流中运动产生离心力的原理进行收尘的设备。由于旋风收尘器的构造简单、轻便，能有效地收集5μm以上的粗烟尘，通常把它作为烟气初步净化使用的设备。收尘效率达70%～80%。润湿后可处理含尘量在100g/m^{3}以下的烟气。

10.4.1　旋风收尘器的工作原理

旋风收尘器主要是由一个带锥形底的垂直圆筒壳所组成(图10－2)。含有悬浮烟尘的烟气气流由口径不大的进口管高速(约20m/s)进入后，烟气在外圆筒与中央排出管之间，自上而下作螺旋线运动。夹有微细烟尘的部分烟气沿气体排出管流出，另一部分烟气沿圆锥部分运动。此时，内层气体随圆锥形的收缩而转向收尘器的中心，受底所阻而返回，形成一股上升的旋流，其方向与外层相反，经由出口管逸出收尘器外。

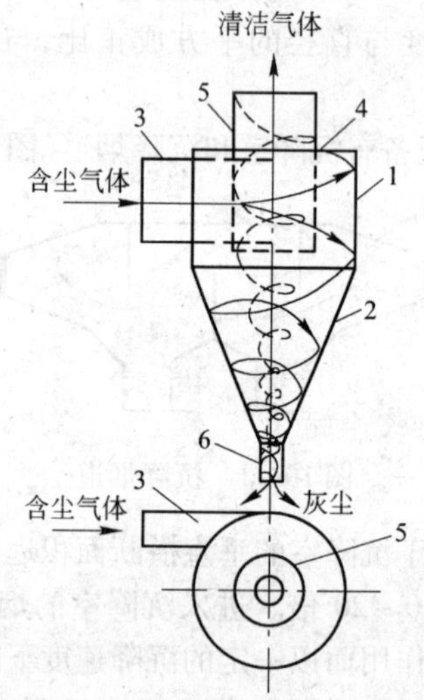

图10－2　旋风收尘器

1—外壳；2—锥形底；3—气体入口；4—盖；5—气体出口管；6—除尘管

当烟气在圆筒内旋转时，受烟尘圆离心作用而抛向外壁。此后，烟尘质点与烟气以不同的轨迹运动。烟尘失去运动惯性后，沿旋风收尘器下部锥形部分滑至烟尘卸出口。

如上所述，在旋风收尘器内烟尘受离心力和阻力的作用，这两个力平衡后，烟尘将以恒速向器壁沉降，并且沉降速度随气体旋转速度的增大而增大，随旋转半径的增大而减小。

在旋风收尘器的圆锥部分，愈接近中间区，转速愈快，所以静压力显著降低(总压力一定)，在圆锥中心轴附近出现负压区，因此，在出灰口易因吸入空气而带走已经沉降的烟尘，使收尘效率急剧降低。根据资料记载，当吸入空气10%～15%时，设备工作效率可降为零。为此，出灰口必需密封好。

旋风收尘器的生产能力是以每小时通过其中的气体量来表示的。烟气入口速度一般在15～25m/s之间，排气速度在4～5m/s之间，气流在其中的压力损失约为392～490Pa(40～50mmH_2O)，收尘效率视烟尘粒度而定。

10.4.2 旋风收尘器

旋风收尘器可分为单个和组合使用两种。单个旋风收尘器大多数是由一个外圆柱筒、一个内圆柱筒以及底部带有烟尘出口孔的圆锥筒组合而成。

旋风收尘器的高(圆柱高 $h_{柱}$ + 圆锥高 $h_{锥}$)与外径之比大于2的称“高型旋风收尘器”,比值小于2的则称“低型旋风收尘器”。高型旋风收尘器的特点是直径小,烟尘在其中停留时间较长,可以沉降粒度更细的烟尘。因此,其收尘效率高,应用较广泛。

目前工厂广泛采用高效旋风收尘器,其特点是:收尘器入口速度大,出口管径小,圆锥部分长,收尘效率高,但阻力损失大。

为了达到更好的收尘效果,还可以把数个单个旋风收尘器联结成组使用(图10-3)。当旋风收尘器联合成组使用时,采用的个数通常是偶数,最多不超过8个。在联结时要尽量使气流通过各收尘器的阻力相同,这样可以保证每个收尘器都在较高的效率下操作。对于旋风收尘器组,其阻力系数比单个旋风收尘器的阻力系数大10%。

从质点沉降原理知道,增大烟气速度和减小气体旋转半径都可以使烟尘质点沉降速度加大,但增大烟气入口速度必然增大阻力,使输送气体的电能消耗增加,同时还由于产生涡流而降低收尘效率。但减小旋风收尘器的直径会降低其处理量。为了在不降低处理量的情况下,减小直径,增加沉降速度,人们设计出一种多管式旋风收尘器(图10-4)。这是由数个(或数十个)平行排列而直径较小(150~250mm)的旋风收尘器组成。

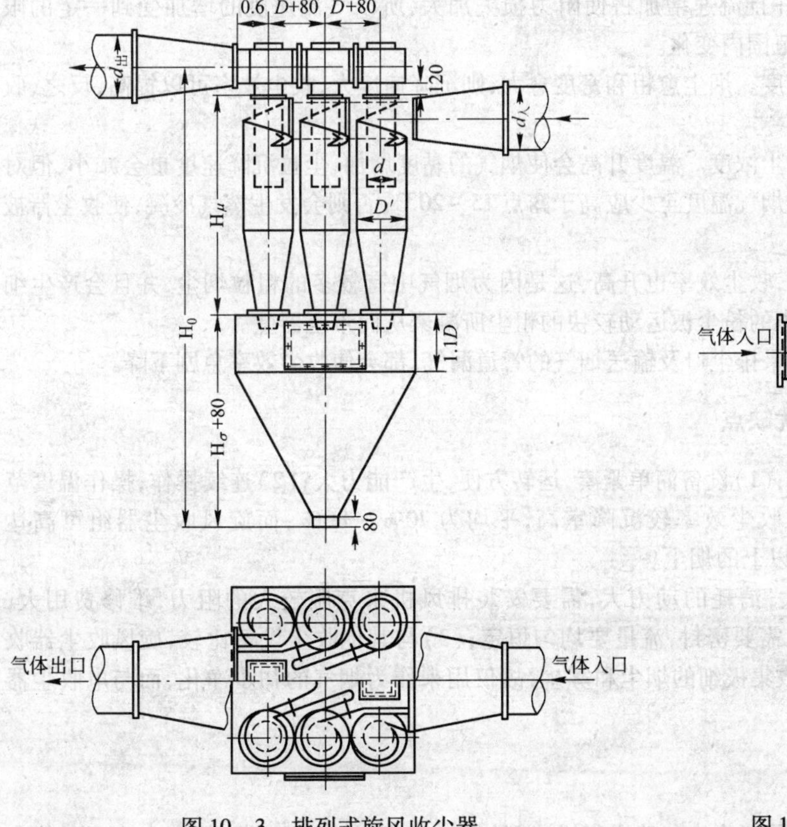

图10-3 排列式旋风收尘器

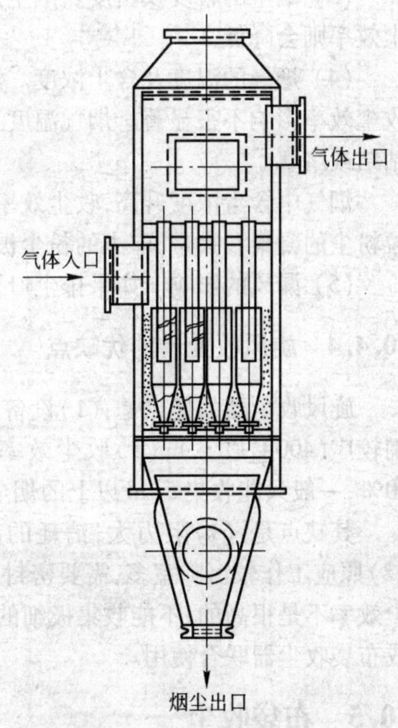

图10-4 多管收尘器

10.4.3　影响旋风收尘器收尘效率的因素

一般普通旋风收尘器收尘效率为60% ~70%，收尘效率的高低与下列因素有关：

(1) 旋风收尘器的尺寸。旋风收尘器的收尘效率随旋风收尘器直径的减小而增大，直径小的旋风收尘器能收集较细的烟尘。直径太小时出口管壁离收尘器工作壁很近，反而会使沉降的烟尘被出口气流带走。直径多采用150 ~1000mm，以500 ~800mm为最佳。

旋风收尘器圆锥部分是发生收尘作用最主要的部位，其高度对收尘效率影响很大，高度愈大收尘效率愈高，一般取圆锥部分高度为圆柱直径的3 ~4倍。圆锥部分的斜度不应小于60°，否则烟尘在其中极易堆积。若烟尘堆积太多会被气流重新卷起而使收尘效率降低。

收尘器入口有普通切向入口、螺旋面入口、渐开线入口等形式。渐开线入口使气流干扰降低到最小程度，阻力损失小，收尘效率高，以渐开线为180°为最佳。当入口的宽高比为1.0 ~1.1时，效果较好。

旋风收尘器排气管伸入旋风器的长度，应略大于排气管直径，这样可以保持高的收尘效率，伸入长度过大反而使收尘效率下降。

(2) 烟气进入旋风收尘器的速度。当进入收尘器的气流速度增加时，质点在运动中所受的离心力也增加，使烟尘易于沉降，从而提高了收尘效率，同时也提高了生产率。收尘器所能收集烟尘颗粒的最小直径，是与气流进入速度以及气流在收尘器内的转数成反比例的。也就是说，增大气流速度可以使直径更小的烟尘颗粒也沉降下来。

但是，随着气流速度增大，收尘效率的提高速度就逐渐减慢，甚至降低，因为此时有可能使已经沉降的烟尘重新卷起，并且流速增加将使阻力损失加大，所以气流速度的增加受到一定的限制，一般都在15 ~25m/s范围内变化。

(3) 烟尘的粒度及密度。烟尘愈粗和密度愈大，则沉降速度大，收尘效率可以提高，反之，收尘效率则会降低。

(4) 烟气的温度及含尘浓度。温度升高会使烟气的黏度增加，尘粒沉降速度也会减小，但对收尘效率影响不很显著。烟气温度至少应高于露点15 ~20℃，否则会发生蒸气冷凝，使收尘器被粘结或堵塞。

烟气中含尘浓度升高，收尘效率也升高，这是因为烟气中有较多的粗粒烟尘，并且会产生细粒粉尘的凝聚和夹带，即小的粉尘被运动较快的粗尘所凝聚从而带至器壁。

(5) 漏风的影响。如果排尘口及输送烟气的管道漏气，都会使收尘效率急剧下降。

10.4.4　旋风收尘器的优缺点

旋风收尘器的优点是：(1)设备简单紧凑，运转方便，生产能力大；(2)连续操作，操作温度范围较广(400℃以下)；(3)收尘效率较沉降室高，平均为70% ~80%，而旋风收尘器组可高达90%，一般只能收集5μm以上的烟尘。

其缺点是：(1)阻力大，消耗的动力大，需要安装排风机来克服较大的阻力，维修费用大；(2)照应工作较沉降室多，需要密封，流量要均匀恒定；(3)与其他收尘设备比较，旋风收尘器收尘效率不是很高的，不能收集极细的烟尘和雾尘，故仅用来作为烟气的初步净化，而与电收尘器或布袋收尘器联合使用。

10.5　布袋收尘

布袋收尘器是利用织物对含尘气体进行过滤而使烟气与烟尘分离的收尘设备。净化时使含尘气体通过一多孔的织物,气体分子可以通过纤维间隙,而悬浮的烟尘通不过去而被截留下来。布袋收尘效率很高,可达99%以上,可以收集0.2μm粒径的烟尘。

布袋收尘设备包括:烟气冷却设备、布袋收尘器、排风机和烟尘的输送设备等。

10.5.1 布袋收尘的原理

当含尘烟气穿过滤布孔隙时,烟尘被截留,是受到多种作用的结果。一是筛滤效应,当烟尘的颗粒比织物的纤维间隙或附着在织物上的烟尘间隙大时,烟尘被截留。对于一般的织物来说,这种效应是很小的,因为织物的纤维间隙大大超过烟尘的直径。但是在布袋收尘器工作时,布袋织孔逐渐被沉降下来的烟尘所堵塞,在纤维内连成拱、搭成桥,使烟尘在滤布表面互相联合形成多孔状的烟尘层,此时筛滤效应显著地增大。二是碰撞效应,一些颗粒和密度都较大的尘粒,惯性也大。因此,在随气流运动时因惯性作用撞击到纤维上,失去了动量而被捕集。三是钩住效应,一些微细烟尘,当其颗粒半径大于烟尘中心至纤维边缘的距离时,烟尘即被钩住,与纤维碰撞而失去动量。四是扩散效应,极细小($\phi<0.2\mu m$)的烟尘颗粒在气体分子热运动的碰撞下做不规则的运动,使烟尘与纤维碰撞而被捕集。五是静电效应,如烟尘带有与纤维相反的电荷,则能促进尘粒与纤维碰撞而被收集,但这时烟尘也难于脱落。六是重力沉降,颗粒和密度大的烟尘,在重力作用下沉降下来。

由此可见,布袋收尘器收尘效率的高低,主要决定于滤布上建立起来的烟尘层。也就是说,对过滤效率来说,烟尘层起着比滤布本身更重要的作用,而滤布在很大程度上只起着表面支撑作用,使在其上易于形成烟尘层。因此洁净滤布(新滤布或清洗后的滤布)的效率最低,而积尘后的效率最高,清灰后的收尘效率则有所下降。

过滤速度用每平方米滤布面积每分钟过滤的烟气量(m^3)来表示。布袋收尘器的大小,主要决定于过滤速度。过滤速度大,则滤布面积小,从而收尘器也小。从理论上说,如果以扩散效应为主,则要求过滤速度愈小愈好;如果以碰撞效应为主,则过滤速度愈高愈好。但是在实际工作中,过滤速度对收尘效率的影响,薄滤布和厚滤布是不同的。薄滤布(如玻璃纤维、平绸等)的过滤效率,随过滤速度的增加而显著下降;而厚滤布(如绒布、呢料等)则随过滤速度的增加而收尘效率几乎不变。因为薄滤布在过滤速度增大时,阻力也增加,烟尘层被压缩而孔隙率减小,当通过滤布的流量增大时,气流有可能从薄弱的地方突破,即所谓“穿孔”现象。“穿孔”处过滤速度增大,通过“穿孔”处的烟尘量也增加。此时,有些烟尘可能在“穿孔”处堵塞。但是,又有可能在其他地方产生新的“穿孔”。这样,过滤效率大为降低,过滤速度愈高,“穿孔”现象就愈严重。

由于滤布孔隙在工作中被尘粒所堵塞,以及滤布表面上烟尘层的增厚,烟气通过的阻力也不断增大,过滤能力也会降低。因此,布袋必须定期清扫。工厂对布袋清扫常用振打和反吹风两种方法。

10.5.2 布袋收尘器结构及分类

铅锑冶炼厂常用的袋式收尘器有以下5种:(1)自然落灰和人工拍打式收尘器。这种袋式收尘器结构简单,适用于小型企业,但过滤速度小,占地面积大;(2)机械振打袋式收尘器。为了改善劳动条件和提高处理能力,在布袋顶部装设振打器,由电动减速机驱动,经凸轮将上部框架顶起,再自行落下,反复振打,将烟尘抖落在集尘斗中。振打冲程一般为30~50mm,振打频率为20~30次/min。机械振打式收尘器比自然落灰、人工拍打清灰效果好,并提高了处理能力,简化操作,但维修工作量较大;(3)压缩空气自动循环振打袋式收尘器。压缩空气振打也属于机械振打的一种,空气压力一般采用$(24.5\sim49)\times10^4$Pa。压缩空气由配气阀控制定期进入振打气缸,推动活塞进行振打,同时也使排气阀关闭。适用于大型袋式收尘器;(4)反吸风袋式收尘器。反吸风袋式收尘器一般采用玻璃圆筒布,利用高压风机定期循环将滤袋上的烟尘吸走,而使滤布的过滤性能得到恢复。其进气口和排灰口装有自动控制阀,当清洗滤袋时,进气口自动关闭,排灰口自动打开,由反吸风机将滤袋上的烟尘吸走;循环清洗系统使各室滤袋周期地得到过滤性能的恢复,以保持较高的过滤能力。由于玻璃纤维布的推广使用,反吸风袋式收尘器亦得到了推广;(5)脉冲喷吹清灰袋式收尘器。脉冲喷吹清灰袋式收尘是一种较新的袋式收尘器。它是利用脉冲喷吹清灰,即利用(49~68.6)$\times 10^4$Pa 的压缩空气反吹,产生强度较大的清灰效果。压缩空气的脉冲产生冲击波,使滤袋振动,导致积附袋上的粉尘层脱落。这种清灰方式有可能使滤袋清灰过度,继而使粉尘通过率上升。

脉冲喷吹清灰袋式收尘器的结构如图10-5所示,主要由滤袋及其骨架、壳体、清灰装置、灰斗和排灰阀等部分构成。工作时含尘气体自下部进入袋滤器,气体由外向内穿过支撑于骨架上的滤袋,微粒被截留在滤袋外表面上,而洁净气体则汇集于顶部排出。随着过滤层不断增厚,过滤速度逐渐减小,阻力损失逐渐增高,为此,布袋收尘器在每过滤一段时间之后,利用压缩空气的反吹系统进行清灰,脉冲气流从袋内向外吹出,使尘粒落入灰斗。每次清灰时间很短,约0.1s,随后则转入过滤阶段。如此自动进行循环操作。

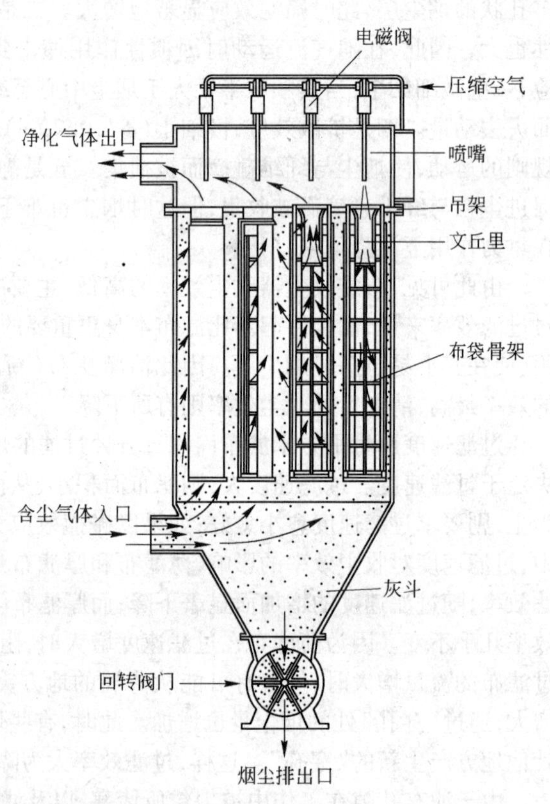

图10-5 脉冲布袋收尘器

脉冲式布袋收尘器由于收尘效率高,清灰效果好,处理能力大,滤袋使用周期长等优点,在各冶炼厂得到了广泛应用。

10.5.3 滤袋材质

布袋收尘器的应用受到烟气的湿度、温度以及化学性质等许多条件的限制,其应用范围根据滤布的性质而定。这是因为滤袋在干燥的热气流中工作时,由于滤袋的收缩而织物的孔隙扩大或拉断,影响滤袋的过滤效率。而在烟气中含水分过多时,水分很容易冷凝,特别是在温度低于水蒸气的露点温度时,沉积在滤袋上的烟尘很快被润湿,滤袋很快被尘浆堵塞,烟尘难以从滤袋上清扫下来,增大了滤袋阻力,所以烟气的温度必须高于烟气露点10~15℃。如果烟气温度太高,因受滤布耐热度所限制,很容易使滤袋强度降低甚至破坏,所以应该根据滤布材料的耐热度来确定烟气入口温度。

滤袋材料应根据烟气的性质来选择。铅锑矿处理过程中产生的烟气含有大量碱性物质(PbO、As_2O_3 等)和酸性物质(SO_2、SO_3 等),会对滤布材料起破坏和腐蚀作用,所以,要根据烟气性质选择滤布,或对滤布材料做事先的专门处理。

对滤布性能的要求是:寿命长、耐酸、耐碱、耐热、耐磨、力学性能好、捕集效率高、阻力小、容易清扫。工厂常用的滤布有下列几种:

(1) 棉织品滤袋,由植物纤维制成,是比较容易获得的滤布材料,它的强度、抗碱和耐磨性能较好,造价也低。但其抗热性能差,烟气温度达100℃时就发黄,150℃时就被烧坏,抗酸性也差。只适用于60~65℃下的无腐蚀性含尘烟气的收尘,多为中小企业所采用。

(2) 毛织品滤袋,一般是用羊毛织成的滤袋。这种滤袋对气流的阻力小,捕集烟尘的能力较高,抗热、耐酸性能比棉织品好,当工作温度在80~90℃时,使用寿命可达4~6个月,因而用得比较广泛。但长期在高温下工作会因干燥失水而变硬和变脆,另外它的价格较贵,机械强度和耐磨性也不算太好。

(3) 柞蚕丝滤袋,是一种天然丝质滤袋,耐酸、耐热性都比毛织品好,并且价格便宜。在90~100℃的温度下工作寿命达6个月左右。收尘效率达96%以上,因而采用很普遍。

(4) 玻璃纤维滤袋。这种滤布的抗张强度大,伸长率小,软化点高达830℃,且具有较强的抗蚀能力,除对氢氟酸、浓碱和热浓磷酸以外,均具有良好的稳定性,并且还具有非吸湿性,疏水性良好,光滑面粉尘容易脱落等特点。但是玻璃纤维布在高温作用下强度会降低并易摩擦损伤。为此,可用硅酮处理以提高玻璃织物的柔软性、润滑性、屈折性及耐磨性。工作温度可达300~320℃,被各冶炼广泛采用。不过,玻璃纤维滤布经不起机械振打,清灰时最好是采用反吹风或其他方法。

(5) 合成纤维滤袋。属于这类滤布的织物,如尼龙、涤纶等。力学性能及抗热性能均较好,在100~130℃的温度下工作,其寿命可达4~6个月,但耐酸性能较差。

10.5.4 影响滤袋收尘效率的主要因素

影响滤袋收尘效率的因素主要有以下几个方面:

(1) 滤袋材质及制造质量。毛织物滤袋比丝质滤袋的收尘效率高,但丝质滤袋便宜。玻璃纤维滤袋的收尘效率虽高,但寿命较短,消耗大。最好采用无缝滤袋。缝制滤袋在针缝处易损坏,减小了滤袋的弹性。

(2) 漏风。采用负压操作时,如果密封不好,漏风太大,不但增加了烟气量使滤袋的过滤速度增加,而且收尘效率降低。一般布袋箱漏风率为25%左右。

(3) 过滤速度。过滤速度取决于滤布材质和烟气的含尘浓度以及烟尘性质与清灰方式。只有控制好合理的过滤速度,才能保证良好的收尘效率。过滤速度太低,对收尘效率虽然有利,但设备庞大。生产中一般过滤速度为0.6~1.0m/min,人工振打为0.1~0.2m/min,大气反吹为0.3~0.6m/min,脉冲喷吹为0.8~1.0m/min。

(4) 烟气的温度及性质。烟气温度低于60℃,滤袋容易受潮,尤其是当烟气中含水分过高时,由于烟尘黏结滤袋而使其透气性变坏,阻力增加。烟气温度过高,则易烧坏滤袋。如果烟气中含有二氧化硫等腐蚀性气体的浓度较高,而烟气的温度较低时,则更容易使滤袋及设备遭到腐蚀,甚至使收尘工作无法进行,故一般控制在80~100℃左右。

(5) 振打次数、时间以及反吹风压力。人工振打布袋收尘器由于采用正压操作且过滤速度小,振打操作间隙较长,为4~8h 1次。操作前需停风机,待风机完全停下来后,布袋室内通风良好方可振打。振打时需体力较大,要求操作工站稳重心,振打手法快劲,用力适当,顺次沿一人行通道每排布袋从上至下振打三至五次,并清理花板系袋圈处袋内积尘,确保氧粉全部落入漏斗内。由于烟气扩散等原因,人工振打操作规定两人操作,相互防护,振打操作时身体出现异常感觉应立即离开至通风良好处,并向另一人发出警告信号或采取措施救护。脉冲布袋收尘器,由于过滤速度快且为连续清灰振打,故对布袋和脉冲阀的质量要求较高,同时要求操作工责任心强,能及时处理布袋、脉冲阀的故障。大气反吹布袋收尘器清灰振打时出口关闭,大气直通布袋内部,布袋鼓胀,烟尘向外向下脱落,一般清灰振打每次5~10s,出口接通后布袋紧缩,恢复工作反复 3 ~ 5 次。要求操作工人控制好出口关闭速度和清灰时间,避免清灰不落和烟尘脱离布袋后又重新吸附在布袋上。

(6) 操作控制的影响。每天都要认真检查滤袋一次,坏的及时更换。生产中发现,十条滤袋中若有一条出现 10mm 小孔,则从此孔带走的烟尘为十条滤袋总损失的 75%。更换滤袋时,滤袋要挂直和松紧适当,卡箍要卡紧,以保证最大的过滤面积。出尘操作要及时,振打与出尘应很好地配合,确保烟尘出净。

10.5.5 布袋收尘器的优缺点

布袋收尘器在重有色金属冶炼中使用,具有下列优点:(1)收尘效率高。收尘过程中,如果操作得当,其收尘效率可达 99% 以上,过滤后的烟气含尘量可降至 5 ~ 8mg/m^3。0.1μm 以上的烟尘都可捕集。其收尘效率较稳定,很少受挥发物与烟气物理化学性质的变化与冶金过程的不均匀性影响;(2)能收集电收尘器所不能回收的烟尘,如导电性极为良好和较差的烟尘;(3)操作技术较简单。

布袋收尘器的缺点:(1)对进入布袋收尘器的烟气要求比较严格,特别是对温度和湿度等限制得较严;(2)因滤袋易于损坏而使收尘效率急剧降低;(3)对含三氧化硫等腐蚀性气体的适应性差,容易损坏滤袋。对那些极细小的尘雾收集还很不理想。生产能力较低,占地面积较大。

另外锑烟尘的主要成分为 As_2O_3,对人体有一定的刺激。操作人员与之接触后,会引起皮肤瘙痒及皮肤过敏等问题,影响人体健康。

10.6 电气收尘

电气收尘是使含尘烟气通过一个高压(一般为 50 ~ 70kV)直流场使气体电离,烟尘荷电。在电场作用下,尘粒脱离气体流线,沉积于电极上或坠落于集尘斗中,从而使烟尘与气体分离。在合适的条件下使用电收尘器,其收尘效率可达 99% 或更高。

10.6.1 电气收尘原理

电气收尘过程可分为四个阶段,即气体电离、烟尘荷电、荷电烟尘的运动和烟尘离子收尘电极上放电。

(1) 气体电离。气体在一般情况下是不导电的,但若外加以足够能量,如外加高压电,则可使气体导电,这种使气体具有导电本领的过程叫做气体电离。电晕极(又称放电极,若为负电晕则接电源的负极)和集尘极(又称收尘电极,为正极并接地)之间加直流高压,在电晕极附近的强电场区域,电晕区内发生电晕放电,生成大量自由电子和正离子。正离子被电晕极吸引中和而失去电荷,自由电子和它被气流中的电负性气体分子俘获后形成的气体负离子,在电场力作用下向集尘极移动形成了空间电荷。

(2) 通过电场空间的气溶胶粒子与自由电子、气体负离子碰撞附着,实现了粒子荷电。

(3) 在库仑力的作用下,荷电粒子被驱往集尘极,在集尘极表面放出电荷而沉积在集尘极上。在电晕区内,由电晕放电产生的气体正离子向电晕极运动的路程极短,只能与极少数的尘粒相遇,使其荷正电,它们将沉积在截面积很小的电晕极上。

(4) 用适当方式(振打或水膜)清除电极上沉积的尘粒。

由此可见,为保证电收尘器在高效率下运行,必须使电晕的发生、粉尘荷电,粉尘沉积以及清灰等过程进行得十分有效。

10.6.2 电收尘器的结构类型

各种电收尘器不管其大小形状如何,基本结构都可分为两大部分,一部分为收尘部分,包括放电电极、收尘电极、气体分布格板和电极振打设备;另一部分为集尘部分,包括集尘漏斗和机械出尘设备。由电晕电极、收尘电极、气流分布装置、清灰装置、外壳及供电设备等组成。根据不同的特点,电收尘器可分为不同的类型。

根据收尘电极的形式,可分为管式电收尘器和板式电收尘器,如图10-6所示。目前铅锑冶炼企业均用板式电收尘器。

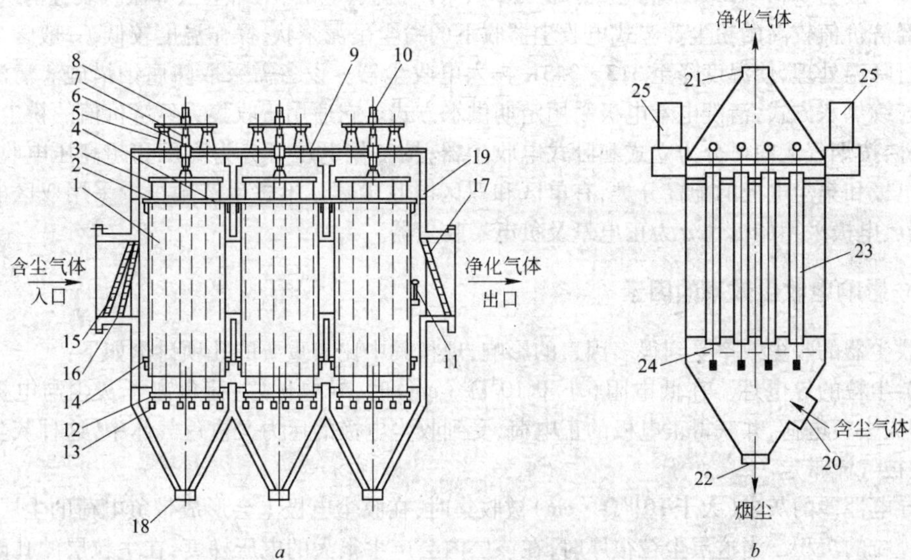

图10-6 板式与管式电收尘器

a—板式电收尘;*b*—管式电收尘

1—收尘电极;2—电晕电极;3—电晕电极上架;4—收尘电极上部支架;5—绝缘支座;6—石英绝缘管;7—电晕电极悬吊管;8—电晕电极支撑架;9—顶板;10—电晕电极振打装置;11—收尘电极振打装置;12—电晕电极下架;13—电晕电极吊锤;14—收尘电极下部隔板;15、16—进口分流板;17—出口分流板;18—排灰装置;19—外壳;20—含尘气体入口;21—净化气体出口;22—烟尘出口;23—收尘电极(圆管);24—电晕电极;25—绝缘箱

管式电收尘器就是在圆管的中心放置放电极,而圆管的内壁成为收尘的表面。钢管的上下部与总的烟气分布箱连接,其下部的分布箱又作积尘斗用。烟气从下而上通过钢管,沉积在收尘电极上的烟尘,被振打而落入集尘斗中。管径通常为150~300mm,长2~5m。由于单根管通过的烟气量很小,经常是采用多管并列组合而成,为了充分利用空间,可以用六角形(即蜂房形)的管子来代替圆管。也可以采用多个同心圆的形式,在各个同心圆之间布置放电电极。管式电收尘器的电场强度较高、均匀,容许有较大的烟气速度,但振打困难,设备笨重,管式电收尘器一般只适用于气体量较小的情况,通常都用湿法清灰。

板式电收尘器的收尘电极为一系列的平行板,在收尘电极的中间,悬挂着放电电极导线。两极之间的距离一般为90~150mm。收尘电极的高度,一般不超过5000mm,宽度不超过4000mm。如果需要增加烟气在电场中停留时间以提高总的收尘效率,或为了分类富集的目的,则可将几组收尘器串联起来(一般不超过四组),如果需要增大电收尘器的处理量或降低烟气速度,则可将几组收尘器并联。

板式电收尘器的收尘电极可用平板、波形板、金属网或许多金属棒并列悬挂在金属框架上做成。金属平板电极,易高温变形,靠近板面的烟气速度和整个收尘器的断面速度区别不大,所以沉降下来的烟尘易被烟气重新带走,但它构造简单,阻力损失小。波形板电极构造复杂,制造麻烦,同样易高温变形,但表面积较大和靠近板面的烟气速度减慢。金属网电极的最大缺点是收尘面积太小,用直径6~10mm的钢棒做成收尘电极,一般不易高温变形,积尘易于振落,损坏时便于更换,其靠近板面的烟气速度与波形板电极相似,所以采用较广泛。

电收尘器根据清灰方法可分为干式和湿式电收尘器,干式电收尘器收下的粉尘为干燥状态,操作温度一般为623~723K,高于露点20~30K,采用机械、电磁、压缩空气等振打装置清灰,适用于收集经济价值较高的粉尘。湿式电收尘器收下的粉尘呈泥浆状,操作温度较低,一般含尘气体都需进行降温处理,使温度降至313~343K再入电收尘器。设备需采取防腐蚀措施。清洗集尘极采用连续供水方式,清洗电晕电极采用定期供水方式。它适用于收集无经济价值的粉尘。

此外,按烟气流向可分为立式和卧式电收尘器;按工作电压可分为高压和超高压电收尘器;按电晕电极和集尘电极的配置分类,有单区和双区电收尘器。不过生产中很少采用双区电收尘器;根据放电极采用的极性分为正电晕及负电晕收尘器。

10.6.3　影响电收尘效率的因素

电收尘器的收尘效率受到很多因素的影响,现将其中比较重要的几项讨论如下:

(1) 尘粒的导电性。在低电阻(小于$10^4\Omega\cdot cm$)时,导电性好,荷负离子灰尘与电极接触后,立即失去负电荷,并获得正电极的正电荷,受到收尘电极的斥力又重返气体中,这种灰尘难以收集,会被气流带走。

当导电性差的灰尘(大于$10^{10}\Omega\cdot cm$)被收集时,在收尘电极上会形成带负电荷的尘层,会影响荷电尘粒的沉积。当这层尘粒很厚时,在该层内会产生很大的电压梯度,在尘粒层的孔隙中气体的介电常数比较小,故电力线也密,电场强度大。若电压升高到一定值,则会发生火花击穿,产生肉眼可见的放电,这叫做反电晕。这时荷正电的尘粒自阳极放出,经过尘层孔隙到达电极空间与荷负电尘粒中和,如此电流消耗大增,收尘效率反而降低。因此,应尽力避免产生反电晕现象,增加尘粒湿度可提高其导电性能,从而避免反电晕,乃是改善含高电阻尘粒的烟气电收尘效率的一个重要方法。

(2) 温度和湿度的影响。含尘气体湿度增加,可以改善高电阻尘粒的收尘效果,当气体温度增加时,气体导电度增加,也可改善收尘效果。但温度有一个最适宜范围,过高过低均不合适,通常要求不超过450℃,以防金属构件变形和在极线及分布板上结疤,但也不能低于露点工作。降低高电阻烟尘的电阻可以采取降低温度增加湿度的办法,提高烟尘的导电性和收尘效率。

(3) 电压和电流强度。电收尘器的电压愈高,电流愈大,收尘效率愈高。要提高电收尘效率,必须增大烟尘离子的驱进速度,驱进速度随荷电电场强度及收尘电场强度的相乘积而增长,是与电压的平方成正比,实际上随操作电压的三次方甚至四次方的数值而增加。电晕电流愈大,烟尘荷电的机会愈多,收尘效率愈高。实践中要求尽可能提高电压到接近火花电压下操作,一般控制电压在40kV以上,而二次电流在50mA以上。

(4) 含尘量过大产生的影响。电晕电流的99%是气体离子形成的,约1%是尘粒荷电形成。当烟尘浓度愈大,尘粒愈小,则尘粒形成的电流占比重也增大,但因尘粒运动速度较气体离子运动速度小得多,故单位时间内转移的电荷大为减少,即电离电流减少。这种情况严重时,负离子都沉积在尘粒上,电流趋于零。但空间电荷大为增加,而使电晕区电场强度减小,电晕削弱,收尘情况恶化,这种现象称为电晕封闭。为了防止这种情况发生,进入电收尘器的烟尘可先经重力沉降与旋风收尘器进行预处理,使入口含尘浓度降低到 $60g/m^3$ 以下。

(5) 收尘电极面积收尘电极面积大,收尘效率高,其道理是很明显的,不再赘述。

10.6.4　电收尘器的优缺点

随着冶金工业的发展,特别是整流供电设备的发展,电收尘器在生产上的应用日益广泛,目前已经成为高效除尘的主要设备之一,之所以如此,是因为电收尘器具有如下一些明显的优点:(1)收尘效率高;(2)所收集粉尘的颗粒范围大(0.1μm 以上)、粉尘浓度范围宽(高达每立方米数十克甚至数百克);(3)可以适应处理大的烟气量,能达到每小时几十万甚至上百万立方米;(4)可以处理高温烟气,并回收干烟尘,从而大大地简化了烟气冷却和二次处理设备,一般电收尘器可在 350~400℃下工作;(5)电能消耗少,运行费用低;(6)自动化程度高,易于实现自动控制和远距离操作,维护量也少。特别是对于 1μm 以下的细粉尘,已经成为主要收尘设备。

电收尘器的主要缺点是:(1)一次投资费用高,钢材消耗量大;(2)对粉尘的敏感大,最适宜的范围是比电阻为 $10^4 \sim 5\times10^4\Omega\cdot cm$;(3)对电收尘器的制造、安装、运行要求严格,否则不能维持必需的电压,收尘效率低;(4)占地面积较大,因而在老厂改造,地面受到限制时,采用电收尘器就需要精心布置。

10.7　湿法收尘

湿法收尘是一种能回收细小粒子,且效率较高的收尘方法,应用在烟尘允许与水接触而且被冷却的场合。其原理是根据固体粒子具有液体润湿的性质,使含尘气流与液体(或水)接触,固体粒子被润湿而粘附于液体,从而与气体得以分离。

湿式收尘器能捕集小至 0.1~1μm 的尘粒,不适于采用电收尘的烟气往往可用湿法收尘来净化。它的优点是收尘效率高,可达 99.9% 以上;操作条件好,特别适用于处理含毒烟气。一次投资费用少,约为布袋或电收尘器的 10%;能处理任何温度和湿度的烟气,并能起到吸附、吸收、冷却和增湿等作用。

湿式收尘器的缺点是增加悬浮液处理的工序。由于有色冶炼烟气中常含有 SO_2、SO_3 等气体,当洗涤水与烟气接触时则溶于水中,使设备受到腐蚀。

湿式收尘器的种类达几十种之多,但生产中常见的有两大基本类型:贮水式和加压喷水式。

贮水式收尘器内贮有一定量水或其他洗涤液,使含尘气体在通过水中时,由于气体的冲击作用形成液滴、液膜和气泡,从而对含尘气体进行洗涤。其洗涤水可循环使用,故需要供水量较少,其压降大致在 1200~2000Pa 左右。

加压喷水式收尘器是使加压后的水或其他洗涤液喷射,以碰撞或扩散作用捕集烟尘的装置。其需水量多,收尘后的含尘洗涤液的固液分离工作量很大。常用的加压喷水式收尘器有文丘里收尘器、离心洗涤塔、喷雾塔和填料塔等几种。本章只介绍用得比较多的文丘里收尘器,见图 10-7。

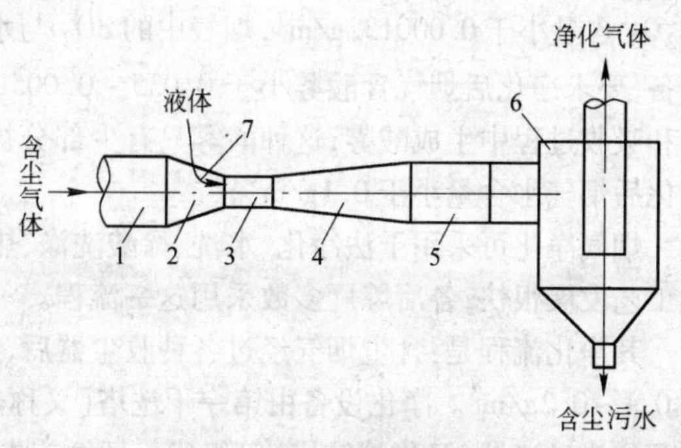

图 10-7　文丘里收尘器
1—进气管;2—收缩管;3—喉管颈部;4—扩散管;5—出气管;6—脱水器;7—喷雾器

文丘里收尘器,又称快速收尘器、喉管(文丘里)洗涤器,是一种高效收尘设备,由文氏管和除雾器组成,在工程上多用旋风水膜收尘器、湍球塔、冲击洗涤器和泡沫收尘器作除雾器。文氏管由收缩管、喉管、扩散管构成一根长管再加上喷水装置组成。工作时由文氏管的收缩管或喉管外喷入水,在含尘烟气的高速作用下,水被分散成细小的水滴,又由于喉管内高速气流的紊流状态,使尘粒与水滴互相碰撞,尘粒被润湿,并使颗粒凝聚,从而容易被其捕集。文丘里收尘器的优点是收尘效率高,可达99%,又能除去1μm以下的尘粒。结构简单,造价低,易于维护管理。它不仅可用于收尘,还能用于除雾、降温和吸收、蒸发等方面,但压力损失较大,用水量也大。缺点是压头损失大,一般介于3~7kPa之间。气体流速愈大,压头损失愈大。

文丘里收尘器的收尘效率与喉管气流速度、液气比、尘粒密度、尘粒粒度以及烟气黏度等因素有关。加大喉管气流速度对收尘效率有较大的影响。为了适应不同的工艺烟气收尘的需要,其喉管烟气速度可在40~120m/s范围内波动。

由于能基本上解决铅中毒的问题,文丘里收尘器在铅锑冶炼厂得到了较为广泛的应用。

10.8 含硫烟气的处理

在铅锑冶炼过程中排出的烟气,经过收尘处理后,还含有大量的二氧化硫气体,并且在不同生产环节排出的烟气含 SO_2 浓度相差很大。一般而言,沸腾焙烧炉产出的烟气含硫最高,含3%~6% SO_2,鼓风炉熔炼烟气含 SO_2 为3%~5%,均可考虑用于制酸。烧结工序产出的烟气含硫很低,反射炉吹炼和还原熔炼烟气则几乎不含 SO_2。但如果直接排入大气,又会造成生产环境恶化、污染大气的后果,因而必须进行处理,达到消除大气污染的目的。

含 SO_2 烟气处理方法很多,用于工业生产的就有数十种。当烟气中 SO_2 含量达到3.5%以上且烟量大时,采用在 V_2O_5 触媒催化下氧化的接触法制取硫酸是较为经济有效的。对于含 SO_2 在3.5%以下的低浓度烟气,就只能用其生产其他含硫工业品了。

二氧化硫烟气采用接触法制造硫酸,包括以下几个工序:(1)净化。清除烟气中的烟尘、水分、酸雾和有害杂质砷和氟等;(2)转化。将烟气中的二氧化硫在催化剂作用下氧化成三氧化硫;(3)吸收。用98.3%浓硫酸吸收烟气中的三氧化硫,制出成品硫酸;(4)尾气处理。用吸收剂回收尾气中残余的二氧化硫,使之达到国家规定的排放标准。

10.8.1 烟气净化

烟气净化的目的在于进一步净化烟气,使烟气含尘量降低到0.05~0.001g/m³,防止烟尘沉积,造成管道、设备、触媒层堵塞;特别是三氧化二砷会使 V_2O_5 触媒剂中毒,要求净化后气体中 As_2O_3 含量小于0.000132g/m³,烟气中的 SO_2 与水蒸气容易生成硫酸雾,它会使触媒受害和腐蚀设备,要求净化后烟气含酸雾小于0.035~0.005g/m³。另外,水分过高会与转化后的 SO_3 在冷却和吸收过程中生成酸雾,这种酸雾只有少部分被浓硫酸吸收下来,大部分都损失了,所以要求净化后烟气水含量小于0.1g/m³。

烟气净化可采用干法净化、水洗、稀酸洗涤、热浓酸洗涤等方法。近几十年来,热浓酸洗法净化工艺发展很快,各冶炼厂多数采用这一流程。

其净化流程是:含尘烟气经过各种收尘器后,进入制酸系统净化设备的烟气含尘量一般降低到0.1~0.2g/m³。净化设备由第一干洗塔(又称热浓酸洗涤塔,简称一干塔)、泡沫塔、第二干洗塔及焦炭过滤器(又称捕沫塔)等组成。烟气首先进入一干塔,塔体为圆柱体,用钢板焊制,内衬耐酸瓷砖。塔顶设有浓酸喷头和出气口,塔底开设烟气进口和出酸口。高温烟气由塔底导入,自下而上流动,用93%的浓硫酸由塔顶向下喷洒,二者形成对流,进行传热和传质。淋洒酸被加热，而烟气逐渐冷却。在冷却过程中，烟气中的SO_2与水结合成硫酸蒸气。当其蒸气压力大于淋洒酸液面的蒸气压时，气体中的硫酸蒸气即通过液面上的气膜进入液体，冷凝成酸。

在干燥塔中，气体进口温度和流速基本上维持不变。如果淋洒量过大，则塔底酸温低，气体与酸的温差大，烟气冷却速度过快，使其中的硫酸蒸气来不及形成液滴或在塔壁上冷凝成液体，其蒸气压力迅速增高，形成硫酸的过饱和蒸气。当其过饱和度超过临界值，即超过临界过饱和度时，硫酸蒸气即在空间冷凝成雾。与此相反，适当减少淋洒酸量可减少或避免酸雾的形成。

让一干塔达到除雾预期效果的关键在于选择合适的进口和出口气体温度，使气体缓慢冷却。一般认为，进口气温在300℃以上，出口气温在110℃较为适宜。在进口气温一定的情况下，可用调节淋洒酸量的方法来调节气体出口温度。某厂一干塔的操作条件如下：

气温：进口　350～450℃；出口　105～110℃

酸温：进口　45℃；　出口　170℃

酸浓度：93%

淋洒密度：$1.75m^3/(m^2 \cdot h)$

一干塔实际上完成了烟气净化的绝大部分任务，净效率可达90%以上。进入一干塔的烟气含尘仍很高，故一干塔不能装填料，否则填料层可能被烟尘堵塞。烟气在一干塔洗涤后，为了进一步清除烟气中的水、雾，再进入泡沫塔和二干塔，用浓度为93%、温度为40～50℃的硫酸淋洒。二干塔出口气体，再经焦炭过滤器滤去所带酸沫后，净化作业即告完成。

经净化后的烟气，水、尘、雾的含量为：$w(H_2O) < 0.1g/m^3$（标准状态），尘含量$<0.002 \sim 0.01g/m^3$（标准状态），雾含量$<0.05 \sim 0.1g/m^3$（标准状态）。

热浓酸洗法的优点是作业流程简单，需要设备较少，不产稀酸，不排污水。缺点是成酸较脏，要求制酸烟气含水分少，以维持制酸系统水平衡，除砷、氟效率低，故不适于处理含砷、氟高的烟气。

水洗净化法就是用水洗涤烟气，脱除烟气中的烟尘和砷、氟，然后用电除雾器或喉管除去酸雾，再用浓硫酸干燥水分，最终达到净化目的。它是一种传统的烟气净化方法，为硫酸制造工厂普遍采用。洗涤设备可用泡沫塔、喉管、冲击塔等。水洗净化法对于处理高砷、氟的烟气，有着显著的优点。但也有缺点，洗涤过程中产出的大量含稀酸（一般含H_2SO_4 4～5g/L或更低）和砷、氟的污水，不易处理；烟气中的全部SO_3及部分SO_2与水发生作用，生成的硫酸和亚硫酸进入污水，不易回收，降低了硫的利用率。因此，一般认为，用水洗法处理含SO_2低（3%左右），含SO_3高（1%～2%）的烟气是不合理的。

10.8.2　二氧化硫转化为三氧化硫

接触法生产硫酸，二氧化硫的氧化反应是在触媒存在的情况下进行的：

$$2SO_2 + O_2 = 2SO_3 + 22.44kJ$$

二氧化硫转化为三氧化硫有两个特点，这两个特点是确定生产方法的基本依据：第一，转化反应是一个可逆、放热、体积缩小的反应；第二，转化反应必须用催化剂催化氧化。

在反应物浓度和反应压力一定的情况下，通常有两种方法能加快反应速度。一种是提高温度，使反应物分子的平均能量增大，使具有大于反应活化能的分子数增多，以此来加快反应速度。另一个方法是采用触媒，使反应物分子与触媒生成所谓“表面中间化合物”，然后再分解成所希望得到的生成物，这种方法实质上就是选择一条需要活化能较低的途径。工业上由于触媒要在较高的温度条件下才具有活性，因此加快反应速度的两种方法，在工业实践中是同时得到应用的。

在SO_2转化过程中，通常用固体钒触媒作催化剂。它是由活性成分（五氧化二钒）、促化剂

(Na_2O、K_2O 等)和载体(硅藻土)三个部分组成。

温度是影响 SO_2 转化反应包括反应平衡和速度的最重要因素。温度低有利于 SO_2 的转化,但是会降低反应速度。对任何可逆放热反应,这种矛盾总是存在的。因此,最合理的温度条件应该是在其他条件恒定时,三氧化硫的生产具有最高产率,亦即过程具有最大反应速度。由于 SO_2 氧化成 SO_3 的速度还和气体混合物的成分有关,因此在处理不同成分的气体混合物时,最适宜温度也不相同,即反应必须在高温下开始,随着转化率的增加应逐渐降低温度,以保证最大的反应速度和触媒的最充分利用。由于把气体加热到很高的温度是困难的,而且温度超过 600℃ 会烧坏触媒,所以控制反应温度在 550℃ 以下。

以三段式转化器转化为例,实际上转化过程是按如下方式进行的:先将气体加热到 440℃,并送入转化器内的第一层触媒上。当氧化反应进行时,放出大量热,因而气体的温度急剧上升。在过程达到最适宜温度以前,过程一直在绝热条件下进行。在绝热情况下,温度升高到 550℃,转化率可达 80%。气体进入第二层触媒以前,在热交换器内冷却到 480℃。在第二层触媒中,反应也是在绝热情况下进行的,温度为 500℃,累计转化率为 92%。气体由第二层触媒上出来,再冷却到 440℃,进入第三层触媒。经过三次转化,总转化率可达 96.5% 以上。

转化作业经过净化后的烟气,由风机送入热交换器,加热到 440℃ 后,再进入转化器。

在转化过程中,SO_2 氧化时放出热量,使转化器出口烟气温度升高。因此,转化后的烟气在进入吸收塔以前,常常先经过热交换器,将进入转化器的烟气预热,提高热利用率。当烟气中 SO_2 含量较高时,其发热量也相应提高,用于热交换的电能消耗也就低。因此,尽量提高烟气中 SO_2 的浓度,对制酸是有利的。

10.8.3　三氧化硫的吸收

由转化器出来的 SO_3 气体,用浓硫酸进行吸收。混合气体中三氧化硫先溶解在硫酸内,然后和硫酸内的水化合生成酸:

$$SO_3 + H_2O = H_2SO_4 + 5.087\text{kJ}$$

随着水分与 SO_3 两者量的比例不同,生成硫酸的浓度也不同,若 $w(SO_3):w(H_2O) > 1$ 时,生成发烟硫酸,$w(SO_3):w(H_2O) = 1$ 时,则为 100% 硫酸;$w(SO_3):w(H_2O) < 1$ 时,则为稀硫酸。如果采用水或稀硫酸作为 SO_3 的吸收剂,很容易生成酸雾。酸雾在吸收器内很难被水或稀酸吸收,而随尾气排至大气,造成损失并污染大气。因此工业上都是采用 98.3% 硫酸作吸收剂。

硫酸吸收 SO_3 的反应是一个放热反应,故吸收过程的温度是逐步上升的。

影响三氧化硫吸收的因素有 3 点:(1)酸浓度对吸收率的影响。浓度为 98.3% 的硫酸是最好的 SO_3 吸收剂。浓度低于 98.3% 的硫酸,液面蒸气中便有水蒸气,容易生成酸雾,并且浓度愈低水蒸气愈多。浓度高于 98.3% 的硫酸液面上有 SO_3 蒸气,并且它的蒸气压随硫酸浓度的升高而增大,造成吸收过程中 SO_3 的损失。用 98.3% 的硫酸吸收,在良好的条件下,吸收率实际上可达到 99.95% 以上;(2)温度对吸收过程的影响。在同一酸度下,酸温愈低吸收率愈高,这是由于水蒸气分压随温度上升而增加所造成的。一般情况下酸温维持在 40℃ 左右为宜,其相应的吸收率达 99% 以上。温度低吸收速度也快。故在吸收时,进吸收塔气体温度不要低于 120℃。在不生产发烟硫酸时,入吸收塔气体温度在 150 ~ 180℃ 是有利的。生产发烟硫酸时,气温则为 70 ~ 120℃;(3)气液接触方式的影响。用液体来吸收气体时,可被吸收的气体溶入液体中的速度通常都是很慢的,因此要求有很大的接触面积,以增强吸收作用。吸收进行的方式有两种,一种是液体分散成很大的面积,使气体从其表面流过,常用的如填料吸收塔;另一种是把气体分成极细的气泡，通过液层形成泡沫，并促成强烈的搅拌，常用的如泡沫吸收塔。后一种方式的吸收具有比前者更好地吸收效率和吸收强度。使用填料塔吸收 SO_3 制酸时，塔内用瓷环作填充物。每平方米填料面积上每小时喷淋 7～15m^3 的酸量，而向上运动的气流速度则为 0.5～0.9m/s。

生产中，从转化工序外热交换器出来的转化气体，依次进入第一、二吸收塔的 98.3% 硫酸从塔顶淋洒，淋洒酸在塔内吸收 SO_3 后，由上而下浓度和温度都逐渐升高，由塔底排出，部分溢流至循环槽，而大部分则经冷却排管冷却后流入循环槽，再用酸泵打至塔顶循环使用。吸收 SO_3 后酸浓度提高，依靠由干燥塔（一干塔）送来的酸中所带的水稀释，不足的水用新鲜水往循环槽中补入。由于吸收了 SO_3 和串入了酸补充水分，吸收循环酸便多了出来，这多出的酸就是成品，可送成品罐贮存。目前不少冶炼厂制酸，多数是将吸收塔多出来的循环酸，串入一干塔的 93% 循环酸中，用以维持 93% 循环酸的浓度。而 93% 酸由于吸收了水分，SO_3 和串入了吸收塔来的 98% 酸，93% 酸便多了出来，多出来的这部分 93% 酸送至成品罐，作成品产出。

10.8.4 低浓度二氧化硫烟气的回收和利用

凡不能用自热接触法制造硫酸的、烟气含 SO_2 浓度在 3% 以下的烟气，统称为低浓度二氧化硫烟气。在铅锑烧结、反射炉吹炼和还原熔炼过程中产出的烟气含硫量很低，含 SO_2 在 1.0% 左右，而制酸以后的尾气含 SO_2 只有 0.1%～0.3%。

回收低浓度 SO 的方法有：氨吸收法、碱吸收法、钙吸收法和软锰矿吸收法等。这里只简单介绍氨吸收法和钙吸收法。

10.8.4.1 氨吸收法

氨吸收法亦称氨一酸法，可分为吸收、分解、中和三个工序。含有 SO_2 的硫酸尾气进入吸收塔的下部，与循环吸收液逆流相遇，进行传热、传质。吸收了 SO_2 后的吸收液流入循环槽中，并在此补充氨和水，以维持循环液的碱度，使吸收液部分再生，并保持 $(NH_4)_2SO_3/NH_4HSO_3$ 较稳定，继续循环吸收。吸收后的尾气经除沫器后放空。

当循环吸收液中 NH_4HSO_3 含量达到一定值，可引出一部分送至高位槽，并将高位槽的吸收液和硫酸高位槽中的硫酸一并送入混合槽。在混合槽内由于吸收液与硫酸反应可以分解出 100% SO_2 气体。经过压缩和冷冻，可制造液体 SO_2。分解塔中，在硫酸作用下吸收液继续分解放出 SO_2，通入分解塔底部的空气将其吹出可得 7% 左右的 SO_2 气体，送入硫酸生产系统。

经分解塔分解后的母液呈酸性，当其由分解塔底进入中和槽后，需连续地通入氨以中和过量的硫酸，可得硫铵溶液。

氨一酸法主要反应为：

吸收：
$$NH_3 + H_2O + SO_2 = NH_4HSO_3$$
$$2NH_3 + H_2O + SO_2 = (NH_4)_2SO_3$$
$$(NH_4)_2SO_3 + SO_2 + H_2O \longrightarrow 2NH_4HSO_3$$

分解：
$$(NH_4)_2SO_3 + H_2SO_4 \longrightarrow (NH_4)_2SO_4 + SO_2 + H_2O$$
$$2NH_4HSO_3 + H_2SO_4 \longrightarrow (NH_4)_2SO_4 + 2SO_2 + 2H_2O$$

中和：
$$H_2SO_4 + 2NH_3 \longrightarrow (NH_4)_2SO_4$$

吸收液再生：
$$NH_3 + NH_4HSO_3 \longrightarrow (NH_4)_2SO_3$$

上述流程为一段氨吸收法，为保证较高的 SO_2 吸收率和降低氨、酸的消耗，宜采用两段氨吸收流程，使 SO_2 吸收率从 90% 提高到 95%～98%。

氨—酸法具有工艺成熟、设备简单、操作方便及可副产化肥等优点，排放废气含 SO_2 浓度小于 $300 \times 10^{-4}\%$，低于国家排放标准。氨—酸法常被用于制酸尾气的净化方面。

10.8.4.2　*石灰—石膏法*

石灰—石膏法也称湿式石灰石—石膏法，是用石灰石或石灰浆液吸收烟气中的 SO_2，先生成亚硫酸钙，然后使亚硫酸钙氧化为硫酸钙。该法的主要化学反应如下：

吸收：在吸收塔内主要反应为：

$$2Ca(OH)_2 + 2SO_2 \longrightarrow CaSO_3 \cdot H_2O + H_2O$$

$$2CaCO_3 + 2SO_2 + H_2O \longrightarrow 2CaSO_3 \cdot H_2O + CO_2$$

$$2CaSO_3 \cdot H_2O + H_2O + 2SO_2 \longrightarrow 2Ca(HSO_3)_2$$

氧化：在氧化塔内，主要是将亚硫酸钙氧化生成硫酸钙：

$$2CaSO_3 \cdot H_2O + 3H_2O + O_2 \longrightarrow 2CaSO_4 \cdot 2H_2O$$

其工艺流程为：用石灰石或石灰浆液在吸收塔内洗涤 SO_2 烟气后，可得 $CaSO_3$ 和 $CaSO_4$ 的混合液，将其 pH 调整为 4 左右，在氧化塔内鼓入空气进行氧化，所得石膏经离心机分离和洗涤后即得石膏成品。

此法优点是吸收剂（石灰，石灰石）来源广，价格低廉，工艺过程简单，操作容易，管理方便，副产品用于铺路，也可制成石膏。缺点是易结垢，液气比大，致使整个系统的管道设备相应增大，SO_2 脱除率比较低。

经过一系列处理后的烟气，仍不可避免地含有一定量的 SO_2 成分，如果直接排放，也会造成生产环境恶化等问题，目前一般是通过风机鼓风稀释后，送往高烟囱排放。

复习思考题

1. 火法冶金生产中常用的收尘方法有哪些？
2. 布袋收尘的原理是什么？它有哪些优缺点？
3. 电气收尘的基本原理是什么？它对烟气、烟尘的性质有什么要求？
4. 文丘里收尘器收尘的原理是什么？其最大的缺点是什么？
5. 布袋收尘、电气收尘和文丘里收尘三种收尘方法分别对烟尘性质和烟气温度有何要求？

11 废水废渣处理及噪声控制

铅锑生产是一种资源消耗型的冶金行业，其原料主要是由含主金属（Pb、Zn）的硫化物和含伴生杂质金属（如 Fe、Cu、As、Bi、Cd、Hg）的硫化物等成分组成的浮选精矿，粒度仅几十微米。在火法冶炼高温过程中散发的生产性毒物和生产性粉尘构成了生产过程的化学有害因素，如 Pb、As、Cd、Hg、SO_2、CO 及酸雾等有害气体、烟尘以及煤尘、矿尘等。除此之外，还有高温、高湿、噪声等物理有害因素，一起构成了对人体健康产生职业危害。在铅锑冶金工厂，因接触上述有毒、有害物质等职业危害因素而引起的职业病常有发生，如铅及其化合物中毒、锑及其化合物中毒、镉及其化合物中毒、砷及其化合物中毒、二氧化硫中毒等。此外，还有锑尘肺、铅烟尘、砷所致肺癌和皮肤癌以及牙酸蚀病等 10 余种职业病。随着铅锑火法冶炼工艺的推广，特别是由于大批中、小型冶炼企业和民营企业的兴起，职业危害日趋严重，上述职业中毒和职业病发病率呈上升趋势。人所共知，生产发展的最终目的不仅仅是创造财富，而且是使人们能够过上高质量的生活。发展经济不应以牺牲劳动者的健康为代价。因此，改善铅锑冶炼厂的作业环境，预防和控制职业危害，提高劳动者健康素质，防止发生职业病，不仅是劳动卫生医务工作者的职责，而且也是冶金工程技术人员从事工艺设计、技术改造和生产管理的成功要素。与此同时，铅锑冶炼过程中产出的大量炉渣、阳极泥、烟尘等中间产品，其中含数量可观的铅、锑、铜、银等有价金属，回收这些金属可提高原料综合利用程度和经济效益。铅锑冶炼过程中产出的大量炉渣、阳极泥、烟尘等中间产品，其中含数量可观的铅、锑、铜、银等有价金属，回收这些金属可提高原料综合利用程度和经济效益。

铅锑冶炼方法分火法和湿法，目前则几乎全用火法，一般说来，火法冶炼作业温度高，毒物挥发多，干燥粉料扬尘多，有毒元素及其化合物的尘毒危害是主要的；湿法冶炼因完成化学反应所用的试剂或反应生成物中的有毒、有害成分的释出也会对操作工人造成职业危害，但因湿法过程一般在低于水溶液沸点的温度下进行，操作密闭性能较好，因而一般说来湿法冶炼的车间卫生状况好于火法冶炼。

铅锑冶炼厂排放的污染物中，除上一章节中提到的气态污染外，尚有固体废物、污水及噪声污染等几种类型。其中比较典型、产出量比较大的是固态污染物。

11.1 固体废物及其处理

11.1.1 固体废物及其危害

固体废物是指人类在生活和生产活动中所废弃的固态及泥态物质。它们是相对在某一过程或在某一方面没有使用价值而被舍弃的物质。应当看到，这些物质并非在一切过程或一切方面都没有使用价值，某一过程的废物，往往是另一过程的原料。从这个意义上讲，固体废物是“放在错误地点的原料”。

11.1.1.1 铅锑冶炼过程固体废物的来源和分类

铅锑冶炼企业的固体废物有以下几种来源。一是冶炼渣：即铅锑复合矿冶炼过程中产生的块状或粒状熔渣，如鼓风炉水淬渣、粗铅初步精浮渣、锑冶炼产生的砷碱渣等。二是烟尘：即随冶金炉烟气一起排出、沉降在烟道中或被干式除尘器收集的微粒，如烧结烟尘、吹炼、熔炼和精炼反射炉烟尘等。三是金属粉尘：指破碎、筛分、运输、加料过程中产生并被干式除尘器捕集到的粉尘。这部分粉尘与成尘前的物料成分大体相同。四是金属泥：指有色冶金生产中产生的各种含水金属泥渣，如底铅电解法精炼产生的阳极泥、文丘里收尘器等烟气湿法收尘所产生的尘泥等。

11.1.1.2 固体废物的危害

固体废物在一定的条件下会发生化学的、物理的或生物的转化，对周围环境造成一定的影响。如果采取的处理方法不当，其中的有害物质将通过大气、水、土壤、食物链等不同途径危害环境与人体健康。它的危害主要有以下几方面。

A 污染水体

固体废物进入水体，影响水生生物的生存和水资源的利用，投弃海洋的废物会在一定海域造成生物的死区。堆放的废物经雨水浸淋，浸出液会污染土地、河川、湖泊和地下水。如广西某矿废弃的含砷废渣经雨水浸淋后，溶液流入下游水域，当地一处公路施工人群取水做饭时，发生了四十多人集体中毒的重大事故。

B 污染大气

固体废物堆中的尾矿、粉煤灰、干污泥和垃圾中的尘粒会随风飞扬，加重大气污染。如粉煤灰、尾矿堆场遇4级以上风力，可剥离1~1.5cm，灰尘飞扬高度达20m，使可见度大为降低，影响交通。

C 占有土地、污染土壤

由于历年堆存，工业废渣占用大量土地，对于生产场地狭小的企业更是出现了固体废物与生产扩建争地的矛盾，并且受污染的土壤面积往往大于堆渣占地1~2倍。各种废渣经日晒、雨淋、有害成分向地下渗透，破坏环境。

11.1.2 有害固体废物处理方法

为了减少处理成本，常常将固体废物按有毒和无毒两种情况分别处理。有害固体废物系指有毒渣，易燃、易爆渣，有腐蚀性渣，可产生化学反应废渣，带有细菌、病毒的固体废物以及放射性废物。对于无毒固体废物常用的处理方法有堆存法、填埋法和焚化法三种；有毒固体废物处理方法则有填筑法、焚烧法、化学法和固化法四种方法。铅锑冶炼中产出的各种冶炼废渣多数都含有一定数量的有害成分，一般要按有害固体废物处理。

11.1.2.1 有害固体废物处理原则

铅锑冶炼企业产出的固体废物中常含有多种金属元素，其中包括贵金属和稀有金属。对这些固体废物的处理原则是：

(1) 将含有不同金属的废渣设法在本厂范围内转移到其他工序中回收利用，最后只产生少量终渣。

(2) 在经济上合理的前提下，采用适当方法处理废渣，提取其中的金属。

(3) 经回收金属后的终渣用于建材、筑路、肥料等方面。

根据这一原则，我国目前对这类固体废物的处理方法基本分为两类。一类是采用固体废物资源化的工艺措施，进行综合利用，加工成某些工业原料或副产品；比如反射炉还原熔炼泡渣的处理（见本书第7章3节）和粗锑精炼碱渣的处理（见本书第8章4节）等。另一类是对于不能或暂时不能利用的固体废物选择山坡荒地堆存,待日后技术进步了,再做集中处理。

11.1.2.2 废渣中有价金属的回收方法

目前有不少的铅锑冶炼厂同时回收多种有价金属,这类工厂的大部分废渣都设法在本厂范围内转移到其他工序中回收利用。从冶炼废渣中有价金属的回收方法有以下几种:

(1) 浸出法。借助于各种无机酸或氨水等溶剂从固体炉渣中提取其可溶成分加以回收利用。我国某矿务局锑冶炼过程中产生的砷碱渣采用浸出法处理,回收的二次锑精矿含锑为63%,每年可回收锑约500t,增加产值170余万元。同时还副产砷酸钠混合盐,可代替白砒用作玻璃澄清剂。

(2) 还原制炼粒铁法。是利用回转窑生产粒铁而综合利用废渣的一种方法。在一定温度和炭还原剂作用下,冶金渣中的铅、锌、锡等挥发性金属在回转窑中挥发为烟尘而被回收,冶金渣中的氧化铁被还原成铁粒,随窑渣一起排出,通过磁选分离,获得粒铁,可用来炼制低碳钢。我国某厂对铜鼓风炉渣制炼粒铁进行了试验,铁回收率达80%,锌回收率达90%,脱铁后的炉渣可用来制造铸石和水泥。

(3) 熔炼法。为了回收各种炉渣或回收杂料中的有价性金属,将这些渣料送入冶金炉窑中加热熔炼,使其中的有价金属如铜、铅、锌、银等或挥发进入烟气,然后捕集烟气中的金属和金属氧化物进行回收;或熔炼富集产出较高品位的中间产品甚至粗金属。此法在我国一些冶炼厂已用于生产,但二次渣中仍有一定量的铁、铜和贵金属等,仍应设法回收。

(4) 浮选法。将含铜废渣磨细,然后用浮选的方法回收其中的金属铜和硫化铜。国内用此法回收铜转炉渣中的铜,国外用此法处理转炉、鼓风炉、反射炉和闪速炉铜渣,可得含铜为20%左右的精矿。

(5) 硫化法。在高温熔融状态下,借助硫化剂使炉渣中的铜和部分铁形成低品位的冰铜分离出来加以回收。这种方法主要用来回收铜渣中的铜和贵金属。国内曾做过回收试验。

目前各铅锑冶炼企业做得比较好的是铜银的回收。关于铜和银的回收,将在后面章节中单独介绍。

11.1.2.3 废渣的综合利用与无害化处理

铅锑冶炼企业产生的固体废物,在回收了其中有价金属后,仍可用来制造各种建筑材料、铺路和制造肥料,进行综合利用。

目前国内有以下利用途径:(1)生产水泥。鼓风炉的水淬渣经适当配方后可用于烧制水泥;(2)生产铸石。铸石是一种石料,一般以玄武岩、辉绿岩等岩石作原料,高温融化后浇铸成制品,经结晶退火等工序制成板材、管材及其他形状的铸石制品。不少冶炼炉渣除去铁后,其成分大体与铸石一致,只要适当配料就可作为生产铸石的原料;(3)生产矿渣棉。矿渣棉是由热熔矿渣用喷吹法或离心法制成的玻璃质纤维。其组织松软,富有弹性,具有耐腐蚀、不燃烧、不霉变、隔音隔热等性能,是良好的隔热隔音材料;(4)生产砖瓦。我国一些厂用铅烟化炉水淬渣作为骨料制作灰渣瓦,用镍渣制砖,都收到很好效果;(5)做铁路道碴和公路路基。用鼓风炉水淬渣作铁路道碴,铺设混砂道床,克服了一般道床易下沉的缺点,还具有渗水快、不腐蚀枕木、道床不长草、成本低等优点。

此外,冶炼废渣在一些城市还可代替河砂用于建筑业做混凝土的砂料或矿渣砂浆,对于降低建筑成本、减少堆渣用地很有好处。

目前我国有色冶金固体废物的处理利用率还不高,包括尾矿在内,总的利用率仅有10%,其余 90% 的固体废物和处理后的终渣还要用普通堆存法、围隔堆存法、填埋法等进行处理,对于其中有害废物,则采用填筑法、固化法等方法进行处理。下面简单介绍一下对铅锑冶炼废渣无害化处理的方法。

(1) 填筑法。填筑场要考虑废物的体积和性质,保证不污染水体。填筑场的底部、侧边应设置天然不透水层或人工薄膜隔水层,还应设置排水、排气设施。表层上需用黏土层封盖住。填筑场可种植植物,若种浅根植物需覆盖 50cm 厚表土,若种深根植物则需覆盖 90cm 厚表土。

(2) 化学法。根据固体废物中有害物质的化学性质,采取加入相应的化学物质、改变反应条件等方法使有害物发生化学变化,转化为无害或少害的物质。可发生的化学反应有中和、氧化、还原、分解、聚合、络合等,这种处理方法多用于处理固体废物数量不大,但其中污染物潜在危害较大的场合。

(3) 固化法。将有害固体废物与固化剂(如水泥)或黏结剂,经混合后发生化学反应而形成坚硬的固状物,使有害物质固定在固状物内或是用物理方法将有害废物密封包裹起来。这两种方法均能降低废物的渗透性。然后再将固状物以隔绝方式掩埋,使有害废物不致危害环境。下面介绍几种常用的固化法:

1) 硅酸盐胶凝材料固化法。此法是使用硅酸盐水泥或煤灰、高炉渣、火山灰等硅酸盐类的胶凝材脊料,将废物制成岩石状物质,然后堆存或填埋。

2) 石灰法。利用石灰、粉煤灰、水泥窑灰等的凝结和硬化性能,将废物制成具有抗渗性和一定强度的最终产品,但其凝结和硬化能力较前法低些。

3) 热塑法。用热塑性物质在一定温度下对固体废物进行粘附固化,使热塑性物质与固体废物紧密联结。处理后的固体废物能经受多数水溶液的侵蚀。其污染物转移率比其他固化法为低。

11.2　冶炼废水及其处理

11.2.1　水体污染的危害

水是人体的重要组成成分。人体的一切生理活动,如体温调节、营养输送、废物排泄等,都需要水来完成。水体污染后,必然直接或间接危害人体健康。其影响主要有以下几个方面:

(1) 引起急性或慢性中毒。水体受化学有毒物质污染后,通过饮用水或食物链便可造成中毒。如甲基汞污染引起的水俣病、镉污染引起的痛痛病,砷中毒、铅中毒等。这些急性和慢性中毒是水污染对人体健康危害的主要方面。

(2) 有致癌作用。某些有致癌作用的化学物质,如砷、铬等可以在悬浮物、底泥和水生生物体内蓄积。长期饮用含有这类物质的水或食用体内蓄积有这类物质的生物就可诱发癌症。现已发现饮用以地面水为水源的自来水的居民,其癌症死亡率较饮用以地下水为水源的自来水的为高,可能是地面水较易受致癌物质污染的结果。

不仅如此,水体被污染后,农业、渔业的工业生产都会产生不利影响。

铅锑冶炼过程中,由于耗水量大,废水排放量大、废水中污染物种类多、数量大,对水环境污染较为严重。

11.2.2　铅锑冶炼废水来源及特点

铅锑冶炼废水的来源为设备冷却水、冲渣水、烟气净化系统排出的废水及湿法冶金过程排放或泄漏的废水。其中冷却水基本未受污染,冲渣水仅轻度污染,而烟气净化废水和湿法冶金过程排出的废水则污染严重。

11.2.2.1 铅锑冶炼废水来源

铅锑冶炼企业的废水主要包括以下几种：

(1) 炉窑设备冷却水。包括鼓风炉冷却水、反射炉烟道冷却水等，它是冷却冶炼炉窑等设备而产生的，其排放量大，约占总用水量的40%。

(2) 烟气净化废水。它是对冶炼、制酸等烟气进行洗涤所产生的。它的排放量大，含有酸、碱及大量重金属离子和非金属化合物。

(3) 水淬渣水（冲渣水）。主要是鼓风炉渣进行水淬冷却时产生的。其中含有炉渣微粒及少量重金属离子等。

(4) 冲洗废水。它是对设备、地板、滤料等进行冲洗所产生的废水，还包括湿法冶炼过程中因泄漏而产生的废液。

11.2.2.2 铅锑冶炼废水特点

铅锑冶炼废水对环境的污染，有如下特点：

(1) 废水排放量大。铅锑冶炼生产所使用的原料，虽然大多是精矿，但其品位仍然不高，精矿消耗量往往很大。同时，有色金属生产的工艺流程长，生产过程中要消耗大量的酸碱溶剂、燃料及水。因此，必然要排出大量的液态污染物。

(2) 污染源分散、复杂。由于冶炼过程工艺复杂，使用设备繁多，生产流程很长。因而，冶炼中产生废水的污染源的类型很多，也比较分散，给废水治理工作造成很大的困难。

(3) 污染物种类繁多。因为生产所用矿石主要是多金属复合矿，其中除铅锑以外，还含有多种重有色金属、贵金属元素以及大量的硫、铁及脉石等成分。铅锑金属的生产过程，实际上就是与其他杂质分离的过程。因而在主金属的生产过程中，其他许多成分便被当作杂质以废水形式排放出来，使废水中污染物种类十分繁杂。

(4) 污染物毒性大。铅锑冶炼废水中大多含有各种重金属，如砷及砷化物等。废水中的重金属（如铅、汞、镉及砷等）对生物有很强的毒性，在国内外都曾造成过严重的环境污染事件。

鉴于有色冶金废水种类繁多，只能就污染物数量大、危害范围广或有代表性的废水的污染与防治问题加以概述。

11.2.3 铅锑冶炼废水的处理方法

在重金属冶炼企业中，既存在工业废水对环境的污染问题，也存在用水量大、供水紧张的问题，这两个问题有很密切的关系。因此，控制重金属冶炼废水污染的途径有两条：一是节约用水，提高水的重复利用率，尽量减少废水量；二是对废水进行处理，使其达到排放标准后排放。

近年来，各企业加强管理，用水计量，制定合理的用水定额，把用水列为生产考核指标，下达到车间和生产岗位，对全厂用水统筹规划，清污分流，一水多用，重复利用，取得了明显的效果。

不管是为了废水的重复使用，回收有用金属，还是为了达到废水排放标准后进行排放，都需要设置废水处理设备，对废水进行适当处理。

重金属冶炼废水的处理，常采用石灰中和法、硫化物沉淀法、吸附法、离子交换法、氧化还原法、铁氧体法、膜分离法及生化法等。这些方法可根据水质和水量单独或组合使用。以下仅介绍其中的几种方法。

11.2.3.1　中和法(氢氧化物沉淀法)

这种方法是向含重金属离子的废水中投加中和剂(石灰、石灰石、碳酸钠等),使金属离子与氢氧根反应,生成难溶的金属氢氧化物沉淀,再加以分离除去。利用石灰或石灰石作为中和剂在实际应用中最为普遍。沉淀工艺有分步沉淀和一次沉淀两种方式。分步沉淀就是分段投加石灰乳,利用不同金属氢氧化物在不同 pH 值下沉淀析出的特性,依次沉淀回收各种金属氢氧化物。一次沉淀就是一次投加石灰乳,达到较高的 pH 值,使废水中的各种金属离子同时以氢氧化物沉淀析出。

例如,某冶炼厂采用石灰法处理酸性重金属废水,其处理流程如图 11－1 所示。处理废水量为 $800m^3/h$,废水中含有锌、铜、铅、镉等金属离子和砷、硫酸等。

处理后的出水外排,而干渣可返回冶炼炉重新利用。该工艺采用废水配制石灰乳,并使沉淀池的底泥浆部分回流,这有助于改善泥渣的沉降性能和过滤性能。

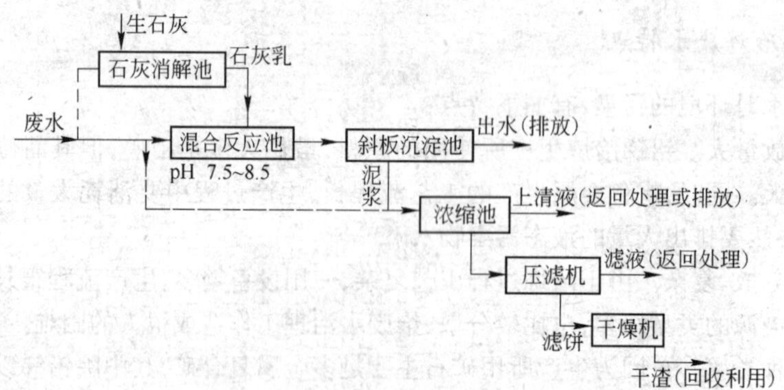

图 11－1　某厂石灰中和法废水处理流程

11.2.3.2　硫化物沉淀法(硫化法)

这种方法是向含金属离子的废水中投加硫化钠或硫化氢等硫化剂,使金属离子与硫离子反应,生成难溶的金属硫化物,再予以分离除去的方法。

大多数重金属硫化物的溶度积都很小,因此用硫化法处理重金属废水,去除率高。根据金属硫化物溶度积的大小,其沉淀析出的顺序为:Hg^{2+}、Ag^{+}、As^{3+}、Bi^{3+}、Cu^{2+}、Pb^{2+}、Cd^{2+}、Sn^{2+}、Zn^{2+}、CO^{2+}、Ni^{2+}、Fe^{2+}、Mn^{2+},位置越靠前的金属硫化物,其溶解度越小,处理也越容易。由于各种金属硫化物的溶度积相差悬殊,(例如硫化汞为 4.0×10^{-58},而硫化铁为 6.3×10^{-10})所以通过硫化物沉淀法把溶液中不同金属离子分步沉淀,所得泥渣中金属品位高,便于回收利用。此外,硫化法还具有适应 pH 值范围大的优点,甚至可在酸性条件下把许多重金属离子和砷沉淀去除。但硫化钠价格高,处理过程中产生的硫化氢气体易造成二次污染,处理后的水中硫离子含量超过排放标准,还需做进一步处理。另外,生成的细小金属硫化物粒子不易沉降。这些都限制了硫化法的应用。

例如,某厂高炉炼汞废水,含汞、铁污染物,其中汞浓度高达 1000mg/L 以上,pH 值 4.5～6.5。废水中的汞以汞单质、汞离子及硫化汞等形式存在。废水先进入沉淀池,分离去除悬浮状的单质汞粒和矿泥,使含汞量降至每升数十毫克,然后在锥形反应池中投加石灰乳使 pH 值升高到 6～7,再加入硫化钠使其与溶解态汞离子进行沉淀反应,锥形反应池的上清液再经过滤处理,除去其中细小的硫化汞微粒。处理后水含汞量低于0.05mg/L,可排放或回用于生产中。沉淀池底的汞泥和锥形反应池底部的含汞沉渣经过滤脱水、自然干燥后,返回炼汞高炉。采用此工艺处理每立方米废水消耗的硫化钠和石灰分别为0.05kg和0.5kg。硫化物沉淀法生成的硫化汞沉淀粒径极小,沉降困难,针对这种情况,在投加硫化钠的同时,可适当投加一定量的硫酸亚铁生成氢氧化铁沉淀及硫化铁沉淀,由于它们的吸附共沉淀作用,可强化硫化汞的沉降分离过程。

11.2.3.3 铁氧体法

往废水中添加亚铁盐(如硫酸亚铁),再加入氢氧化钠溶液,调整pH值至9~10,加热至60~70℃,并吹入空气,进行氧化,即可形成铁氧体晶体并使其他金属离子进入铁氧体晶格中。由于铁氧体晶体密度较大,又具有磁性,因此无论采用沉降过滤法、气浮分离法还是采用磁力分离器,都能获得较好的分离效果。

铁氧体法可以除去铜、锌、镍、钴、砷、镉、银、锡、铅、锰、铬、铁等多种金属离子,出水符合排放标准,可直接外排。铁氧体沉渣经脱水、烘干后,可回收利用(如制作耐蚀瓷器等)或暂时堆存。表11-1列出铁氧体法处理某重金属废水的效果。

表11-1 铁氧体法处理重金属废水的效果

项目	铅	镉	汞	铁	锌	铜	砷	铬(Ⅲ)	铬(Ⅵ)	锰
废水浓度 /mg·L^{-1}	480	15	5	3500	650	23	0.7	25	0.5	60
出水浓度 /mg·L^{-1}	0.05	<0.01	0.005	0.04	0.5	0.08	<0.01	0.01	未检出	0.5

11.2.3.4 还原法

投加还原药剂,可将废水中重金属离子还原为金属单质析出,从而使废水净化,金属得以回收。常用的还原剂有铁屑、铜屑、锌粒和硼氢化钠、醛类、联胺等。采用金属屑作还原剂,常以过滤方式处理废水,采用金属粉或硼氢化还原剂,则通过混合和反应处理废水。

例如,含铜废水的处理可采用铁屑过滤法,铜离子被还原成为金属铜,沉积于铁屑表面而加以回收。

又如,含汞废水的处理,可采用铜、铁等金属还原法。将含汞废水通过金属屑滤床或与金属粉混合反应,置换出金属汞而与水分离。此法对汞的去除率可达90%以上。为了加快置换反应速度,常将金属破碎成2~4 mm的碎屑,除去表面油污和锈蚀层并适当加温(加温太高,会有汞蒸气逸出)。为了减少金属屑与氢离子反应的无价值消耗,用铁屑还原,pH值应控制在6~9,而用铜屑还原时,pH值在1~10之间均可。

某厂废水含汞高达100~300mg/L,pH值1~4。废水澄清后,依次通过四个金属屑滤柱。前两个滤柱中填装紫铜屑;第三个滤柱中填装铅屑和黄铜屑混合物,第四个滤柱填装铝屑。出水含汞量可降至0.05mg/L,从失效滤柱中收集的金属汞渣送至焙烧炉回收金属汞。

处理含汞废水,还常用硼氢化钠作还原剂。在碱性条件下,硼氢化钠可将汞离子还原成金属汞,其反应如下:

$$Hg^{2+} + BH_4^- + 2OH^- \xlongequal{} Hg\downarrow + BO_2^- + 3H_2\uparrow$$

此法处理含汞废水,出水经沉降过滤分离出汞后,含汞量可降到0.01mg/L。汞的回收率可达

80%～90%，每回收1kg汞约消耗0.5kg硼氢化钠。

11.3　噪声污染及控制

11.3.1　噪声的危害

噪声广泛地影响着人们的各种活动，长时间接触噪声，对机体可以产生不良影响。

11.3.1.1　对听觉器官的损伤

声压级在50dB(A)上下时，一般认为安静；在80dB上下时，人就感觉比较吵了。当人走进一个喧闹的场所，会有刺耳难受的感觉，离开后耳朵还会嗡嗡作响，甚至出现听觉器官的敏感性下降，但持续的时间不会很长，稍事休息就会恢复，这是人体对外界环境的一种保护性反应，称为听觉适应。但长期在强噪声环境中工作，会使内耳感觉器官发生器质性病变，即噪声性耳聋，或噪声性听力损失。一般认为，因噪声而引起的听力下降超过30dB(A)时，就会发生危险，常常是病理变化的前兆。A声级在80dB以下的职业性噪声，可能造成听力损失，一般不致引起噪声性耳聋。80～85dB(A)噪声，会造成轻度的听力损伤。86～90dB(A)噪声，会造成一定数量的噪声性耳聋；100dB(A)以上噪声，会造成相当多的噪声性耳聋。当人突然暴露在极其强烈的噪声环境(如高达150dB)中，听觉器官会发生急剧外伤，引起鼓膜破裂出血、螺旋器从基底膜急性剥离，一次刺激就有可能使人双耳完全失去听力。

近年来的研究还表明，噪声污染是老年耳聋的一个重要因素。

11.3.1.2　对机体的非特异作用

噪声作用下引起的“非特异性”病变，表现为噪声作用于全身各系统，特别是对中枢神经系统，可使大脑皮层的兴奋和抑制平衡失调，导致条件反射异常，时间久了，会形成牢固的兴奋灶，波及植物神经系统，导致病理学变化，产生神经官能症候群。

噪声对心血管系统的影响，将引起血管痉挛或血管紧张度降低，血压改变，心律不齐等。噪声的长期影响，还会使人们的消化机能衰退，胃功能紊乱，消化不良，食欲不振，体质减弱。

11.3.1.3　影响安全生产和降低劳动生产率

在嘈杂的环境里工作，人们心情烦躁，容易疲乏，反应迟钝，注意力不集中，影响工作进度和质量，也容易引起工伤事故。

噪声的掩蔽效应，会使人们听不到事故的前兆和各种警戒信号，更容易发生事故。

11.3.1.4　影响正常生活

人们应有一个安定的环境休息和学习。吵闹的噪声使人惶惶不安，烦恼异常，妨碍休息和睡眠。有人用脑电波作指示，测试过噪声对睡眠的干扰。发现在40～45dB(A)的噪声刺激下，睡眠者的脑电波就会出现觉醒反应。对于神经衰弱病患者，40dB(A)以下即被惊醒。噪声级如果和谈话声相近，就会干扰人们正常交谈。超过谈话声10dB(A)时，交谈就会产生困难。

11.3.1.5　对物质结构的影响

飞机高速低空掠过时，产生冲击波能量可观，具有一定破坏力，可使民房玻璃震碎，并可能使建筑物产生裂缝。150dB(A)以上的强噪声，还会使金属结构疲劳，以致遭到破坏。由于声疲劳的缘故,还会造成飞机或导弹失事的严重事故。

11.3.2 噪声的来源

通常由噪声源所发生的噪声,按其产生的机理可分为三类:

一是空气扰动所产生的空气动力性噪声,如通风机、鼓风机、压缩机、发动机等产生的噪声;二是固定振动而产生的机械性噪声,如纺织机械、锻锤、各种机床以及粉碎机等产生的噪声;三是磁力作用产生的电磁性噪声,如发动机、变压器等产生的噪声。

冶炼企业噪声的主要来源有工业噪声源、施工噪声源和交通噪声源等。

11.3.2.1 工业噪声源

工业噪声主要来自机器和高速设备,虽具有局限性,但总强度较大。如耐火材料生产中的磨碎机和破碎机就是强烈的机械噪声源。一般机床的噪声为80dB(A),纺织厂噪声在90~110dB(A)之间,印刷机的噪声为97dB(A),而冶炼企业大量使用的大型鼓风机的噪声在120dB(A)以上,而目前多数国家听力保护标准定为90dB(A),我国将听力保护标准定为85dB(A)。

11.3.2.2 施工噪声源

施工噪声产生于运行中的施工机械,如打桩机、混凝土搅拌机、压路机等等。施工虽然具有暂时性,但整个企业的建设施工的工程量总和很大,况且有的建筑周期比较长,而且许多冶炼铅锑的企业所用炉窑寿命都不长,经常需要大修、新建,施工噪声的影响不可忽视。

11.3.2.3 交通噪声源

冶炼企业内部各种中间产品、原辅材料的运输多数通过汽车、叉车运送,这些车辆都可成为交通运输噪声源。其特点是声音低沉,频率高,声音尖锐。车间的行车、吊车运行产生持续噪声也十分严重。

11.3.3 噪声污染控制方法

如前所述,噪声对人是很有害的,因而必须进行控制。总的来讲,控制噪声的途径有以下三种。

(1) 控制噪声源。通常运转的机械设备、空气动力设备和机动车辆是环境噪声的主要来源,控制这些声源使之不发声或少发声是减少噪声污染的根本措施。通常通过改进设备的结构及在工艺过程中选择低噪声设备或提高其中某些部件的加工精度与装配质量来实现。事实证明,这种方法往往是很有效的。

(2) 控制声传播途径。主要的方法有:因声传播的能量随距离增加而衰减,可将噪声源置于远离需要安静的地方,采用隔声罩、隔声屏等隔声结构,阻止噪声的传播,应用吸声材料和吸声结构,将传播中的声能吸收下来转变为热能;利用消声器,减弱气流噪声的传播以及利用隔振装置减轻声源振动的传递,从而减少噪声的传播等。

(3) 个人防护。当采用以上两种办法仍不能满足环境噪声标准的要求时,可采用佩戴防护耳塞或耳罩、减少在高噪声环境中的暴露时间来解决。本节只介绍控制传播途径和个人防护措施。

11.3.3.1 噪声的吸收

工厂和车间的内部表面多是一些硬的、对声音反射很强的材料,如混凝土地面和抹灰的砖墙等。当机器发出噪声时，车间里的人们除了听到由机器传来的直达声外，还有经室内表面多次反射而叠加形成的声音，即声学中所称的混响声。混响声的产生使原有的噪声加强。如果在室内的天花板及墙面上布置吸声材料，那么机器发出的噪声碰到这些材料后，就会被吸收一部分，使混响声减弱，从而降低室内总的噪声强度。

但吸声只能降低声场中的混响声，并不能使声源发出的噪声降低。这种声学处理一般可以降噪 5 ~ 10dB。常用的吸声材料与吸声结构分别介绍如下：

（1）吸声材料。目前多采用多孔材料做吸声材料，主要有矿渣棉、玻璃棉、泡沫塑料、毛毡及木丝板、甘蔗板等。声能被多孔材料吸收，主要是由于入射声波引起了材料孔隙中空气和纤维等的振动，从而使声能转化为热能。

一般多孔吸声材料对中、高频声吸收效果好，对低频声吸收效果差，增加材料的厚度，可以增加对低频声的吸收。对于一定厚度的同一多孔材料，松软、孔隙多有利于高、中频声的吸收。

（2）吸声结构。吸声结构有多种形式，常用的有薄板共振吸声结构、穿孔板吸声结构和微穿孔板吸声结构等。

这类吸声结构在构造上有共同点，即都是将一块板的四周固定在框架上，再将该结构固定在天花板或墙壁上，由板与板后的空气层组成一个振动系统。当声波入射到板上时，便引起板及孔中空气柱的振动，从而消耗大量声能。这三种结构的区别在于薄板共振吸声结构用胶合板、纸板或木丝板等制成，板上未穿洞；而穿孔板共振吸声结构则在上述板上穿了一定面积的小圆洞或狭缝；微穿孔板吸声结构则是用仅 1mm 或更薄的金属板（如铝板、钢板等）制成，上面穿了孔径小于 1mm 的微孔。前两者宜于吸收低、中频声，而后者则还可吸收高频噪声，性能优良。

11.3.3.2　噪声的隔绝

在噪声传播途径上用隔声的办法来控制噪声是最常见而且是最有效的。即使厚仅 1mm 的钢板也有 25dB 的隔声量，至于盖房子常用的 24cm 厚砖墙，则隔声量可以达到 52dB。常用的吸声材料与吸声结构分别介绍如下。

A　隔声构件

隔声构件通常有单层均质墙板，双层均质墙板等。双层墙板中间夹有一层空气层。空气层可以大大节省隔声材料，并提高构件的隔声性能。墙板通常可用普通建筑材料，如砖、混凝土等做成，也可用金属板、木板、草板等做成。隔声构件的隔声性能主要和构件的面密度有关。面密度是指单位面积的构件所具有的质量。面密度越大，构件的隔声性能越好。因此，隔声所用的材料与吸声所用的材料截然不同。吸声用材料多疏松而质轻，隔声用材料则密实而质重。

B　隔声结构

隔声结构主要可分为隔声间、隔声罩与隔声屏三种。

（1）隔声间。在噪声特别大的车间里，为保护操作人员免受强烈的噪声危害，可以设置隔声间。这种隔声间的四壁及房顶可用砖、混凝土、木板、塑料板或金属板制成，并在内壁附贴上吸声材料层。隔声间的门与观察窗可根据需要做成层数不等的多层复合结构。在必须提高隔声间的隔声设置时，其围墙还可做成含有空气层的双层结构。操作人员则在隔声间内观察与控制生产的进行。

隔声间可分为封闭式与局部敞开式两种。封闭式的隔声量可达 20 ~ 50dB，局部敞开式的隔声量一般不超过 10 ~ 15dB。

（2）隔声罩。将产生噪声的机器或机组的某一部分用一个金属或木板等做的罩子封闭起来，可以减缓噪声的传播。这个罩子就称做隔声罩。罩壁通常用钢板做成，内壁需涂上沥青、橡胶等黏性阻尼材料，再覆以吸声材料层。隔声罩的隔声量一般可达 20～40dB，其大小与罩壁材料本身的隔声量及内壁面的吸声系数有密切关系。罩壁的隔声量越大，内壁面的吸声系数越大，隔声效果越好。

一般隔声罩的优点是制作简单，节省费用。但在制作和安装时，必须注意不可有孔洞和缝隙，否则其声学效果会明显变差。对于电动机、通风机或其他在运转中散发热量的设备，在安装隔声罩时，还需考虑散热问题，可以在隔声罩上安装带有消声器的通风口，以便使罩内热量得以散发。当罩内设备与外部有管道相通时，应做好罩壁开孔处的密封与消声工作。

隔声罩与机器、地面之间应尽可能避免刚性连接。必须有接触时，应以弹性材料衬垫，否则也会使隔声罩的实际隔声效能下降。

(3) 隔声屏。隔声屏是用来遮挡声源和接收者之间直达声的设施。隔声屏主要用于室外，也可用于车间内部。其构造与隔声间的墙壁相似，室内隔声屏还可双面附贴吸声材料。隔声屏使用得当，可降低机器附近区域噪声 10dB 左右。

11.3.3.3 消声器

通常将高速气流、不稳定气流以及由于气流与物体相互作用产生的噪声称为空气动力性噪声。消声器则是一种既能让气流通过又能消除空气动力性噪声的设备。一般安装在进、排气口或气流管道上，消声量可达 10～40dB。由于工业噪声中，有相当部分是空气动力性噪声，因此消声器在噪声控制中得到广泛的应用。

消声器的种类很多，按照它的消声原理可分为阻性消声器、抗性消声器、阻抗复合式消声器、微穿孔板消声器、小孔消声器和多孔扩散消声器等。

(1) 阻性消声器是将多孔吸声材料固定在气流通道内壁，或按一定排列组合方式固定在管道中，便可组成阻性消声器。噪声通过管道向前传播时，便被吸声材料吸收，从而达到消声的目的。按照多孔材料在管道内壁安装的形式，阻性消声器又可分为直管式、片式和折板式等。阻性消声器宜用于消除中、高频噪声。不适用于有粉尘及油污多的地方。

(2) 抗性消声器是依靠气流通道截面的改变和在气流通道旁边加支管等引起声能的消耗，从而取得消声效果的。常用抗性消声器的类型有膨胀室式、插入管式、共振腔式与干涉式等。这类消声器的阻力与其结构有很大关系，其中插入管式与共振腔式阻力相对较小。抗性消声器主要用来消除低、中频噪声。

(3) 阻抗复合式消声器阻性消声器对中、高频声的消声效果较好，而抗性消声器对低频声的消声效果较好，因此在很多需要宽频带消声韵情况下，可将这两种消声器组合起来使用，这种组合的消声器称为阻抗复合式消声器。但这类消声器的消声效果并不是该两种消声器消声量的简单总和。

(4) 微穿孔板消声器将金属微穿孔板以适当方式布置在气流管道中便制成了微穿孔板消声器。这种消声器消声频带宽，可用于消除高、中、低频不同的噪声，并且阻力小，能耐高温与气流冲击，只是不宜用于粉尘多的地方。

(5) 小孔消声器和多孔扩散消声器则是将一根直径与排气管直径相等的管子末端封闭，四壁钻上许多小孔(孔径一般为 1～3mm)，便构成了一个小孔消声器。将不同直径的小孔消声器套合使用，便可达到 30～40dB 的消声量。因此它适用于各种排气、放空的高强噪声(又称喷注噪声)源。如冶炼厂余热锅炉排气、各种风动工具的排气等。小孔消声器与多孔扩散消声器均具有结构简单、体积小、重量轻、造价低、消声量大的特点。这两种消声器和微穿孔板消声器都是我国研制的新型消声器。

11.3.3.4 隔振与阻尼减振

A 隔振

机械设备运转时,机体会产生振动,这种振动能够通过机座传递到基础,由基础再传递到与其接触的地面或楼板,再由地面或楼板传递到墙壁及相邻或更远的房间,引起那里的地面或楼板及墙壁的振动,从而发出声音。这种通过固体传播的声音称做固体声。

一般情况下,固体声比空气声(在空气中传播的声音)危害范围大,且严重。例如,一重物突然掉在楼板地面的声音,房间里的人听着不怎么响,楼下人却感到很响。造成这种现象的主要原因是固体声的传输损失很小,而空气声传输损失则较大。特别是在连续结构中,如钢筋混凝土、金属等密实材料,振动的能量可以几乎不减弱地传到很远的地方,结果使得噪声影响的范围广,危害严重。

阻断或减弱固体声传播的措施称做隔振或减振。隔振的具体办法通常是在设备与基础之间安置由弹簧或弹性衬垫材料(如橡胶,软木等)组成的弹性支座,减弱设备对基础的冲击力,从而减弱设备传递给基础的振动,使辐射的噪声降低。这种弹性支座就称做隔振器或减振器。常用的隔振器有钢弹簧减振器和橡胶、软木、毡板类减振垫层等。安装隔振器后,固体声的降低是明显的。例如,对于一个安装在楼板上的电动机,在安装了传振系数为10%的隔振器后,则可使传递的振动减小为原来的10%,楼下相应的噪声降低量约为20dB。

此外,还可以在机器底座上附加质量块、在机器周围挖一定深度的沟(称隔振沟)来进行隔振。质量块又称惰性块,常用型钢或混凝土构成。在风机、泵与管道之间,可采用金属或橡胶软管等弹性联结的办法来减弱风机、泵沿管道传递的振动,从而减小固体声。

B 阻尼减振

输气管道、机器的防护壁、车体等,一般均由薄金属板制成,容易受激发而产生振动,从而辐射噪声。若在薄的金属板壳上紧贴或喷涂一层内摩擦力大的材料,则可有效地抑制振动,降低噪声的辐射。这种降低噪声的措施习惯上称做阻尼减振,简称阻尼。内摩擦力大的材料通常称做高阻尼材料,如橡胶、沥青、石棉漆、软木纸等。

阻尼减振的原理是当金属板壳被涂上高阻尼材料后受激产生振动时,阻尼层也随着振动,一弯一折使得阻尼层时而被压缩、时而被拉伸,阻尼材料内部的分子不断发生相对位移,由于内摩擦阻力,便使振动能量大大损耗,不断转化为热能,从而降低了噪声的辐射。

对于一定厚度的金属板,阻尼层的减振性能与涂层的厚度有关。涂层越厚,减振性能越好。但过厚时,既不能显著增加降低噪声效果,又加重了板的重量。实际上一般采用的是阻尼涂层为金属板厚的2~3倍。

常用的阻尼材料有沥青、软橡胶及用多种高分子材料配合制成的高阻尼材料,如软木防热隔振阻尼浆、石棉漆、硅石阻尼浆、丁腈胶系列阻尼浆等。

11.3.3.5 个人防护

因为技术或经济上的原因,当在声源和传播途径上控制噪声较为困难时,在强噪声区域工作的人员可以佩戴个人防护用品,以降低对人体健康的危害。

常用个人防护用品有防声耳塞、耳罩及防噪声头盔等三种。防声耳塞用软橡胶、软塑料或经特殊软化处理的超细玻璃棉做成,对中、高频声隔声量一般可达25~40dB;对低频声则约为13~15dB,适用于铆接、金属冷加工、高速机组运行车间的操作人员使用。防护耳罩是一种把耳廓密封起来的护耳器,外壳由硬质隔声材料制成,内衬吸声材料,在罩壳与颅面接触处用柔软材料做垫圈。防护耳罩的平均高频隔声量可达30dB,低频隔声量亦可达15dB。防噪声头盔分软式和硬式两种。软式由人造革帽和耳罩组成,硬式外壳用玻璃钢制成,内装耳罩。头盔的优点是隔声量大,能防冲击波,保护头部。缺点是不透热、不方便,尤其是硬式头盔很重。

11.3.4 铅锑冶炼企业中的噪声控制

11.3.4.1 焙烧或烧结工序的噪声控制

焙烧或烧结工序的主要噪声源有破碎机、筛分机、鼓风机或压缩机等强噪声源,其声功率级一般在105~115dB(A),考虑工人在设备附近进行操作或检查的时间有限,可不必花费大量资金对这些声源进行降噪处理,因此宜为工人建立隔声室或控制室,进行远距离操作。此外,也可采用以下方法进行治理。

破碎机的噪声主要是由高速运动的齿盘和固定齿盘、被粉碎材料之间的撞击、摩擦产生的噪声,声音非常刺耳。传播则主要是通过进、出料口辐射出来。为此,在进出料口分别安装消声器,则可收到良好的降噪效果。若设计得当,降噪则可达30dB(A)之多。此外,在破碎机和支承结构之间安装弹性衬垫,在机架外壳、机座和进料漏斗的振动表面敷加阻尼材料,调好旋转零件的动平衡等,也可使噪声有一定程度的降低。

筛分机噪声主要包括箱体与流嘴侧壁振动时产生的低中频噪声,以及金属筛振动时产生的高频噪声。减小振动器的转速、减小机箱振幅、在振动器外壳与筛分机机架之间加装减振器都可以明显降低噪声。如转速降低50%,中低频与高频噪声可分别降低9~11dB之多;机箱振幅减少50%,中低频与高频噪声则分别降3dB和4dB。此外,在筛箱壁上用加筋等方法增加其刚性时,也可使噪声明显降低。对于温度低于100℃的较冷料,可以采用橡胶筛、在筛上和流嘴内表面衬贴耐磨橡胶层的办法降低噪声。

鼓风机噪声主要包括进出气口噪声、机壳等机械部件振动噪声和电机噪声,其中以进气口噪声最强,所以应按照进排气口的噪声成分安装恰当的消声器。现在多采用阻性或阻抗复合式消声器,可降噪25dB(A)左右。其次宜给风机机组加装隔声罩,以更有效地降低现场噪声。隔声罩上需开进气口,必要时安装进气口消声器,开出气口、装出气口消声器与低噪声通风风扇等,以保证通风与散热。采取以上两项措施后,噪声可降30~40dB(A)之多。

通常,风机多时可根据现场条件,采取改造风机房为隔声间的噪声综合治理措施。对密封风机房需安装进气消声器,鼓风机出口也要安装排气消声器。若要降低隔声间内噪声,可按照一般隔声间的结构进行施工,并进行风机机座减振、机壳敷贴阻尼等办法进一步降低噪声。

压缩机噪声成分与鼓风机噪声成分相似,但低频成分特别突出,尤其达到100dB左右时,可使人感到胸、腹腔受压,心慌头晕,对人危害大。并且与高频声相比,传播距离远,对周围环境影响大,需要很好治理。

压缩机噪声以进气口噪声最强,故需安装进气消声器。有人推荐,用文氏管消声器时可在低频部分获得30~40dB的消声量。其他降噪办法与鼓风机相同。

对于噪声强的风机电机可采用加装消声器或单独设立隔声罩的办法降噪,但均需注意其通风散热问题。

11.3.4.2 冶炼噪声的控制

在冶炼工序中,各种冶炼炉窑是主要噪声源,产生的主要是低、中频噪声。在氧气转炉车间,主要噪声源是循环泵、气泵和鼓风机,声功率级多在105~120dB(A)。

冶炼炉噪声高,且系高温,难以用一般方法治理,故常采用为操作人员建立隔声控制室的办法使其免除噪声的危害。

控制室墙壁通常由砖砌成;房顶可采用8cm厚钢筋混凝土板、5cm厚矿棉板和2cm厚水泥做成隔热隔声层,室内顶棚与部分墙壁需装饰矿棉或玻璃棉等吸声材料,以进一步降低控制室噪声。门可采用多层结构,窗户则需做成双层隔声窗,方可有效隔声。室内换气可采用空调器或带消声装置的低噪声轴流风机等。

当工人必须接近冶炼炉时,由于噪声很强,故工人应佩戴耳塞或耳罩等个人防护用品。

对于风机类与泵的噪声,可以采用与前述风机、压缩机噪声相类似的办法。放风阀产生的噪声往往很高,可达120dB(A)之多,它主要是由于压缩空气经放风阀向大气高速排放时造成的,为此可采用多级扩容减压消声器降低噪声。这种消声器乃是用几个不同管径的穿孔钢管套合组成,气流通过时,逐级增大体积,减小压力,从而可收到良好的降低噪声的效果,降噪量可达数十分贝。采用金属毛毡(杂乱的金属丝构成)作为吸声材料的管式消声器,也能使放风阀噪声大为下降。对于大的送风管道应采用阻尼、隔声包扎的办法降低噪声,以消除对厂区环境的污染。

热风炉煤气燃烧器的噪声主要有排气口产生的中高频噪声、风机传动装置的低频噪声及燃烧噪声等。为此可设置由金属毛毡贴饰内表面的隔声罩,将煤气燃烧器与鼓风机罩起来,并在鼓风机进气口安装阻性消声器,机座下安装减振器等来降低噪声。

进行噪声控制,不仅可以减小对操作人员健康的危害,保护环境不受噪声污染,而且在相对安静的环境中可以提高劳动生产率、减少工伤事故。同时,还可降低机械设备的噪声与振动,延长其使用寿命并节约能耗。因此,进行噪声控制不仅有社会效益、环境效益,并且具有经济效益。不过,在冶金企业中,高强噪声源种类多,存在面广,操作人员在有些设备前停留时间有限,若普遍进行治理,从经济与技术上看,目前既不可能也无必要,因此,可根据具体情况,采用改进工艺、从声源进行治理及吸声、隔声、隔振、阻尼、消声等不同措施,进行适当控制。只要保证操作人员在噪声环境中接受的有效声能不超过国家卫生标准,保证厂区环境不超过国家环境标准,就可保护操作人员、其他职工及周围居民免受噪声的危害,保护环境。

复习思考题

1. 铅锑冶炼企业中各个工序分别产出哪些废渣?
2. 上述废渣中,能够返回本厂其他工序作为原料处理的废渣有哪些?
3. 铅锑冶炼厂中,哪些工序产出的渣是有毒的?如何处理为好?
4. 铅锑冶炼厂排出的废水主要是哪种废水?能否重复利用?
5. 铅锑冶炼厂产出的废水中,哪些是必须作无害化处理的?
6. 铅锑冶炼厂中,各个车间分别有哪些噪声源?
7. 噪声控制的基本方法有哪些?
8. 对于企业普遍使用的风机,可以采取哪些手段降低其噪声危害?
9. 试分析各个熔炼车间的噪声如何控制?
10. 从事冶炼生产的工人应该如何采取措施保护自己听力免受伤害?

12　铅锑生产中有价金属的回收

铅锑冶炼过程中产出的大量炉渣、阳极泥、烟尘等中间产品，含数量可观的铅、锑、铜、银等有价金属，回收这些金属可提高原料综合利用程度和经济效益。其处理方法根据物料的成分不同而有所不同。下面集中介绍从铅熔析浮渣中回收铜和从阳极泥中回收金、银的工艺，其中重点介绍银的回收。

12.1　从含铜物料中回收铜

12.1.1　铜回收工艺流程

脆硫铅锑矿一般含铜在0.5%～1.5%左右。在铅锑的还原过程中，除一部分进入冰铜外，大量的铜被还原成金属铜而进入粗合金。粗合金在经火法吹炼后，产生含铜在0.2%～0.4%左右的吹炼渣、含铜在2.5%～4%之间的底铅。底铅经过熔析后产生含铜20%～26%的熔渣，进入转炉回收铜。还有0.5%的铜随底铅进入电解工序。铜在电解精炼时主要残留在阳极泥中，阳极泥熔炼时，以铋冰铜或银冰铜的形态产出，其工艺流程如图12－1所示。

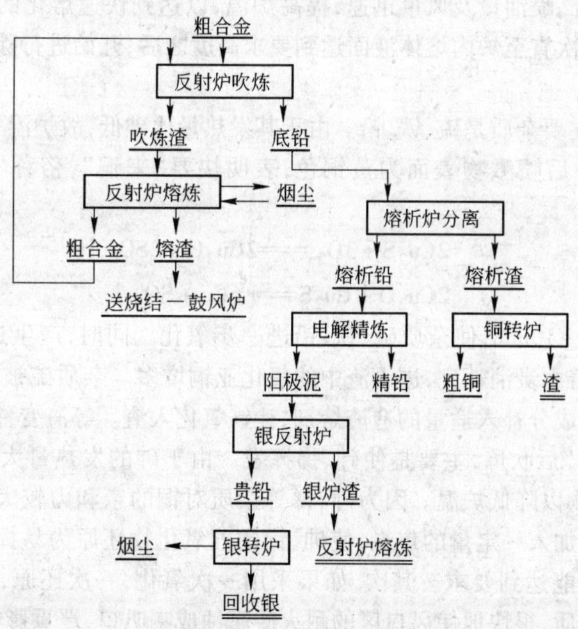

图12－1　回收铜的工艺流程图

12.1.2　回收铜的生产实践

前已述及，底铅在电解精炼前往往要经过熔析除铜，同时产出铜浮渣；对于高铜的铅锑矿，有时还在鼓风炉熔炼过程中产出部分冰铜和(或)黄渣(砷冰铜),这些都是回收铜的原料。其处理方法通常是将大块破碎成粉状,配入适当的熔剂(石灰石、河沙)和燃料(粉煤或焦粉),进行烧结焙烧,然后加入一定量的铁屑(12% ~15%)和焦炭,在鼓风炉内进行熔炼,使铜富集,铅成金属铅回收,最后将富集后的冰铜,经转炉吹炼生产粗铜。

由于处理铅锑复合矿的冶炼厂规模都不是很大,为处理铜杂料单独建一座鼓风炉显然不合适,共用铅锑熔炼鼓风炉又会造成铜在系统中循环,所以这些生产企业一般都不经鼓风炉富集,而是直接用小型转炉进行处理。此法的优点在于:第一,转炉既是熔化炉,又是吹炼炉,节约了复杂的熔化设备和熔体的转运设备及劳动力;第二,转炉吹炼是个强化过程,故能完全除去铅及较完全地除去砷锑等。图 12 - 2 是转炉结构示意图。转炉的形状与冰铜吹炼的转炉相似,不同之处在于没有固定风管,在炉子一端用燃油烧嘴加热。炉壳用厚度为 16mm 的钢板焊成,炉衬用镁铝砖砌筑。转炉大小根据企业生产规模的不同,处理量从 1t 到数吨不等。现以 1t/炉,兼作分银炉的小炉为例,说明其生产操作过程。

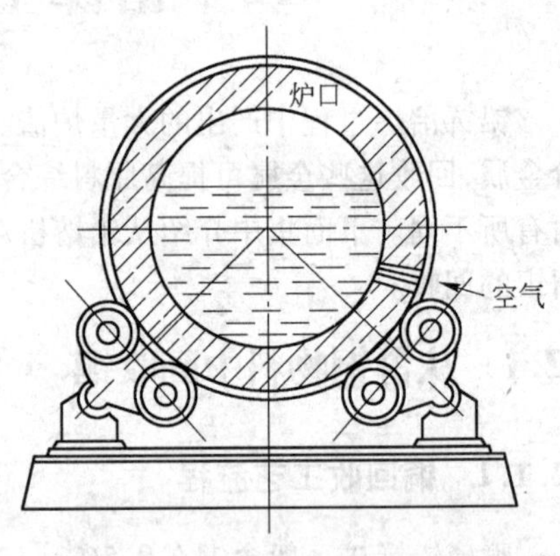

图 12 - 2　转炉结构示意图

操作时先从风嘴以 10 ~20kPa 的风压喷入柴油升温到 800 ~900℃左右,然后从炉口装入铅砷冰铜、熔析炉渣及木炭。炉料装平到炉口,约为 1t,然后用铁钎撬向炉子两端,不让炉料堵住风眼。转动炉子向后,提高喷油量及风量迅速,提高炉温,以达到快速熔化的目的。待物料完全熔化后继续加料,反复多次直至炉内熔体液面达到要求高度之后,开始进行除杂操作。杂质的除去基本上分为两个阶段:

第一阶段除去的主要杂质是硫、铁、铅。由于其发热量比砷低,故炉温一般为 1200 ~1250℃,此时烟气又浓又白,炉后喷溅物表面为黄铜色,表明快要“来铜”,俗称“来铜”前吹炼。其反应为:

$$2Cu_2S + 3O_2 = 2Cu_2O + 2SO_2 \uparrow$$
$$2Cu_2O + Cu_2S = 6Cu + SO_2 \uparrow$$

“来铜”后,过吹 5 ~10min,使杂质硫、铁、铅进一步氧化。同时,产生过剩的氧化亚铜,并氧化液面上的木炭。随着木炭消耗完,进入渣中的氧化亚铜增多。杂质硫被氧化成 SO_2,铅成氧化铅挥发,此时要视炉料成分补入适量的造渣熔剂,让铁氧化入渣。等渣变稀时,开始放第一期渣。

第二阶段即“来铜”后吹炼,主要是使砷、锑挥发。由于砷的发热量大,炉温在 1300℃以上,此时加入上炉的喷溅物以降低炉温。因为砷、锑等杂质对铜的亲和力较大,故一次很难除尽,所以氧化到一定程度后,加入一定量的焦炭,使砷、锑的五氧化物还原为易挥发的三氧化物。这一操作必须反复多次,方能达到要求。其次,如果采用一次氧化,一次还原,大量的铜生成氧化亚铜,它是一种强碱性物质,很快地使风口区的耐火砖腐蚀成喇叭口,严重影响炉子寿命。采用“多次氧化,多次中还原”,不但氧化时间短,而且一旦氧化亚铜生成较多时,即被加入的焦炭进行“中还原”,故减少了氧化亚铜的含量,大大地避免了氧化亚铜对风口区的侵蚀。然而,以重复多少次为宜,则要视物料中砷锑的含量而定,一般进行 3 ~4 次即可。“中还原”操作每次 10min 左右,“中还原”以后进行吹炼时,原则上以不超过 30min 为宜。在第一、二次吹炼时,要加石英造渣。第二次“中还原”完全后,才放第二次渣。最后一次吹至炉烟稀少,火焰转草绿,即表明“中还原"——氧化过程结束,可以加入焦炭进行大还原,目的是将氧化亚铜还原成铜。加入焦炭后,在反应过程中用木棍搅拌熔体,使下层氧化亚铜浮上来与焦炭作用。大还原一般经历 30 ~ 50min,即可从转炉口出铜铸锭,送去进行精炼或外售。

此法处理含铜物料,平均每炉产粗铜 1.08t,直收率为 79.15%,处理一炉平均时间为 4 天,炉子寿命 30 炉,粗铜品位为 80% ~85%,生产 1t 粗铜消耗柴油 140kg,焦炭 40 ~ 50kg,石英 10 ~ 15kg。规模大的转炉则指标要高出不少。

12.2 从阳极泥中回收银

银是一种银白色贵重金属,在地壳中含量很稀少,其丰度仅为 0.05×10^{-4}%。原子序数 47,原子质量 107.868,熔点 960℃,沸点 2200℃,相对密度 10.47,固态银为面心立方结构,导热性和导电性在所有金属中都是最好的。主要用于制作首饰、货币、电子材料、航空材料和感光材料。

银金属与氧不直接化合,在固态时的银溶解的氧量极少,但在熔融状态下,一体积的银几乎能溶解相当于自身体积 20 倍的氧。所以,熔融状态的银金属凝固时,会将其中溶解的氧几乎全部释放出来,于是出现金属喷溅,甚至出现爆银现象,这些现象在银金属的熔铸时应当防止其出现。银金属与氢、氮、二氧化碳等也不直接发生作用。在赤热状态下银与磷发生反应生成磷化物。银在加热时很容易与硫发生作用,生成硫化银。银与硫化氢作用,在银的表面上生成黑色硫化银薄膜。这个过程在通常条件下也能进行,这就是银制品会逐渐变黑的原因。银不溶于普通酸、碱溶液,但能溶于硝酸和浓硫酸。

根据银元素的物理化学特性,从底铅电解阳极泥中回收银,一般采用火法进行处理。这是由于铅锑火法分离的高锑底铅电解后产出的一种高锑低银的阳极泥,其含银量仅为 1% 左右,远低于普通铅阳极泥的 7% ~8%。为了回收其中的银金属,各冶炼厂经多年的生产实践,采用阳极泥反射炉熔炼—吹炼成贵铅—分银炉灰吹分离得到高银合金板—电解精炼处理得到精银的火法流程,取得了较好的经济效益。本节简要叙述该方法的基本原理和工艺(图 12-3)。

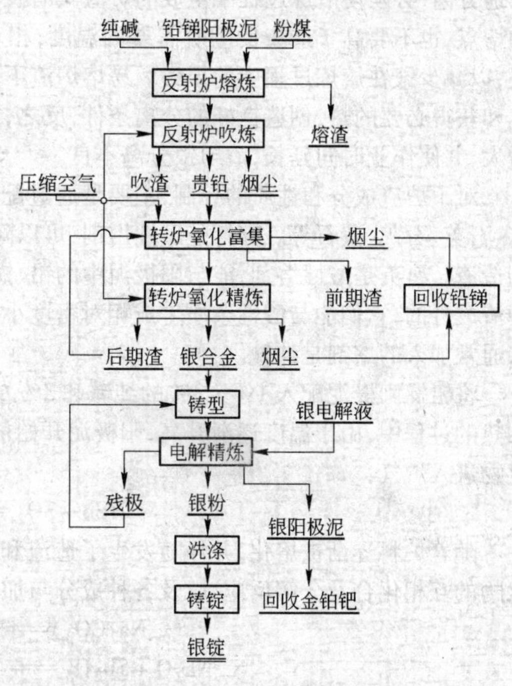

图 12-3 银回收流程

12.2.1 底铅电解阳极泥的特点

底铅电解阳极泥是底铅电解精炼过程中产出的下脚泥,新鲜湿泥呈乌黑色,含水量一般为 40% ~45%,干泥堆密度为 4.8g/m^3,长时间与空气接触会发生自然氧化,其表面似覆上一层白霜。它的主要组成是锑和铅,还有少量 Ag、Cu 及 Bi 等。有时还包括一些已转入溶液中随后又发生水解作用的金属杂质的不溶性盐类,其数量以及成分的变化很大。

铅阳极泥中的主要组分,锑多,以锑单质、三氧化二锑和锑银合金等形式存在,铅则多以金属粉末形式存在，这主要是由于阳极内的 PbO 溶解而产出：

$$3PbO + H_2SiF_6 = 3Pb + SiO_2 + 3F_2 + H_2O$$

由此反应产出的金属铅非常细，非常分散，此外还有相当数量的铅以 PbO 形式存在。银则因其具有良好的化学稳定性，而呈金属单质状态存在。阳极泥中除了上述粒度很小的组成物之外，尚有一些粒度较大的从残极带下来的残片，这些小铅块可用筛分或分级的办法从阳极泥中除去。

12.2.2　阳极泥火法熔炼富集

由于底铅中含锑高达 20%，电解中阳极泥的产出极大，多达 300kg/t－电铅。铅锑阳极泥中锑的含量也很高，通常为 70%～72%，银的含量只有 1% 左右，故必须先采取熔炼富集的方法处理。其火法富集熔炼包括反射炉熔炼和反射炉吹炼两个过程。

12.2.2.1　反射炉熔炼

由于铅锑阳极泥中金属主要以氧化物和金属单质及合金的形式存在。因此必须通过造渣熔炼，使氧化物造渣，金属单质及合金熔化形成新的合金熔体，捕集银金属。为了使熔体和炉渣很好地分离，必须使冶炼过程中生成的炉渣具有良好的性质。要求炉渣的熔点既不低于合金熔体的熔点，也不要高于造渣反应所需要的温度，相对密度要小，黏度也要小，渣量要少而且不溶解银，以减少银在熔炼过程中的损失。易熔炉渣不但可以消耗少的燃料，而且可以在较短时间内熔化和获得必要的热，创造良好的分离条件，反之，如果炉渣是难熔的，则消耗于炉料熔化的燃料将增大，并使作业时间延长，渣与银分离不良。

对于炉渣成分和性质的控制，主要是通过配料来进行的。熔炼阳极泥通常加入的熔剂是苏打、石英、石灰、萤石等。苏打是碱性熔剂，可以降低炉渣的熔点，使阳极泥中的砷、锑等高价氧化物造渣。石英是酸性熔剂，能与阳极泥中的铅、铁等碱性氧化物造渣。石灰和萤石都是用来调整炉渣成分的，它们能与酸性杂质生成相对密度小的炉渣，并可以改善渣的流动性。铅锑阳极泥熔炼通常加入的熔剂是纯碱。

将铅锑阳极泥配入 1%～3% 的纯碱和 3% 左右的烟煤后，加入熔炼反射炉中，加热熔化。在加热的过程中，由于温度逐渐升高，阳极泥开始被煅烧，放出大量的水分和酸烟，部分易挥发的氧化物进入炉气：

$$4Sb + 3O_2 = 2Sb_2O_3$$

随着炉料逐渐被熔化，并伴随发生了造渣和分离过程。造渣反应主要包括阳极泥中各种氧化物的互相化合及分解反应，以及各种成分与加入的纯碱发生的反应所组成，其反应如下：

$$Na_2CO_3 = Na_2O + CO_2\uparrow$$

$$Na_2O + Sb_2O_5 = Na_2O \cdot Sb_2O_5$$

$$Na_2O + As_2O_5 = Na_2O \cdot As_2O_5$$

$$Na_2O + SiO_2 = Na_2O \cdot SiO_2$$

$$PbO + SiO_2 = PbO \cdot SiO_2$$

$$3PbO + Sb_2O_3 = (3PbO) \cdot Sb_2O_3$$

与造渣熔炼过程同时发生的还有还原熔炼过程，该过程必须严格控制还原剂量及还原时间，以防止发生贱金属进入贵铅合金的“过还原”现象。造渣反应结束后，阳极泥中的银被铅、锑等熔体所熔解形成合金，其反应如下：

$$Pb + Ag = Pb(Ag)$$

$$Sb + 3Ag = SbAg_3$$

该合金与炉渣互不相溶，相对密度差又大，因此炉渣浮在熔池表面，合金沉于熔池下层。合金熔体中含银量很低，含锑量很高，需进一步进行吹炼处理方能成为贵铅。

12.2.2.2 吹炼

熔体中由于各种金属成分活性的差异，与氧结合能力不同。贱金属如铅锑等较易于氧化，而金银等贵金属十分稳定，难以氧化。因此可以通过吹风氧化的方式，将大部分贱金属分离出去。

在合适的温度及氧化气氛下，合金中的锑、铅、铋先被氧化：

$$4As + 3O_2 = 2As_2O_3$$

$$2Pb + O_2 = 2PbO$$

$$4Bi + 3O_2 = 2Bi_2O_3$$

接着是铜被氧化：

$$4Cu + O_2 = 2Cu_2O$$

锑同时也被铜、铋、铅的氧化物氧化：

$$2Sb + 3PbO = Sb_2O_3 + 3Pb$$

$$2Sb + Bi_2O_3 = Sb_2O_3 + 2Bi$$

$$2Sb + 3Cu_2O = Sb_2O_3 + 6Cu$$

锑、铅氧化物之间也会发生相互反应：

$$3PbO + Sb_2O_3 = (3PbO) \cdot Sb_2O_3$$

上述反应中的锑大部分生成三氧化锑挥发进入炉气，经收尘得锑氧，少部分与铅的氧化物结合形成亚锑酸盐进入吹渣。大部分铅和绝大部分的铜、铋充当氧的传递剂，促进三氧化二锑的挥发。银在此过程中基本上不参与反应，与铅、锑结合成合金，以合金形态存在。随着吹炼的进行，熔体中锑的含量不断降低，铅、铜、铋也开始氧化造渣，吹渣渣量不断增大，氧化气氛变得难以控制，有少量的银也开始被捕集进入渣相，为了能较好的回收银，当合金中锑的含量下降到18% ~ 22%时，需将合金转入其他炉窑冶炼。此时其合金含银达5% ~8%，可出炉铸成块锭，称为贵铅。

在此过程捕集的烟尘中银含量较低，锑含量较高，可作为锑精炼的原料。熔渣、吹渣返回铅锑粗炼系统。

12.2.2.3 火法富集设备与操作要求

火法富集熔炼生产贵铅所用的设备主要是反射炉，由于熔炼要经过熔炼和吹炼两个过程，所以反射炉型的选择结合了粗炼反射炉和吹炼反射炉的特点，即较大的火膛以利于升温，较浅的炉膛深度以利于提高氧化气氛和较大鼻子眼以利于减少堵塞。另外，由于吹炼时液面波动频繁，吹渣对炉墙的腐蚀严重，故在筑炉时渣线上下均采用高铝质或铬铝质耐火砖，并将炉墙加厚到600mm。

生产过程的主要技术条件是：阳极泥配入1% ~3%的纯碱和3%左右的烟煤后，加入熔炼反射炉中，直至料满炉膛，加热熔化。在炉温为800℃时扒出熔渣，继续升温至900℃，由吹风管鼓入压力为0.3 ~0.6MPa的压缩空气进行表面吹风，使合金中的锑迅速氧化挥发进入烟气收尘系统，同时控制好风量保持炉内温度和氧化速度，当含锑量降到18% ~22%或含银量达5% ~8%时，扒出吹渣放炉。一般每炉周期为10天左右。

12.2.3 贵铅灰吹生产粗银

经反射炉熔炼富集的贵铅含银量仅为5% ~8%，需要对它继续进行氧化富集和精炼。贵铅性脆,断面结晶明亮,根据品位不同略有变化。除含有铅和银以外,还含有锑、铜、铋等杂质。氧化富集精炼就是要把贵铅中除金、银以外的所有杂质在分银炉内造渣、挥发、分离出去,以产出含银量在95%以上的金银合金。

12.2.3.1 氧化富集和精炼的基本原理及主要反应

氧化精炼也叫灰吹。该法的基本原理基于金属对氧亲和力的大小,使杂质金属氧化生成不溶于主体金属的氧化物,并以渣的形式聚集于熔体表面,或以气态的形式被分离。贵铅的氧化精炼,就是借助鼓入贵铅熔池表面的空气和加入适量的强氧化剂来实现。贵铅含铅量较多,根据质量作用定律,首先氧化的是铅:

$$Pb + O_2 = 2PbO$$

生成的氧化铅充当氧的传递剂,把锑氧化:

$$2Sb + 3PbO = Sb_2O_3 + 3Pb$$

三氧化锑易挥发而进入炉气,但如进一步氧化成高价氧化物 Sb_2O_5(不稳定),则与碱性氧化物 PbO 造渣:

$$3PbO + Sb_2O_5 = (3PbO) \cdot Sb_2O_5$$

锑也可直接与氧化铅形成亚锑酸铅:

$$6PbO + 2Sb = (3PbO) \cdot Sb_2O_3 + 3Pb$$

亚锑酸铅与过量空气接触时,也可形成锑酸铅:

$$(3PbO) \cdot Sb_2O_3 + O_2 = (3PbO) \cdot Sb_2O_5$$

当然锑的氧化并不完全是靠氧化铅作氧化剂,空气中的氧也能使它氧化:

$$4Sb + 3O_2 = 2Sb_2O_3$$

氧化铅作为氧化剂把锑氧化后,自身又被还原,所以锑除去后还需继续氧化精炼,以便把铅全部氧化造渣除去。

铜、铋是较难氧化的金属,单靠氧化铅作氧化剂来进行氧化很难将其除去。但当锑、铅氧化除去后,再继续吹风氧化精炼,铜、铋就会被氧化:

$$4Bi + 3O_2 = 2Bi_2O_3$$

$$4Cu + O_2 = 2Cu_2O$$

氧化铋的熔点较低(710℃),沸点高(1890℃),在熔炼温度下能与氧化铅组成低熔点的、流动性好的稀渣。

铜的彻底氧化,则要靠加入强氧化剂才能实现。常用的氧化剂是硝石(KNO_3)。硝石在熔炼温度下分解出活性氧原子,把铜、铋氧化:

$$2KNO_3 = K_2O + 2NO_2 + [O]$$

$$2Cu + [O] = Cu_2O$$

$$2Bi + 3[O] = Bi_2O_3$$

贵铅中的银是不易氧化的,但是在氧化精炼后期也可能有氧化银形成,不过很快会被合金中的铜、铋所还原:

$$Ag_2O + 2Cu = Cu_2O + 2Ag$$

$$3Ag_2O + 2Bi = Bi_2O_3 + 6Ag$$

关于上述杂质氧化的顺序,是热力学的理论顺序,而各种杂质贵铅中的浓度是不同的,所以在生产上各种杂质的氧化实际上是同时进行的,并没有什么明显的先后顺序,只不过是某些杂质在精炼的初期除掉得多一些，而另一些杂质则在精炼的后期除掉得多一些。这主要是与杂质的浓度和氧化物分解压大小等因素有关。浓度大或氧化物分解压小的杂质，大部分在前一阶段除掉，而浓度小的或氧化物分解压大的杂质，大部分在后一阶段除掉。由于铅锑精矿含金量极低，由它生产出的贵铅，经氧化精炼后的主要产物是：银合金、前期渣、后期渣和烟尘，银合金是进一步电解精炼的原料。

12.2.3.2 贵铅灰吹设备和主要技术条件

贵铅的氧化富集和精炼设备俗称分银炉，有固定型和可动型两种。目前一般使用转炉，其优点是操作方便，劳动条件好，炉子寿命长，金、银在炉衬的损失数量较小。因每年需要处理的贵铅并不是很多，故多数企业直接利用回收铜的转炉进行灰吹。整个灰吹过程分为氧化富集和精炼两个阶段。

在氧化富集阶段，需在转炉中造成强烈的氧化气氛，使大量的铅和锑被氧化挥发进入烟尘，铜、铋也被氧化与铅锑形成前期渣被除去。富集过程捕获的烟尘返回铅锑粗炼系统，前期渣含银量较低，用于回收铜、铋。而氧化精炼阶段则需将贵铅中残存锑、铅、铋、铜等杂质相继氧化造渣除去，这一阶段的渣称为后期渣，含银高达1.8% ~2.5%，作为下一炉入炉物料；产出粗银品位$w(Ag)>97\%$，铸成阳极板供电解精炼使用，捕集的烟尘和前期渣返回铅锑系统。

分银炉氧化精炼操作大致可分为进料、升温熔化、扒干渣、氧化跑烟、造碲渣、清合金出炉几个过程。当贵铅在低温（700 ~900℃）下熔化时，析出高熔点杂质（铜和铁及化合物）浮在贵铅表面，同时，还有各种不溶于贵铅或形成高熔点的锑化物（锑化铜）和砷化物（砷化铜）熔析出来，在熔液表面呈面团状的固体，称为干渣。干渣捞除后，将炉温升至1000℃，吹风使部分锑、砷、铅等杂质金属呈氧化物挥发，工厂常称跑烟。随着氧化挥发造渣并捞出前期渣后不断补入贵铅，周而复始，直至贵铅含银达30%时停料，此时有铋的氧化物挥发进入烟尘并在炉口及吹风管上留下粉红色的痕迹。

停料后，将炉温升至1100℃，继续由吹风管鼓入高压空气进行表面吹风。通过吹风氧化，锑挥发逐渐减少，铅的氧化速度相应加快，铅、锑的氧化物造渣生成亚锑酸盐或锑酸盐，同时铜、铋开始被PbO氧化并一起造渣。由于氧化铋的熔点较低，可与氧化铅组成低熔点、流动性好的稀渣而除去。此时浮渣稀薄呈亮黄色，此渣称后期渣。贵铅中剩下的Sb、Pb、Cu、Bi进入后期渣。当金属液体发青而明亮，样品断面发粗有银白色结晶时，将炉温升至1200℃，进入清合金阶段。此时加入氧化剂硝石（KNO_3），由于硝石分解出的游离氧具有强烈的氧化能力，能迅速除掉铜、硒、碲等杂质金属。为了防止碲的二氧化物挥发，常加入苏打使生成亚碲酸钠或碲酸钠而使碲富集，故又称造碲渣，作为回收碲的原料。最后加入玻璃，造易黏渣进行清渣。在生产实践中，由于主体金属银在后期渣中存在机械夹杂及过分氧化，故后期渣中银的含量在1.8% ~2.5%。

12.2.4 粗银电解精炼

银电解精炼过程的实质，是将金银熔炼过程中所得的合金进一步提纯即分离，从而得出金、银及铂族金属。生产中以氧化精炼的粗银作阳极，以不锈钢板作阴极，以硝酸、硝酸银的水溶液作电解液，在电解槽中通以直流电进行电解。

电解液的制作，一般是将银粉置于普通的水缸中，缓慢地加入水和硝酸，并不断地搅拌使银粉溶解，其反应式如下：

$$Ag + 2HNO_3 = AgNO_3 + NO_2 + H_2O$$

操作过程要注意安全，防止逸出的棕色二氧化氮气体中毒。为了使析出银合乎物理规格及化学成分的要求，必须在电解液中保持适量的游离硝酸，以增加电解液的导电率、降低槽电压、节约电能消耗。如果含游离的硝酸太高，则使析出银重新溶解，并且放出大量的二氧化氮，危害操作人员的身体健康；含游离的硝酸过低则会使电解液电阻和槽电压增高，促使杂质的析出和电能的无谓消耗。若电解液中含铜过高，则铜会富集而降低析出银的质量和电流效率，并相对降低电解液中的含银量；含铜量过低，电解液阻力增加，因此，要求电解液中含铜量为 40 ~ 50g/L。

精炼时，以金银合金装入布袋作为阳极，纯银板或不锈钢板做阴极，置于电解槽中，通入直流电后，阳极银溶解进入电解液，在阴极还原析出成树枝状粗大晶粒的银脱落于槽底。其主要技术条件为：(1)电流密度为 350 ~ 450A/m^2，有的工厂较低，只为 250 ~ 320A/m^2；(2)电解液温度一般控制在 30 ~ 40℃。温度低，使电解液导电性差，电阻增大，增加电能消耗。但温度过高，会使析出银重新溶解，而且电解液中含有的二氧化氮、一氧化氮逸出，造成现场条件恶化。电解液无需加热保温，其本身的焦耳热就可维持。调节电解液温度方法是改变电解液循环速度；(3)槽电压通常在：1.1 ~ 2.5V；(4)电极距：一般是指两个同极之间的距离，极间距离大则槽压升高，增加电耗；极间距离小，容易发生短路。在不影响生产的情况下应尽量缩小同极距。各厂的同极距从 110mm 到 150mm 都有；(5)循环和搅拌：为了使电解液成分和浓度均匀，在电解过程中，电解液应不断地循环并要不断地搅拌，以防止短路现象。

银电解周期一般为 40 ~ 60h，周期的长短由阳极的规格、电流密度及电解槽的规格而定。出银时，掏出银粉，产出的电银纯度可达 99.97% ~ 99.99%。先用开水泡半小时，然后把水放开，再用水洗至出清水为止，以除尽从电解液中带出来的铜。银粉洗好、烘干后，装入预先放有一点木炭粉的坩埚中，加热至 1100 ~ 1105℃，待银粉熔化，坩埚有火苗冒出时，即可取出浇铸成形。为了防止浇铸时银锭产生缺陷，银模应预热至 150℃左右。

复习思考题

1. 铅锑复矿冶炼中，可供回收铜的物料主要有哪些？一般采用什么方法回收？
2. 含铜物料熔炼主要分几个阶段？各个阶段在操作、技术条件有何不同？
3. 铅阳极泥中回收银有几种方法？
4. 底铅电解阳极泥在组成上有什么特点？
5. 银电解精炼的电解液由哪些物质组成？
6. 简述电解精炼银的电解技术操作条件。
7. 画出从底铅电解阳极泥中氧化富集和精炼银的生产工艺流程图。

13 铅锑冶炼中的劳动保护

13.1 工业毒物的基本知识

如果一种物质侵入人体后,与体液及组织发生某种化学或物理变化,破坏机体的正常生理机能,使组织发生暂时性或永久性病变,这种物质就叫做毒物。来自工业生产的毒物叫工业毒物。

工业毒物的物理形态大致可分为固体、液体、气体三种。工业毒物通常以粉尘、烟雾、蒸气和气体等形式污染空气,从呼吸道和皮肤侵入人体。溶解于水中的毒物还可从消化道进入人体。

(1) 呼吸道。悬浮在空气中毒物借呼吸气流进入肺部,由于肺泡的总表面积比体表面积大得多,又有丰富的血管,经常有分泌物保持湿润,毒物就能很快地溶解、吸收。吸收的多少,受呼吸道的健康状况、呼吸量、毒物浓度、溶解度、有无饮酒吸烟等因素影响。由呼吸道吸入的毒物,直接进入血液,未经肝脏解毒,对人体的影响较为严重。

(2) 皮肤黏膜。有的毒物能经过完整的皮肤、黏膜或皮脂腺进入人体,如能溶于脂肪的物质(四乙铅等)、能与脂肪根结合的物质(砷汞等)和腐蚀性物质(强酸强碱等),其吸收速度也受温度、湿度、出汗多少、皮肤健康等因素影响。

(3) 消化道。工业毒物一般不易从消化道进入人体,大多是从呼吸道进入人体时,一部分混入口鼻咽分泌物中并被吞入消化道的。进入消化道的毒物不一定完全被吸收,吸收后还要经过肝脏解毒,对人体的影响较小。

工业毒物进入人体后,立即引起机体的一系列反应,将有毒物质转化为低毒或无毒物质,并排出体外或暂时贮存在某些部位,以缓和其对全身的毒害作用,并慢慢排出体外。毒物的排出主要依靠肾脏、肠道和肝脏,其次是皮肤和唾腺,乳汁和月经等途径也可排出少量毒物。

工业毒物对人体的毒害作用,除了毒物本身的理化特性、在作业环境中的浓度、接触方式、接触时间等外,还与毒物的联合作用、劳动环境的其他不良因素、工人的健康状况、年龄、劳动强度、不良嗜好、卫生习惯等有关。

13.2 铅锑冶炼中的有害物质

13.2.1 锑及其化合物的毒性

在锑生产中的工业毒物有锑及其化合物,包括锑的硫化物、氧化物和氯化物,锑的其他盐类和锑的有机化合物。

有人对锑及其化合物的毒性进行过动物实验。将锑及其化合物磨到 -325 目后,拌在玉米中对白鼠进行胃吸收实验,测到引起 50% 白鼠死亡的最小剂量(MLD_{50},Sbmg/100g 体重)为:酒石酸锑钾 1.1;金属锑 10.0;$Sb_2S_3$100.0;$Sb_2S_5$150.0;$Sb_2O_3$325.0;$Sb_2O_5$400.0。

上述数据表明,酒石酸锑钾的毒性最大,其余锑及其化合物的毒性是金属锑大于锑的化合物;锑的硫化物大于其氧化物;锑的三价化合物大于其五价化合物。

锑化三氢(SbH_3)是锑类毒物中最毒的无机化合物,其毒性还大于剧毒砷化三氢(AsH_3)。有人用 100% 的 AsH_3 气体毒死白鼠的时间为 3 小时 52 分,而用同样纯的 SbH_3 只需 1 小时 4 分。

据报道,当空气中含 SbH_3 为1%时可使人立即窒息死亡;含0.01%时几小时内可致人死亡。不过在铅锑生产中 SbH_3 很少产生,且易于分解,还未见中毒先例。

锑化物能与人体内巯基结合,降低酶的活性或破坏细胞内离子平衡,使细胞缺氧,引起体内代谢紊乱,以致神经系统和其他器官受损而中毒。由呼吸道吸入的锑的毒物进入血液后,三价锑大都存在于红细胞内,五价锑主要存在于血液中。同时在机体的各器官出现积累现象,肝、肾及甲状腺较为严重。锑向体外排出,初期较快,然后减慢。五价锑大都随尿排出。

锑中毒多表现为慢性中毒,主要是咽喉发干、吞食疼痛、呕吐、四肢无力、食欲减退、头昏、在皮肤上引起皮炎或溃疡等。吸入过量的锑可引起急性中毒,其症状是呕吐不止、体温下降。量大时也可在几小时内致人死亡。

13.2.2　铅及其化合物的毒性

铅主要以铅的无机化合物蒸气和烟尘形式被呼吸道吸收,但也可通过污染手和食物,经消化系统致病。当铅进入人体后,常随血液分布到全身。虽然其中的绝大部分可由大小便、唾液等排出体外,剩余部分则在体内以不溶解的磷酸三铅($Pb_3(PO_4)_2$)的形式沉着于骨骼,在体内积累。少量贮存在肝、肾、脑中,主要经过肾排出。铅的毒害是对神经、造血和消化等系统的损害,引起神经机能障碍,神经炎,出现头晕、头痛、易疲乏、失眠、记忆力减退、肌肉萎缩、感觉障碍等。血液系统受损时会出现贫血;消化系统则出现恶心、便秘、腹泻、腹痛。严重时精神异常,损伤脑神经。化验检查尿铅、血铅增高。

13.2.3　伴生物质的毒性

13.2.3.1　砷

在锑铅矿中,砷是最常见的伴生元素,且多以雌黄(As_2S_3)和毒砂(FeAsS)形态存在。由于其性质与锑相近,其化合物更易挥发,所以在火法冶炼中极易与锑一道形成粉尘、烟雾或蒸气,污染操作环境。元素砷毒性很小,而它的氧化物、盐类及有机化合物等均有毒性,一般砷化物的毒性较五价强,溶解度小的化合物(如雄黄、雌黄等)毒性较低,砷酸盐也有一定的毒性,其中砷酸钠最毒。据测定,砷及其化合物口服致死量为100~200mg,中毒剂量为10~50mg,敏感者其量更低。

砷及其化合物对体内酶蛋白的巯基具有特殊的“亲和力”,可使酶失去活性,影响细胞新陈代谢,导致细胞死亡。当作用于神经系统时,会使植物神经机能紊乱,进入血液循环时,导致血管扩张,增强其渗透性。除 AsH_3 可引起急性中毒外,工业上一般表现为慢性砷中毒,引起的主要是口腔发炎、食欲不振、恶心呕吐、腹泻、肝脏损害、脱发、神经衰弱等,也可引起皮疹、皮肤干裂、指甲病变。长期吸入砷化物粉尘,可导致鼻炎、鼻衄,甚至鼻中隔穿孔。砷中毒严重者,还可出现肝硬化及皮肤癌。

职业性砷中毒主要由呼吸道引起,它可分布于肝肾及其他组织内,而最易在指(趾)甲和毛发中贮留。砷主要通过肾和消化道排出,三价砷比五价排出慢,毒性高的化合物与肝肾结合迅速而牢固,因此较难排除。

13.2.3.2　二氧化硫

在矿石焙烧过程中,往往产生大量低浓度的 SO_2,经烟囱排入大气,污染厂区周围环境;SO_2

从炉口或其他不密封处向外逸出，浓度较大时，直接影响工人健康。二氧化硫属于中等毒物，它被皮肤黏膜的湿润表面吸收可生成亚硫酸，并能再氧化为硫酸。SO_2 对呼吸道及眼睛均有强烈刺激作用，其急性中毒的症状为流泪、流涕、咳嗽、头晕、恶心、呕吐等，严重时可发生水肿，甚至引起呼吸中枢麻醉。但在冶金生产中一般表现为慢性中毒，出现鼻炎、咽喉炎、支气管炎以及嗅、味觉迟钝，牙齿酸蚀等症状。

13.3 锑中毒和铅中毒

在长期的铅锑火法冶金生产中，出现的中毒症状主要是锑、砷和铅所引起的中毒。现就几种常见的中毒介绍如下。

13.3.1 职业性锑中毒

(1) 锑性皮炎。锑性皮炎是由锑及其氧化物刺激皮肤引起的一种特殊的皮肤炎症，主要表现为皮肤瘙痒、发红、红疹、疱疹，甚至发展成脓疱，挤烂后中心产生黑色坏死区。这种炎症与气温有关，多发生在夏季。金属锑粉尘比氧化锑的致病作用更强。皮疹多分布于颈、腋、肘窝、腹股沟、会阴等处，严重时波及四肢、胸腹部甚至全身。个体敏感性差异较大，长期接触后耐受性有一定的增强。脱离接触后，炎症可自行痊愈。

(2) 锑慢性中毒。锑的毒性与砷颇相似，但较砷弱。锑慢性中毒主要表现为头昏，头痛，恶心，呕吐，便秘，腹泻，手脚发麻，鼻干，出鼻血，鼻黏膜充血、糜烂，咽干，咽炎，牙龈炎，齿龈锑线，血色素、血中红细胞和血压均偏低，肝肿大，血锑、尿锑增高及心肌损害等。冶金工业中的急性锑中毒还未见报道。

(3) 锑尘肺。锑尘肺是锑尘吸入肺部后产生的疾病。其病理基础主要是锑尘在肺部的沉着，以及随之产生的局部炎症及类脂性肺炎等。患者主要表现有胸痛、气促、咳嗽、头昏等症状。肺门照片呈现肺门轻度增大，密度增高，可见大小不等、形状不规则的金属样块状；肺纹理普遍增强，特别是细网影多，使肺叶呈磨玻状，结节阴影多沿网格出现，细小致密，边缘不整齐，脱离接触后，结节可减少，不融合成块状，合并结核率极低。

(4) 锑矽肺。锑矽肺是锑和游离二硅作用引起，属于混合尘肺，其表现介于矽肺和锑尘肺之间。

13.3.2 职业性铅中毒

铅在 327℃时便熔化，500 ~ 550℃有明显挥发，不仅造成冶炼过程中铅的损失，更为严重的是铅及其化合物蒸气和烟尘均具有毒性，致使工人发生铅中毒。在生产条件下，很少发生因大量的铅及其化合物蒸气烟尘一次进入身体而引起的急性中毒。故一般所说的铅中毒，大都是指慢性中毒而言。急性铅中毒表现为口中略有甜味，流涎、恶心、呕吐及痉挛性胃痛等。慢性铅中毒一般又可分为轻度、中度和重度中毒，其临床表现如下：

(1) 轻度中毒。除尿铅增高（尿铅小于 0.08mg/L 为正常）外，尚有四肢酸痛无力、腹部胀痛、关节痛、头昏、睡眠不好、消化不良、食欲减退等症状。

(2) 中度中毒。除上述症状外，还有贫血、腹绞痛、口中有金属味，出现铅容和促肌无力等症状。

(3) 重度中毒。除具有轻、中度中毒的临床表现外，同时出现铅中毒性麻痹和铅中毒性脑病。

13.4　铅锑冶炼中的劳动保护

为了保障工人的身体健康，我国对车间空气中有毒物质浓度做了规定。有关物质的最高允许值如表13－1所示。

表13－1　车间空气中有害物质的最高允许浓度（mg/m^3）

物质名称	最高允许浓度	物质名称	最高允许浓度
三（或五）氧化二砷	0.3	铅烟	0.03
氧化锌	5	铅尘	0.05
氧化镉	0.1	硫化铅	0.5
二氧化硫	15	含$SiO_2$10%以上的粉尘	2
砷化氢	0.3	其他粉尘（不含有毒物质）	10
四乙铅	0.005		

对锑尚未明确规定，一般认为按金属锑计的量最高允许浓度为：锑尘为0.5mg/m^3，三价氧化物和硫化物为1mg/m^3，五价氧化物和硫化物为2mg/m^3，三价和五价氟化物和氯化物为0.3mg/m^3。

职业性铅或锑中毒是完全可以预防的，随着人们环境保护意识的增强，劳动条件的不断完善，现在急性中毒已很少见。重度铅中毒已基本消灭。但是由于有的企业生产工艺还不完善，作业场所的毒物浓度有许多地方超过国家标准。进一步降低和消除这些毒物，防止职业中毒的发生，仍是十分艰巨的任务。目前防护措施可归纳为以下几个方面。

（1）完善和改进现有生产工艺。工艺改进是防止中毒的根本途径。火法冶炼中的重点是提高冶金炉和收尘系统的密闭程度，实现作业的机械化和自动化，以机器代替手工操作，减少操作人员与毒物的直接接触，从而避免或减少毒物进入人体。比如用带式烧结机取代烧结锅和烧结盘，在返粉破碎、输送的过程采用全封闭作业，将熔铅锅高温吹风氧化脱锡改为加氧化铅脱锡，锑氧的转运、加料、收尘尽可能机械化等。

（2）改善防护措施。对产生毒物的作业区域，应加强通风排毒工作，增设排风设备，将毒物抽出现场，并经过净化处理后排放，使车间空气中粉尘及毒物含量降到允许浓度以下。搞好生活设施，在工作场所要有更衣室、洗手和沐浴设备，食堂要远离生产区。不允许在车间进食，茶水应严密加盖保护，最好采用密闭性好的饮水机供水。

（3）加强个体防护和个人保健。个体防护用品是防止中毒的一个重要方面，在环境污染还不能完全避免时尤其重要。操作人员必须严守安全规程，穿戴好工作服、鞋帽和口罩，并及时换洗，以减少人体与毒物接触及吸入毒物的机会。个人防护用品要根据毒物的理化特性进行选择，如防尘工作服用普通粗布即可，但头部要有遮盖式风帽及连接肩部的头巾，袖口、裤脚部要有纽扣。呼吸防护器的效果和使用受许多条件限制。普通纱布口罩防尘效果差，但使用方便，对视线妨碍不大。其他特制的口罩效果好，但多存在操作不方便、妨碍视线、不经济等缺点，必须根据工作条件和毒物特点进行选择。如布袋收尘工预防SO_2用普通纱布口罩无用，他们操作时间短，可以考虑用隔离式呼吸器。

加强营养保健，能促进某些毒物在体内的分解和排泄，增加人体抵抗力，操作工人应该加强营养，有针对性地吃些利于排铅、锑、砷的食物，如维生素B_1、维生素C及高蛋白质食物。但是食物并不能中和毒物，不能直接起防毒或解毒作用，工人应定期参加体检，发现中毒的症状要及时进行药物排毒或调离工作岗位。加强体育锻炼，也有助于增强抗毒能力。

（4）切实执行工业卫生法规。执行卫生法规对防止中毒，保护工人健康具有重要意义。卫生所规定的卫生标准都是在实践中总结和通过科学实验确定的，每个生产领导者和工种技术人员都要把改善作业环境作为自己的任务，在新建、扩建改造企业时必须考虑工人的劳动条件，决不能只顾生产指标，而忽视保护工人健康。

新工人进厂，应进行体检，根据工人的健康情况，分配合适的工作。经常对从事铅锑生产的广大职工特别是对新工人进行思想政治教育。这样即使职工对职业中毒有正确的认识，做到及时防范，又可将群众动员起来，对消除铅、锑中毒提出切合实际的建议。对从事毒物作业的工人应定期进行检查，发现中毒的症状要及时进行治疗处理。近年广西某厂开发了一种对于排铅锑等重金属有显著效果的茶饮料，可作为在职职工平时排铅脱毒的辅助药物。对中毒较为严重的人员，暂时脱产进行疗养。在铅锑冶金生产中，只要思想上重视，环境上保护，劳动上注意，按照安全操作规程去做，职业中毒是完全可以避免的。即使经检验发现中毒，也不必紧张，遵照医嘱治疗是能够治愈的。

复习思考题

1. 什么叫毒物？什么叫工业毒物？
2. 工业毒物入侵人体的基本途径有哪些？
3. 锑及其化合物中，毒性最大的是什么？铅锑冶炼厂中最常见的是哪种类型的锑中毒？
4. 在个体防护方面，铅锑生产操作工人应该如何保护自己免受或少受工业毒物的侵害？

参 考 文 献

1 赵天从. 锑. 北京:冶金工业出版社,1987
2 彭容秋. 有色金属提取冶金手册锌镉铅铋卷. 北京:冶金工业出版社,1992
3 赵天从,何福煦. 有色金属提取冶金手册有色金属总论. 北京:冶金工业出版社,1992
4 株洲冶炼厂. 铅冶炼. 北京:有色总公司内部教材,1986
5 余继燮. 重金属冶金学. 北京:冶金工业出版社,1981
6 赵天从. 重金属冶金学. 北京:冶金工业出版社,1981
7 陈国发. 重金属冶金学. 北京:冶金工业出版社,1992
8 邱竹贤. 重金属冶金学. 北京:冶金工业出版社,1988
9 卢宜源,宾万达. 贵金属冶金学(第2版). 长沙:中南工业大学出版社,1994
10 孙戬. 金银冶金. 北京:冶金工业出版社,1998
11 周维陶. 锑冶金. 北京:有色总公司内部教材,1986
12 林世英. 有色冶金环境工程学. 长沙:中南工业大学出版社,1992
13 王成彦,邱定蕃,江海培. 国内锑冶金技术现状及进展. 有色金属(冶炼部分),2002,5:6~10
14 唐谟堂等. 新氯化—水解法处理大厂脆硫锑铅矿精矿. 有色金属(冶炼部分),1991,5:20~22
15 唐谟堂等. AC法处理大厂脆硫锑铅矿精矿. 中南矿冶学院学报,1995,2:13~16
16 王成彦,邱定蕃,江海培,梁德华. 脆硫锑铅矿矿浆电解实验研究. 有色金属,2002,3:24~27
17 王成彦等. 复杂锑铅矿矿浆电解研究. 矿冶,2002,3:51~55
18 胡林轩. 我国锑产品深度加工发展战略研究. 有色金属(冶炼部分),1999,4:45~49
19 凌云汉. 脆硫锑铅矿的沸腾焙烧实践. 有色金属(冶炼部分),2002,3:19~21
20 吕勇明. 脆硫铅锑矿生产精锑的工艺总结. 有色金属(冶炼部分),2001,2:23
21 刘福峰. 反射炉还原炼锑的工艺改进. 有色冶炼,1999,1:16
22 刘伯龙,李俊明,李蓉辉. 粗锑火法精炼除铅. 有色金属(冶炼部分),1996,6:24~26
23 莫春雄,吴锦源. 机械燃煤装置在锑精炼反射炉中的应用. 有色金属(冶炼部分),2001,4:36~37
24 金哲男等. 处理炼锑碱渣的新工艺. 有色金属(冶炼部分),1999,5:11~14
25 彭长宏等. 铅碱性精炼废渣的资源化利用研究. 安全与环境学报,2002,4:33~35

冶金工业出版社部分图书推荐

书　　名	定价(元)
轻金属冶金学	39.80
有色冶金原理	25.00
铝酸钠溶液晶种分解	15.00
铂族金属矿冶学	38.00
重金属冶金分析	39.80
轻金属冶金分析	22.00
贵金属分析	19.00
有色金属提取冶金手册·铜镍卷	65.00
21 世纪中国有色金属工业可持续发展战略	48.00
铅锌质量技术监督手册	80.00
钛提取冶金物理化学	20.00
电炉炼锌	49.80
有色冶金炉设计手册	165.00
金银提取技术(第 2 版)	34.50
现代铜湿法冶金	29.50
湿法冶金	38.00
重有色金属冶炼设计手册·铅锌铋卷	90.00
重有色金属冶炼设计手册·锡锑汞贵金属卷	90.00
重有色金属冶炼设计手册·铜镍卷	110.00
重有色金属冶炼设计手册·冶炼烟气收尘、通用工程和常用数据	90.00
环境污染控制工程	49.00
现代锗冶金	48.00
预焙槽炼铝	89.00
冶炼基础知识	32.00
萃取与离子交换	55.00
有色冶金分析手册	149.00
湿法冶金手册	298.00(估)
铝型材挤压模具 3D 设计 CAD/CAE 实用技术	28.00
微生物湿法冶金	33.00
金银生产知识问答	22.00
铝加工技术实用手册	248.00
铝合金材料的应用与技术开发	48.00
有色冶金概论	20.00